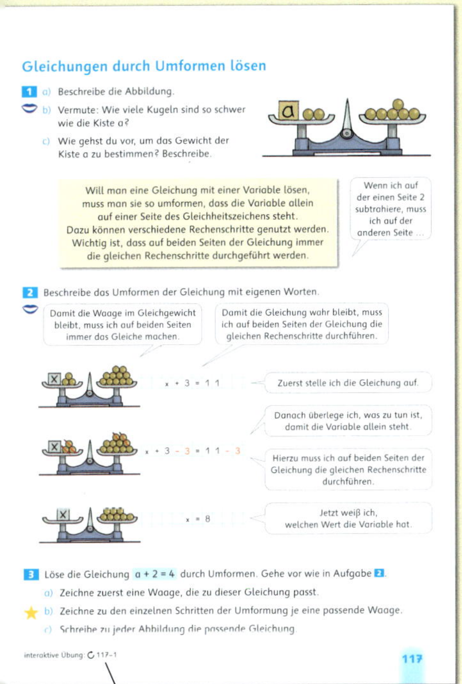

Gleichungen durch Umformen lösen

1 a) Beschreibe die Abbildung.
b) Vermute: Wie viele Kugeln sind so schwer wie die Kiste a?
c) Wie gehst du vor, um das Gewicht der Kiste a zu bestimmen? Beschreibe.

Will man eine Gleichung mit einer Variable lösen, muss man sie so umformen, dass die Variable allein auf einer Seite des Gleichheitszeichens steht. Dazu können verschiedene Rechenschritte genutzt werden. Wichtig ist, dass auf beiden Seiten der Gleichung immer die gleichen Rechenschritte durchgeführt werden.

Wenn ich auf der einen Seite 2 subtrahiere, muss ich auf der anderen Seite …

2 Beschreibe das Umformen der Gleichung mit eigenen Worten.

Damit die Waage im Gleichgewicht bleibt, muss ich auf beiden Seiten immer das Gleiche machen.

Damit die Gleichung wahr bleibt, muss ich auf beiden Seiten der Gleichung die gleichen Rechenschritte durchführen.

x + 3 = 11 — Zuerst stelle ich die Gleichung auf.

Danach überlege ich, was zu tun ist, damit die Variable allein steht.

x + 3 − 3 = 11 − 3 — Hierzu muss ich auf beiden Seiten der Gleichung die gleichen Rechenschritte durchführen.

x = 8 — Jetzt weiß ich, welchen Wert die Variable hat.

3 Löse die Gleichung a + 2 = 4 durch Umformen. Gehe vor wie in Aufgabe 2.
a) Zeichne zuerst eine Waage, die zu dieser Gleichung passt.
b) Zeichne zu den einzelnen Schritten der Umformung je eine passende Waage.
c) Schreibe zu jeder Abbildung die passende Gleichung.

interaktive Übung 117-1

117

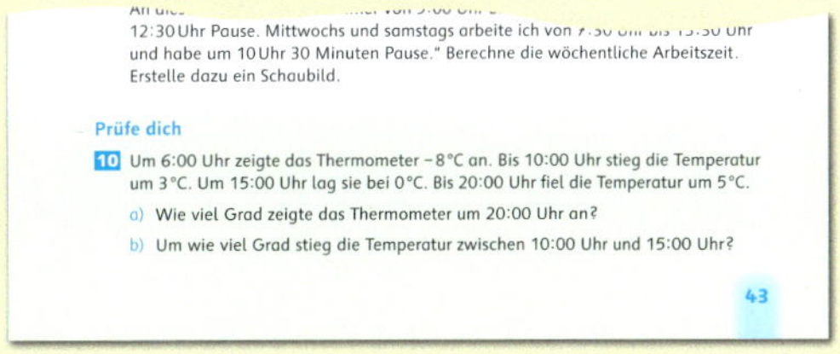

12:30 Uhr Pause. Mittwochs und samstags arbeite ich von 7:30 Uhr bis 13:30 Uhr und habe um 10 Uhr 30 Minuten Pause." Berechne die wöchentliche Arbeitszeit. Erstelle dazu ein Schaubild.

Prüfe dich

10 Um 6:00 Uhr zeigte das Thermometer −8 °C an. Bis 10:00 Uhr stieg die Temperatur um 3 °C. Um 15:00 Uhr lag sie bei 0 °C. Bis 20:00 Uhr fiel die Temperatur um 5 °C.
a) Wie viel Grad zeigte das Thermometer um 20:00 Uhr an?
b) Um wie viel Grad stieg die Temperatur zwischen 10:00 Uhr und 15:00 Uhr?

43

Prüfe dich: Über das Buch verteilt kannst du immer wieder überprüfen, ob du noch Aufgaben lösen kannst, die schon vor längerer Zeit behandelt wurden. Wenn nicht: Schlage im Buch nach, frage einen Partner oder löst die Aufgabe gemeinsam.

117–1
Multimediales Zusatzangebot über Webcode im Internet:
1. Website www.cornelsen.de/klick-mathematik aufrufen
2. Buchkennung eingeben: KLM080564
3. Mediencode eingeben: z. B. 117-1

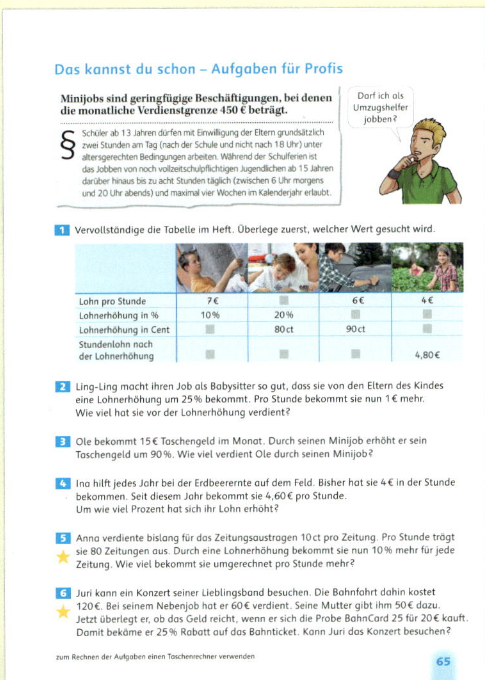

Das kannst du schon – Aufgaben für Profis

Minijobs sind geringfügige Beschäftigungen, bei denen die monatliche Verdienstgrenze 450 € beträgt.

§ Schüler ab 13 Jahren dürfen mit Einwilligung der Eltern grundsätzlich zwei Stunden am Tag (nach der Schule und nicht nach 18 Uhr) unter altersgerechten Bedingungen arbeiten. Während der Schulferien ist das Jobben von noch vollzeitschulpflichtigen Jugendlichen ab 15 Jahren darüber hinaus bis zu acht Stunden täglich (zwischen 6 Uhr morgens und 20 Uhr abends) und maximal vier Wochen im Kalenderjahr erlaubt.

Darf ich als Umzugshelfer jobben?

1 Vervollständige die Tabelle im Heft. Überlege zuerst, welcher Wert gesucht wird.

Lohn pro Stunde	7 €	■	6 €	4 €
Lohnerhöhung in %	10 %	20 %	■	■
Lohnerhöhung in Cent	■	80 ct	90 ct	■
Stundenlohn nach der Lohnerhöhung	■	■	■	4,80 €

2 Ling-Ling macht ihren Job als Babysitter so gut, dass sie von den Eltern des Kindes eine Lohnerhöhung um 25 % bekommt. Pro Stunde bekommt sie nun 1 € mehr. Wie viel hat sie vor der Lohnerhöhung verdient?

3 Ole bekommt 15 € Taschengeld im Monat. Durch seinen Minijob erhöht er sein Taschengeld um 90 %. Wie viel verdient Ole durch seinen Minijob?

4 Ina hilft jedes Jahr bei der Erdbeerernte auf dem Feld. Bisher hat sie 4 € in der Stunde bekommen. Seit diesem Jahr bekommt sie 4,60 € pro Stunde. Um wie viel Prozent hat sich ihr Lohn erhöht?

5 ★ Anna verdiente bislang für das Zeitungsaustragen 10 ct pro Zeitung. Pro Stunde trägt sie 80 Zeitungen aus. Durch eine Lohnerhöhung bekommt sie nun 10 % mehr für jede Zeitung. Wie viel bekommt sie umgerechnet pro Stunde mehr?

6 ★ Juri kann ein Konzert seiner Lieblingsband besuchen. Die Bahnfahrt dahin kostet 120 €. Bei seinem Nebenjob hat er 60 € verdient. Seine Mutter gibt ihm 50 € dazu. Jetzt überlegt er, ob das Geld reicht, wenn er sich die Probe BahnCard 25 für 20 € kauft. Damit bekäme er 25 % Rabatt auf das Bahnticket. Kann Juri das Konzert besuchen?

zum Rechnen der Aufgaben einen Taschenrechner verwenden

65

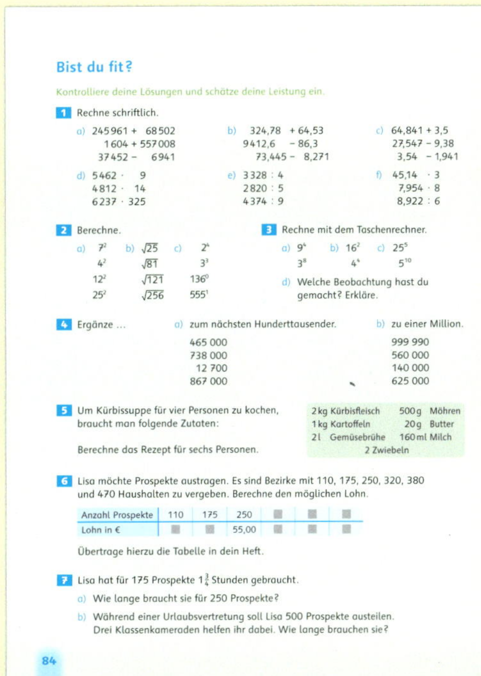

Bist du fit?

Kontrolliere deine Lösungen und schätze deine Leistung ein.

1 Rechne schriftlich.
a) 245 961 + 68 502; 1 604 + 557 008; 37 452 − 6 941
b) 324,78 + 64,53; 9 412,6 − 86,3; 73,445 − 8,271
c) 64,841 + 3,5; 27,547 − 9,38; 3,54 − 1,941
d) 5 462 · 9; 4 812 · 14; 6 237 · 325
e) 3 328 : 4; 2 820 : 5; 4 374 : 9
f) 45,14 · 3; 7,954 · 8; 8,922 : 6

2 Berechne.
a) 7^2; 4^2; 12^2; 25^2
b) $\sqrt{25}$; $\sqrt{81}$; $\sqrt{121}$; $\sqrt{256}$
c) 2^4; 3^3; 136^0; 555^1

3 Rechne mit dem Taschenrechner.
a) 9^4; 3^8
b) 16^2; 4^4
c) 25^5; 5^{10}
d) Welche Beobachtung hast du gemacht? Erkläre.

4 Ergänze …
a) zum nächsten Hunderttausender. 465 000; 738 000; 12 700; 867 000
b) zu einer Million. 999 990; 560 000; 140 000; 625 000

5 Um Kürbissuppe für vier Personen zu kochen, braucht man folgende Zutaten:
2 kg Kürbisfleisch, 500 g Möhren, 1 kg Kartoffeln, 20 g Butter, 2 l Gemüsebrühe, 160 ml Milch, 2 Zwiebeln
Berechne das Rezept für sechs Personen.

6 Lisa möchte Prospekte austragen. Es sind Bezirke mit 110, 175, 250, 320, 350 und 470 Haushalten zu vergeben. Berechne den möglichen Lohn.

Anzahl Prospekte	110	175	250	■	■	■
Lohn in €	■	■	55,00	■	■	■

Übertrage hierzu die Tabelle in dein Heft.

7 Lisa hat für 175 Prospekte $1\frac{3}{4}$ Stunden gebraucht.
a) Wie lange braucht sie für 250 Prospekte?
b) Während einer Urlaubsvertretung soll Lisa 500 Prospekte austeilen. Drei Klassenkameraden helfen ihr dabei. Wie lange brauchen sie?

84

Das kannst du schon - Aufgaben für Profis: Wenn du diese Aufgaben bearbeiten kannst, hast du das zurückliegende Kapitel gut verstanden. Manche Aufgaben sind für Profis und müssen nicht von allen bearbeitet werden.

Bist du fit?: Diese Seiten laden dich ein, dein Wissen selbstständig zu überprüfen. Kannst du diese Aufgaben noch lösen? Sie wurden schon vor längerer Zeit behandelt.

Klick! 9

Mathematik

Herausgegeben von
Meike Busch

Erarbeitet von
Daniel Jacob
Elisabeth Jenert
Martina Kolbe-Schwettmann
Petra Kühne
Markus Ledebur
Verena Waslikowski

Unter Beratung von
Bärbel Becher
Dr. Thomas Breucker
Dr. Stefanie Breuers
Hanne Frohberg
Kerstin Gärtig
Birgit Leuermann
Daniela Linde
Cornelia Michalski
Dr. Axel Mittelberg
Erik Röhrich-Zorn
Naveen Schwind
Kati Steinecke

Inhaltsverzeichnis

-30 -20 -10 0 10 20 30
II. QUADRANT
I. QUADRANT
III. QUADRANT
IV. QUADRANT
A(-2|1)
alle anderen warten
andere ausreden lassen
gut zuhören
leise sprechen
GLÜCKSRAD | LILA | ROT | BLAU | GELB
STRICHLISTE
ABSOLUTE HÄUFIGKEIT | 8 | 6
RELATIVE HÄUFIGKEIT | 8/25 = 0,32
ROT
LILA
BLAU
GELB
DIE WAHRSCHEINLICHKEIT FÜR ROT IST:
1/4 = 0,25 = 25%

Auf dem Weg ins Berufsleben

1 Wofür benötigst du im Berufsleben Kenntnisse im Fach Mathematik?

Top five der Ausbildungsberufe 2012
(nach Anzahl der neuen Ausbildungsverträge)

1	Kaufmann/-frau im Einzelhandel	27288
2	Verkäufer/-in	26481
3	Bürokaufmann/-frau	20097
4	Kraftfahrzeugmechatroniker/-in	20049
5	Industriekaufmann/-frau	19959

Betreuung durch Ausbilder/-innen

„Mein Ausbilder erklärt mir Arbeitsvorgänge …" – Angaben in Prozent von 10825 Auszubildenden, die auf die obige Frage geantwortet haben

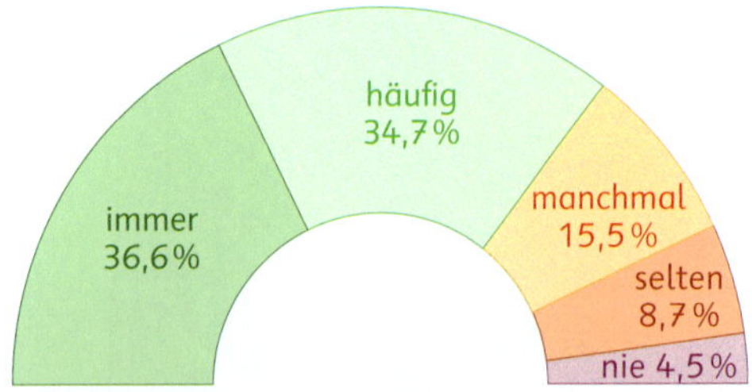

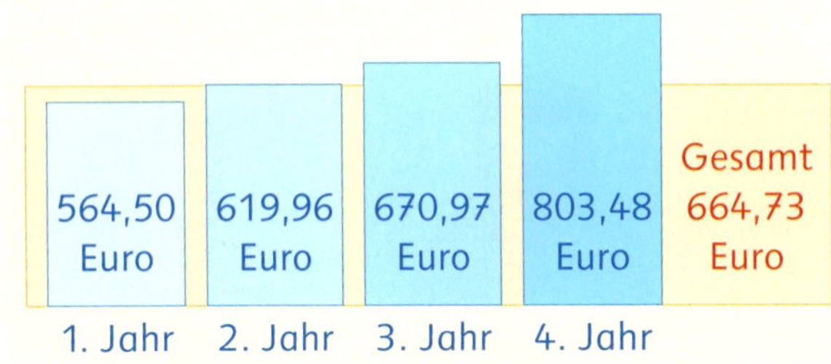

Trage die richtigen Rechenzeichen ein.
Aufgabe

1. 9 ☐ 16 ☐ 4 = 21
2. 14 ☐ 12 ☐ 2 = 24
3. 37 ☐ 2 ☐ 5 = 30

Kannst du die Aufgabe im Eignungstest lösen?

Nebenjob erst ab 13 erlaubt

Kinder unter 13 Jahren dürfen eigentlich gar nicht arbeiten. Es gibt nur wenige Ausnahmen, wie Musikaufführungen und Filmaufnahmen. **Mit 13 oder 14 Jahren** kommen leichte Jobs infrage wie Babysitten, Flyer verteilen, Nachhilfe geben. Man darf höchstens 2 Stunden am Tag arbeiten, aber nicht morgens vor der Schule, nach 18 Uhr oder am Wochenende. **Jugendliche ab 15** dürfen bis zu 8 Stunden täglich arbeiten. Jobs, die gefährlich für die Gesundheit sind, sind jedoch verboten.

2 Erkunde dein Mathematik-Buch.

a) Welche Seiten zeigen, dass Mathematik im Alltag eine wichtige Rolle spielt? Welche Themen werden dort besprochen?

b) In welchen Situationen benötigst du in der Ausbildung oder im Beruf mathematische Kenntnisse? Welche Berufe stellen hohe mathematische Anforderungen?

c) Welche mathematischen Themen sind in diesem Schuljahr neu? Welche Themen interessieren dich besonders?

Tabelle: aus Rangliste 2012 der Ausbildungsberufe nach Neuabschlüssen des Bundesinstituts für Berufsbildung
Diagramme: aus dem Ausbildungsreport 2012 des DGB

Ein Überblick: Mathe mit Methode

1 Einige Methoden habt ihr bereits kennengelernt. Wiederholt in Gruppen je eine bekannte Methode und stellt sie der Klasse vor.

a) Bei welchen Aufgaben bietet es sich an, eure gewählte Methode anzuwenden?

b) Worauf müsst ihr dabei achten?

c) Welche Hilfsmittel benötigt ihr, wenn ihr diese Methode nutzt?

Bekannte Methoden:

- Nutzung von Nachschlagewerken (Karteikarten, Mathe-Lexikon, Formelsammlung)
- Selbsteinschätzung
- Präsentieren und Rückmelden
- Steckbrief und Lernplakat

2 In diesem Buch werden weitere Methoden vorgestellt.

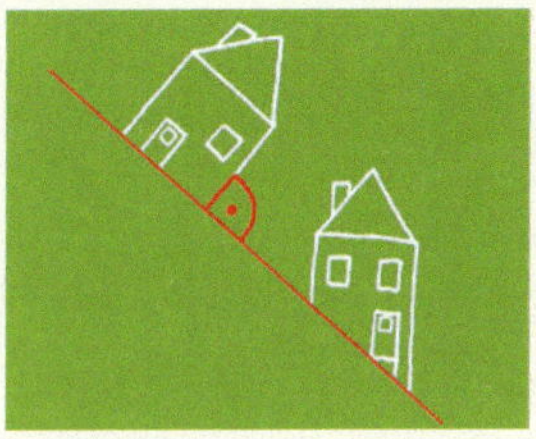

Informiere dich:

Auf welchen Seiten findest du Informationen über diese Methoden?

3

Recherchiert und überlegt zu zweit:

a) An welcher Stelle findet ihr im Buch die „Bist du fit?“-Seiten? Welche Art von Aufgaben findet ihr dort? Worauf könnt ihr euch mit der Bearbeitung dieser Seiten vorbereiten?

b) An welcher Stelle findet ihr im Buch die „Prüfe dich“-Aufgaben? Was bedeutet „Prüfe dich“? Welche Art von Aufgaben wird dort angeboten? Warum sind diese Aufgaben über das gesamte Buch verteilt?

c) An welcher Stelle könnt ihr im Buch den Umgang mit Formeln üben?

Umgang mit Sachaufgaben 1: Nach Lösungsplan arbeiten

1 Du kennst bereits die sechs Schritte des Lösungsplans, nach denen du eine Sachaufgabe bearbeitest.

a) Schreibe die Schritte des Lösungsplans in der richtigen Reihenfolge auf.

Ich schreibe eine Antwort.	Ich rechne die Aufgaben aus.	Ich überprüfe das Ergebnis.
Ich nutze Rechenhilfen. Zum Beispiel: Überschlag, Skizze, Zahlengerade	Ich lese die Aufgabe genau und formuliere eine Frage.	Ich überlege, welche Angaben ich zum Lösen der Aufgabe brauche, und schreibe sie auf.

b) Wählt eine der beiden Sachaufgaben und bearbeitet sie nach dem Lösungsplan. Stellt euch danach gegenseitig die Schritte zur Lösung dieser Aufgabe vor.

Juri geht mit einem Freund ins Kino. Da Juri Geburtstag hat, lädt er seinen Freund heute ein. Eine Kinokarte kostet 7,50 €. Zusätzlich kauft Juri noch einen Eimer Popcorn für 5,50 € und für jeden eine Cola für je 4,90 €. Wie viel muss Juri für das Popcorn und die Getränke bezahlen?

In einer Bäckerei werden täglich 200 Brötchen und 40 Brote gebacken. Für den gestrigen Tag waren 4 Brote und 30 Brötchen vorbestellt. Insgesamt wurden an diesem Tag 167 Brötchen und 38 Brote verkauft. Wie viele Brötchen blieben am Ende des Tages übrig?

c) Bearbeite die Sachaufgaben nach dem Lösungsplan.

In der Schulmensa werden täglich etwa 200 Brötchen, 60 Schokoriegel und 90 Trinkpäckchen verkauft. In dieser Woche werden außerdem Würstchen angeboten. Insgesamt wurden 50 Würstchen verkauft.

Greta kauft ein Deutsch-Arbeitsheft für 5,95 €, zwei Rätselhefte für je 4,95 €, ein Englischbuch für 13,95 € und ein Mathebuch für 16,95 €. Außerdem sucht sie sich eine Zeitschrift für 2,90 € aus.

2 Beim Bearbeiten der Sachaufgabe wurde ein Fehler gemacht. Finde heraus, welcher Schritt im Lösungsplan falsch bearbeitet wurde. Schreibe diesen richtig auf. Begründe.

Herr Müller fährt Montag bis Freitag jeweils 35 km zur Arbeit. Sein Auto verbraucht durchschnittlich 6 Liter Benzin auf 100 km. Wie viele km legt Herr Müller wöchentlich für seinen Arbeitsweg zurück?

Frage:	Wie viele km legt Herr Müller wöchentlich für seinen Arbeitsweg zurück?
Rechnung:	$35 \cdot 2 \cdot 5 \cdot 6 = 2100$
Antwort:	Er legt in der Woche 2 100 km zurück.

zu Aufgabe 1: siehe Band 8, S. 29; Kopiervorlage zur Selbsteinschätzung beachten

3 a) Frau Kowalski kauft einen neuen Computer. Auf einer Verkaufstafel steht:

Wie musst du rechnen? Erzähle.

b) Um wie viel ist die Ratenzahlung teurer als die Barzahlung?
Übertrage den Rechenbaum ins Heft und ergänze.
Schreibe die Rechenschritte auf.

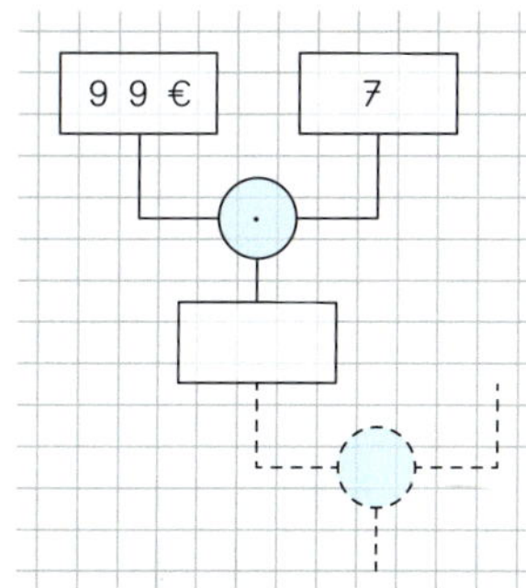

c) Bei Aufgaben, die man in mehreren Schritten rechnet, wird der Lösungsplan etwas verändert. Welcher Schritt des Lösungsplans wird durch den hier dargestellten Schritt ergänzt? Begründe.

Ich plane die Rechenschritte und zeichne (bei Bedarf) einen passenden Rechenbaum.

d) Schreibe die sechs Schritte des veränderten Lösungsplans in der richtigen Reihenfolge auf.

4 Bearbeite die Sachaufgaben nach dem veränderten Lösungsplan.

a) Kenan kauft sich ein neues Fahrrad für 498€. Zusätzlich kauft sich Kenan noch einige Zubehörteile. Auf den Endpreis erhält Kenan vom Händler einen Preisnachlass von 25€. Außerdem gibt er dem Händler für 50€ sein altes Fahrrad in Zahlung.
Wie viel Geld muss Kenan dem Händler noch bezahlen?

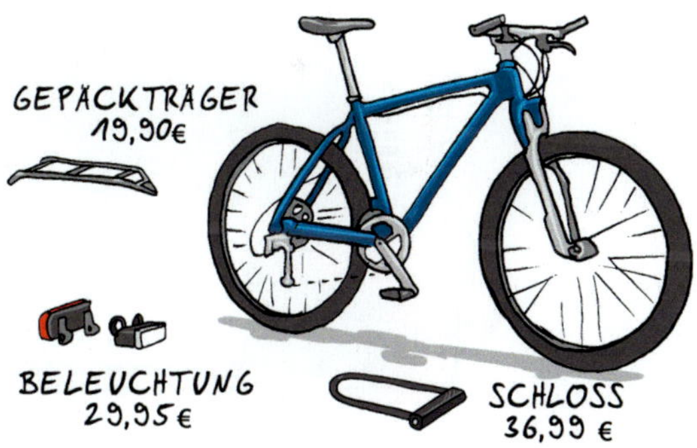

b) Für ihren Umzug mietet Familie Kowalski einen Kleintransporter.
Die Leihgebühr beträgt inklusive einer Fahrstrecke bis 100 km für einen Tag 25€.
Jeder weitere gefahrene Kilometer kostet 0,15€. Dazu kommen noch 9€ für die Versicherung. Insgesamt fährt Herr Kowalski 150 km.
Wie viel bezahlt er insgesamt für den geliehenen Transporter?

5 Formuliert zu folgenden Angaben eine realistische Sachaufgabe, die in mehreren Rechenschritten gelöst werden muss:

Eintrittspreis 6€ | vier Freunde | Eis 1,70€ | Apfelsaftschorle 1,20€

Tauscht eure Aufgaben mit einer anderen Gruppe und löst diese.

Rechengesetze und Rechentricks

1 a) Welche Rechenregel oder welches Rechengesetz wurde angewendet? Ordne zu und begründe.

1 Punktrechnung vor Strichrechnung	A $270 + 490 = 490 + 270$
2 Assoziativgesetz	B $(35 + 25) \cdot 20 = 60 \cdot 20$
3 zuerst Klammern ausrechnen	C $35 + 25 \cdot 20 = 35 + 500$
4 Kommutativgesetz	D $(9 \cdot 15) \cdot 8 = 9 \cdot (15 \cdot 8)$

b) Finde zu jeder Rechenregel und zu jedem Rechengesetz zwei weitere Beispielaufgaben.

2 Rechne vorteilhaft, indem du das Kommutativgesetz* und das Assoziativgesetz** sinnvoll anwendest.

$65 + 27 + 95 = 65 + 95 + 27$
$= (65 + 95) + 27$
$= 160 + 27$
$= 187$

a)	b)
$65 + 27 + 95$	$25 \cdot 3 \cdot 4$
$48 + 79 + 22$	$2 \cdot 18 \cdot 5$
$36 + 55 + 84$	$9 \cdot 4 \cdot 15$
$23 + 81 + 77$	$55 \cdot 8 \cdot 2$
$91 + 48 + 39$	$7 \cdot 35 \cdot 4$

3 Erzähle.

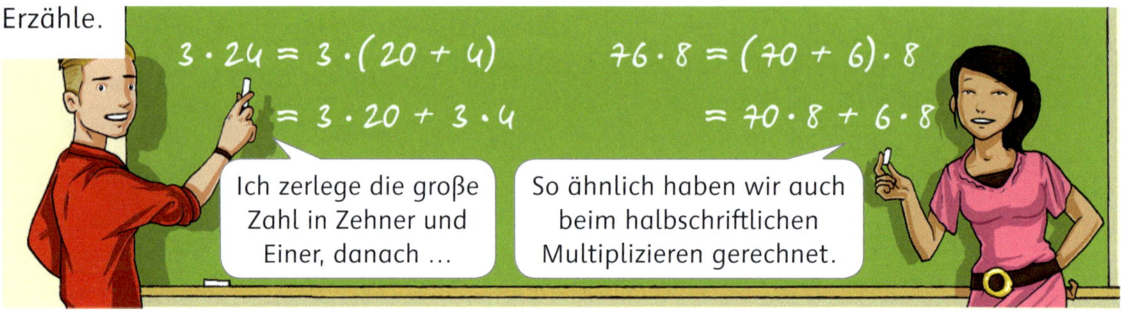

4 Wende das Distributivgesetz an.

a)	b)
$7 \cdot (40 + 8)$	$(30 + 8) \cdot 9$
$5 \cdot (20 + 3)$	$(50 + 7) \cdot 4$
$8 \cdot (10 + 1)$	$(40 + 2) \cdot 8$
$6 \cdot (60 + 9)$	$(60 + 1) \cdot 5$

Distributivgesetz ***

Eine Zahl wird mit einer Summe multipliziert, indem man jeden Summanden mit dieser Zahl multipliziert und die Produkte dann addiert.

$5 \cdot (20 + 7) = 5 \cdot 20 + 5 \cdot 7$

$(30 + 8) \cdot 9 = 30 \cdot 9 + 8 \cdot 9$

c)	d)	e) ★	f) ★
$3 \cdot (500 + 70 + 1)$	$(500 + 30 + 8) \cdot 9$	$6 \cdot 59$	$4 \cdot 386$
$9 \cdot (700 + 20 + 6)$	$(800 + 40 + 6) \cdot 4$	$4 \cdot 76$	$5 \cdot 628$
$4 \cdot (200 + 10 + 5)$	$(700 + 20 + 3) \cdot 5$	$73 \cdot 8$	$369 \cdot 7$
$2 \cdot (800 + 30 + 9)$	$(100 + 70 + 9) \cdot 7$	$94 \cdot 7$	$533 \cdot 9$

* lat. commutare – vertauschen; ** lat. associare – verbinden; *** lat. distribuere – verteilen;
bei Bedarf auffordern, Begriffe im Mathe-Lexikon nachzuschlagen

5 Bei welchen Aufgaben ist es vorteilhaft, das Distributivgesetz anzuwenden?
Bei welchen Aufgaben rechnet man nach der Regel „Klammern zuerst“? Begründe.

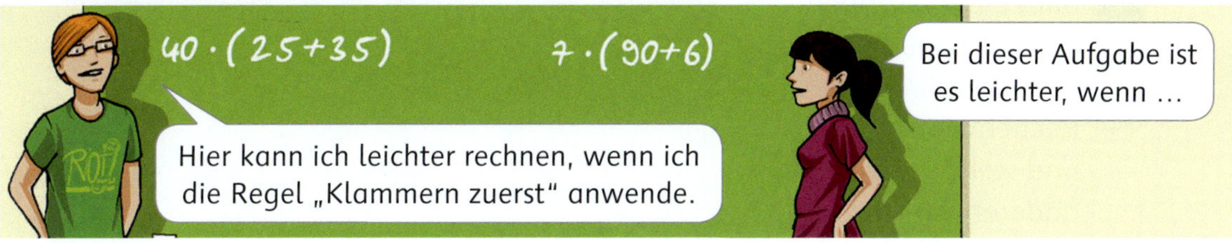

6 Rechne vorteilhaft. Wendest du das Distributivgesetz oder die Regel „Klammern zuerst“ an? Begründe deine Entscheidung.

a)	b)	c)	d)
$(65 + 15) \cdot 40$	$(50 + 3) \cdot 6$	$5 \cdot (30 + 7)$	$8 \cdot (50 + 6)$
$(80 + 9) \cdot 6$	$(24 + 36) \cdot 70$	$20 \cdot (15 + 5)$	$30 \cdot (18 + 2)$
$(20 + 7) \cdot 8$	$(19 + 1) \cdot 90$	$90 \cdot (66 + 44)$	$9 \cdot (70 + 3)$
$(18 + 2) \cdot 20$	$(30 + 6) \cdot 30$	$40 \cdot (40 + 8)$	$60 \cdot (23 + 17)$

7 Erzähle.

8 Wende das Distributivgesetz an.

a)	b)
$9 \cdot (50 - 2)$	$(40 - 2) \cdot 6$
$2 \cdot (90 - 6)$	$(60 - 1) \cdot 2$
$6 \cdot (10 - 4)$	$(80 - 5) \cdot 4$

c)	d)
$3 \cdot (200 - 1)$	$(100 - 4) \cdot 9$
$8 \cdot (400 - 9)$	$(700 - 3) \cdot 8$
$5 \cdot (700 - 3)$	$(300 - 2) \cdot 7$

9 a) Ein Rechentrick. Wie rechnet Juri?

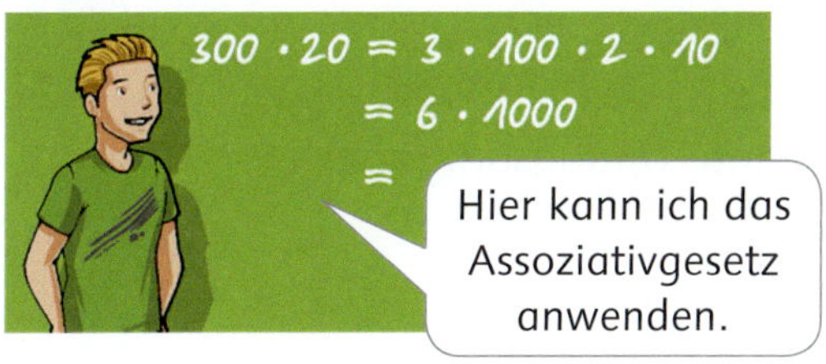

b) Schreibe eine passende Hilfsaufgabe und rechne im Kopf.

$700 \cdot 6\,000$
$18\,000 \cdot 200$
$9\,000 \cdot 1\,100$
$800 \cdot 12\,000$

10 Rechne mit dem Taschenrechner.
Was fällt dir auf? Achte auf die Nullen.

a)	b)
$800 : 400$	$24\,000 : 600$
$80 : 40$	$2\,400 : 60$
$8 : 4$	$240 : 6$

c) Formuliere mit einem Partner zusammen eine passende Regel.

11 Schreibe eine passende Hilfsaufgabe und rechne im Kopf.

$2\,800 : 400$
$56\,000 : 8\,000$
$63\,000 : 90$
$3\,500 : 500$
$6\,300 : 70$

In Gedanken streiche ich bei beiden Zahlen gleich viele … Das Ergebnis bleibt …

Schriftliches Rechnen

1 Bildet vier Gruppen. Jede Gruppe wiederholt ein schriftliches Rechenverfahren und stellt es den anderen vor.

2 Rechne schriftlich. Kontrolliere mit dem Taschenrechner.

a) 512 649 + 2 413 547
4 783 695 + 22 598
607 423 + 891 054

b) 765 431 – 144 201
2 541 327 – 493 388
70 000 – 52 136

c) 150 000 – 86 379
4 537 486 + 462 514
666 666 – 77 777

d) 265 491 · 7
380 527 · 26
513 674 · 518

e) 53 572 : 4
248 733 : 9
832 692 : 14

f) 613 578 : 7
345 960 · 8
734 240 : 16

g) Welches Rechenverfahren beherrschst du bereits sicher, welches musst du noch üben? Wo findest du geeignete Übungsaufgaben?

3 ★ Schreibe die vollständige Rechnung in dein Heft.

a)
```
    5 4 0 1 ✱ 8
+ ✱ 2 3 ✱ ✱ 5 1
      ✱ 1 1
  7 ✱ 8 0 0 1 ✱
```

b)
```
      ✱ 15  7 ✱
  2 7 3̸ 5̸ ✱ 8̸ 0̸
−   4 1 ✱ 2 4 3
  ✱ ✱ 1 9 7 ✱ 7
```

c)
```
    8 2 ✱ 3 0 6
+ ✱ ✱ 7 5 ✱ 9 ✱
  1 1 ✱   1 1
  3 4 0 2 4 ✱ 3
```

d)
```
  4 8 1 · 7 2
5̸   3 3 6 ✱ 0
1̸       ✱ 6 2
      ✱ 1
    ✱ 4 6 3 ✱
```

e)
```
2 5 8 : 6 = ✱ 3
2 4
  ✱ ✱
  1 8
    ✱
```

f)
```
4 4 ✱ : ✱ = 6 ✱
4 2
  ✱ ✱
  ✱ 1
    ✱
```

4 Familie Chen möchte ihre Wohnung renovieren. Eine Malerfirma veranschlagt für das Tapezieren und Streichen der Wände und Decken insgesamt 1 954 € und für das Streichen der Türen 1 468 €. Zusätzlich fallen 650 € Mehrwertsteuer an. Eine andere Firma bietet diese Arbeiten zu einem Festpreis von 4 000 € an.

a) Welches Angebot ist günstiger? Rechne.

b) Wie groß ist der Unterschied zwischen den beiden Angeboten?

5 Herr Scholz verdient an einem Arbeitstag 112 €.
Er arbeitet durchschnittlich 22 Tage im Monat.
Frau Akgün bekommt einen Monatslohn von 2 600 €.

a) Wer von beiden verdient mehr? Rechne.

b) Wie groß ist der Unterschied zwischen dem Monatslohn von Herrn Scholz und dem von Frau Akgün?

6 a) Bilde die Summe aus 540 823 und 4 947 316.

Die Begriffe kann ich im Mathe-Lexikon nachschlagen.

b) Dividiere 58 744 durch 8.

c) Bilde das Produkt aus 46 509 und 27.

d) Subtrahiere 342 518 von 9 843 200.

e) Bilde den Quotienten aus 278 124 und 3 und addiere zu diesem 49 018.

f) Multipliziere 65 432 mit 492 und subtrahiere von dem Produkt 124 076.

g) Bilde die Differenz aus 458 004 und 94 531 und multipliziere das Ergebnis mit 3.

h) Addiere 287 140 und 95 462 und dividiere das Ergebnis durch 6.

7 343   63 767   141 726   278 035   1 090 419   1 255 743   5 488 139   9 500 682   32 068 468

7 a) Zwei Aufgaben wurden falsch gerechnet. Finde heraus, welche es sind. Erkläre, welche Fehler gemacht wurden.

	2	1	8	6	4		
+	5	9	7	3	1	5	9
	1	1					
	8	1	5	9	5	5	9

		2	10			0	15
	4	~~3~~	~~0~~	8	9	~~1~~	~~5~~
−			3	4	2	0	6
	4	2	7	4	7	0	9

		8	2	7	·	5	4
~~1~~	~~3~~			4	1	3	5
~~1~~	~~2~~			3	3	0	8
						1	
				7	4	4	3

5	2	2	:	9	=	5	8
4	5						
	7	2					
	7	2					
		0					

b) Berechne die Aufgaben, die falsch gerechnet wurden.

Prüfe dich

8 Wandle in die nächstkleinere Einheit um.

a) 19,8 km   b) 1,5 h   c) 7,03 t   d) $\frac{3}{4}$ l   e) 8 min   f) 5,002 m^2 g) 12,4 dm^3

Schriftliches Rechnen mit Dezimalzahlen

1 Worauf musst du beim schriftlichen Rechnen mit Dezimalzahlen achten?
An welcher Stelle wird im Ergebnis das Komma gesetzt?
Erkläre jeweils an einem Beispiel.

2 Rechne schriftlich. Kontrolliere mit dem Taschenrechner.

a) 85,492 + 2,41
2,54 + 39,59462

b) 72,36 − 15,594
489,1235 − 25,5

c) 241,48 · 3
53,4873 · 9

d) 25,47 : 3
54,216 : 8

e) Bei welchen Rechenverfahren bist du schon sicher im Setzen der Kommas?
Bei welchen Verfahren musst du das noch üben?
Wo findest du geeignete Übungsaufgaben?

3 Schreibe die vollständige Rechnung in dein Heft.

a)
```
    6,✱71
 + 28,5✱
   ✱11
 ---------
   3✱,03✱
```

b)
```
     6✱
    57,29✱
 −   ✱,5✱
 ---------
   ✱1,786
```

c) ★
```
   ✱14 8 ✱ 9 ✱
   1✱9,6 0 4
 −   76,8✱7
 ------------
     7✱,777
```

d)
```
   ✱,16 · 3
 1  12,4✱
```

e) ★
```
        52,86 · ✱3
       -----------
 11     ✱057 20
 21       15✱58
          1✱
       -----------
        1✱1✱,78
```

f)
```
 25,✱ : 4 = 6,✱
 ✱✱
  12
  12
   ✱
```

4 a) Welche Aufgaben wurden falsch gerechnet?
Finde heraus, welche es sind.
Erkläre, welche Fehler gemacht wurden.

```
   2,541
 + 689,1
   11
 -------
   9,432
```

```
    6,18 · 5
 4   34,90
```

```
      1 10
   15,920
 −  4,612
 --------
   11,308
```

```
 7,17 : 3 = 23,9
 6
 11
  9
  27
  27
   0
```

b) Berechne die Aufgaben, die falsch gerechnet wurden.

5 Frau Svendson berechnet, wie viel ihre Familie in diesem Jahr für Strom bezahlen muss.
Zu dem monatlichen Grundpreis von 5,90 € muss pro kWh 0,2423 € bezahlt werden.
Insgesamt haben sie 3 500 kWh verbraucht.
Wie viel hat Familie Svendson in diesem Jahr für Strom bezahlt?

kWh: im Alltag gebräuchliche Energieeinheit (z. B. bei der Abrechnung von Strom- und Heizwärmekosten); das Tausendfache einer Wattstunde

Überschlagen

1 Wann rechnest du im Alltag mit dem Überschlag?
Finde mehrere Beispiele.
Warum ist das Überschlagen manchmal sinnvoller als genaues Rechnen?

2 Rechne zu jeder Aufgabe den Überschlag.
Ein Partner kontrolliert anschließend, ob der Überschlag zur Aufgabe passt.

a)	b)	c)
275 891 + 6 458 109	8 741 · 263	965,105 + 88,24
985 103 − 545 764	948 · 3 510	3 647,2 − 591,0378
3 087 094 − 876 471	2 808 : 12	64,5871 · 9
627 531 + 191 843	23 715 : 8	124,735 : 5

3 a) Welche Ergebnisse können stimmen, welche nicht? Überschlage.
b) Berechne die Aufgaben, die falsch gerechnet wurden.

785 321 + 59 674 = 844 995

5 748 · 354 = 1 034 972

715 599 : 59 674 = 13,5

230 547 − 94 108 = 106 439

4 Finde zu jeder Aufgabe das richtige Ergebnis.
Überschlage zuerst und kontrolliere danach mit dem Taschenrechner.

a) 5 425,148 − 96,7
4 781,65 + 714,189
2,4891 + 0,743
80,0506 − 76,2

3,2321
3,8506
5 328,448
5 495,839

b) 94,124 · 6
394,15 : 5
79,307 · 8
368,84 : 4

78,83
92,21
564,744
634,456

5 Reicht das Geld für den Einkauf? Überschlage.

a) 

TOMATEN	2,58
NUDELN	0,39
REIBEKÄSE	1,99
WASCHPULVER	8,99
DUSCHBAD	1,59
5 X APFELSAFT	4,95

b) 

T-SHIRT	14,95 €
STRÜMPFE	2,95 €
KLEID	29,95 €
KETTE	5,95 €
SUMME	

VIELEN DANK FÜR IHR

c) 

GAMING-MAUS	29,95 €
GAMING-TASTATUR	34,95 €
GAMING-HEADSET	36,99 €
SUMME	

Quadratzahlen

1

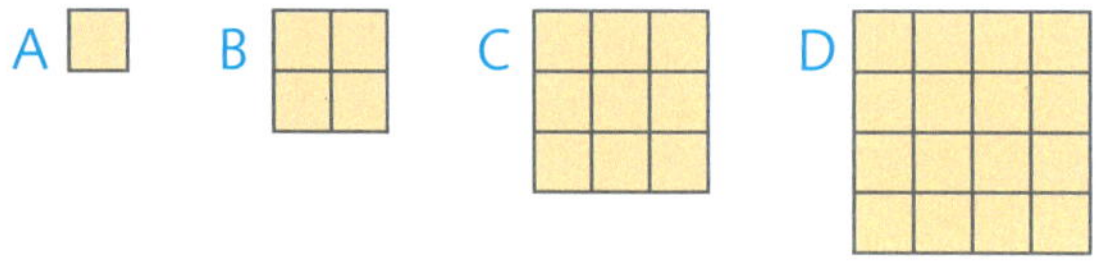

a) Aus wie vielen Fliesen müsste die nächstgrößere Figur bestehen?

b) Gibt es einen Zusammenhang zwischen der Anzahl der Fliesen in einer Reihe und der Anzahl der Fliesen der jeweiligen Figuren? Erzähle.

2 a) Vervollständige.

$1^2 = 1$
$2^2 = 4$
$3^2 = 9$
▢ = ▢
$25^2 = 625$

b) Berechne den Unterschied zwischen den aufeinanderfolgenden Quadratzahlen. Was fällt dir auf?

A = 25

$5 \cdot 5 = 5^2$ – fünf hoch zwei

Hochzahl oder Exponent

$5^2 = 25$ Quadratzahl

Grundzahl oder Basis

3 Berechne die Quadratzahlen im Kopf oder schriftlich.

a)	b)	c)	d)	e)
7^2	17^2	18^2	25^2	11^2
9^2	12^2	90^2	10^2	6^2
5^2	22^2	20^2	19^2	100^2

4 Rechne. Was fällt dir auf?

a)

3^2	6^2	12^2
30^2	60^2	120^2
300^2	600^2	$1\,200^2$

b)

4^2	8^2	16^2
$0{,}4^2$	$0{,}8^2$	$1{,}6^2$
$0{,}04^2$	$0{,}08^2$	$0{,}16^2$

c) Notiere zwei weitere Aufgaben, die zu den Aufgaben a) und b) passen, und löse sie.

5 Rechne mit dem Taschenrechner. Achte auf die Nachkommastellen.

a)	b)	c)	d)	e)
$0{,}07^2$	$1{,}23^2$	$9{,}99^2$	$16{,}23^2$	$3{,}456^2$
$0{,}008^2$	$0{,}0122^2$	$5{,}432^2$	$22{,}222^2$	$34{,}56^2$

6 Rechne im Kopf. Worauf musst du achten? Erkläre es einem Partner.

a)	b)	c)	d)	e)
40^2	200^2	$1\,000^2$	$0{,}5^2$	$0{,}05^2$
20^2	300^2	$2\,000^2$	$0{,}4^2$	$0{,}03^2$

Kopiervorlage zur Selbsteinschätzung beachten

Quadratwurzeln

1 a) Ein quadratischer Untersetzer soll mit 36 quadratischen Mosaiksteinen beklebt werden. Wie viele Mosaiksteine sind in einer Reihe?

b) Vervollständige die Tabelle.

Fliesen pro Fläche	36	16	81	■	25	■	144	■	400
Fliesen pro Reihe	■	■	■	3	■	8	■	15	■

A = 49

$\sqrt{49} = 7$

Das ist die Seitenlänge des Quadrats.

Wenn du die Seitenlänge des Quadrats berechnest, ziehst du die Quadratwurzel.

Wurzelziehen: $\sqrt{49} = 7$

Probe: $7^2 = 49$

Die Quadratwurzel aus 49 ist 7.

2 Berechne die Quadratwurzel. Kontrolliere mit der Probe.

a) $\sqrt{9}$, $\sqrt{4}$, $\sqrt{81}$, $\sqrt{400}$

b) $\sqrt{121}$, $\sqrt{1}$, $\sqrt{64}$, $\sqrt{169}$

c) $\sqrt{144}$, $\sqrt{256}$, $\sqrt{289}$, $\sqrt{225}$

d) $\sqrt{529}$, $\sqrt{625}$, $\sqrt{441}$, $\sqrt{484}$

3 Ergänze die fehlenden Zahlen.

a) $\sqrt{■}$ = 6, denn 6^2 = ■

b) $\sqrt{■}$ = 15, denn 15^2 = ■

c) $\sqrt{■}$ = 20, denn 20^2 = ■

d) Notiere zwei weitere Aufgaben.

4 Finde zuerst heraus, wie du mit dem Taschenrechner die Wurzel ziehen kannst. Berechne danach die Aufgaben mit dem Taschenrechner. Runde auf zwei Stellen nach dem Komma.

Beispiel: $\sqrt{5} = 2,236067978 \approx 2,24$

a) $\sqrt{2}$, $\sqrt{7,4}$, $\sqrt{0,04}$

b) $\sqrt{10}$, $\sqrt{1312}$, $\sqrt{6,25}$

c) $\sqrt{17}$, $\sqrt{5787}$, $\sqrt{400,25}$

d) $\sqrt{23,5}$, $\sqrt{2544,1}$, $\sqrt{111,1}$

5 Ordne zu. Schreibe ins Heft, so wie in Aufgabe **3**. Welche Zahl bleibt übrig?

$\sqrt{196}$ | $\sqrt{36}$ | $\sqrt{49}$ | $\sqrt{324}$ | $\sqrt{484}$

7 | 18 | 14 | 22 | 16 | 6

Potenzen

1

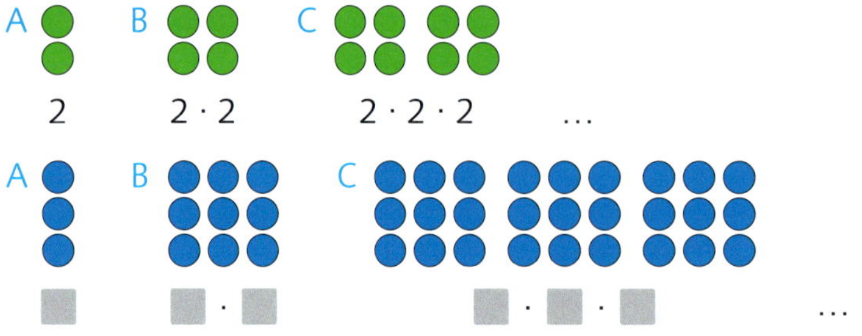

a) Was fällt dir auf? Setze die Muster fort.

b) Aus wie vielen Punkten besteht die jeweils 10. Figur? Notiere die Rechnung.

> Die Potenz ist eine Kurzschreibweise für mehrmalige Multiplikationen mit dem gleichen Faktor.
>
> $\underbrace{4 \cdot 4 \cdot 4 \cdot 4 \cdot 4}_{\text{5 Faktoren}} = 4^5$ (vier hoch fünf)
>
> 4^5 **Potenz** – Hochzahl oder Exponent: 5 – Grundzahl oder Basis: 4

2 Schreibe als Potenz.

a) $5 \cdot 5 \cdot 5 \cdot 5 \cdot 5$ $\quad 3{,}3 \cdot 3{,}3 \cdot 3{,}3$

b) $7 \cdot 7 \cdot 7 \cdot 7 \cdot 7 \cdot 7$ $\quad 4{,}1 \cdot 4{,}1 \cdot 4{,}1 \cdot 4{,}1 \cdot 4{,}1$

c) $9 \cdot 9 \cdot 9 \cdot 9 \cdot 9 \cdot 9 \cdot 9 \cdot 9$ $\quad 17{,}4 \cdot 17{,}4 \cdot 17{,}4 \cdot 17{,}4$

3 Schreibe als Multiplikationsaufgabe und berechne das Produkt.

a) 6^3 $\quad 5^5$

b) 12^3 $\quad 2{,}5^3$

c) 7^4 $\quad 0{,}1^4$

d) 1^9 $\quad 0{,}5^2$

Die Begriffe kann ich im Mathe-Lexikon nachschlagen.

4 Rechne im Kopf.

a) 1^7 $\quad 5^3$

b) 2^3 $\quad 10^5$

c) 7^2 $\quad 4^3$

d) 3^3 $\quad 0^{12}$

e) 6^3 $\quad 100^3$

f) 2^4 $\quad 6^2$

5 Vergleiche. >, < oder = ?

a) 2^3 ● 2^6 $\quad 6^4$ ● 6^8

b) $8 \cdot 8 \cdot 8 \cdot 8 \cdot 8$ ● 8^6 $\quad 21 \cdot 21 \cdot 21$ ● 21^3

c) $26 \cdot 26 \cdot 26 \cdot 5$ ● 26^3 $\quad$ ★ $1\,287\,387^2$ ● $1\,287\,387^5$

6 Finde zuerst heraus, wie du mit dem Taschenrechner die Potenz berechnen kannst. Berechne danach die Aufgaben mit dem Taschenrechner.

Beispiel: $3^{10} = 59049$

a) 6^7 9^9 b) 2^{30} 11^7 c) 8^8 $0{,}2^6$ d) 3^{15} $1{,}5^8$

7 Besondere Hochzahlen

a) Gib in deinen Taschenrechner fünf verschiedene Grundzahlen mit der Hochzahl 0 ein. Vergleiche deine Ergebnisse und notiere die Beobachtung.

b) Wähle fünf weitere Zahlen und gib in den Taschenrechner jeweils die Hochzahl 1 ein. Notiere auch hier deine Beobachtung.

8 Rechne und vergleiche. Was fällt dir auf?

a) 5^2 und 2^5 b) 2^4 und 4^2 c) 1^{15} und 15^1 d) 1^0 und 0^1

e) $3^3 \cdot 3^3$ und 3^6 f) $2^3 + 2^3$ und 2^6 g) $2^5 - 2^2$ und 2^3 h) $(-4)^2$ und 4^2

9 Ergänze.

a) $\square^2 = 9$ b) $\square^5 = 1$ c) $\square^3 = 27$ d) $\square^2 = 100$

e) $10^{\square} = 1000$ f) $5^{\square} = 1$ g) $2^{\square} = 8$ h) $2314^{\square} = 1$

10 Gerüchteküche

Tims Schwester hat sich verlobt, möchte aber nicht, dass das ganze Dorf davon erfährt. Da Tim sich aber so freut, erzählt er es innerhalb einer Stunde drei Freunden aus dem Dorf. Diese drei brauchen ebenfalls nur eine Stunde, um jeweils drei anderen Dorfbewohnern davon zu erzählen usw.

a) Im Dorf leben 120 Einwohner. Wie lange dauert es rechnerisch, bis auch der letzte Dorfbewohner weiß, dass Tims Schwester heiratet?

b) Nenne drei Gründe, weshalb Tims Tante nach einer Woche immer noch nicht weiß, dass ihre Nichte heiratet, obwohl sie nur ein paar Häuser entfernt wohnt.

Mathe mit Methode: Wiederholung als Chance

Durch eine Wiederholung wirst du an Dinge erinnert, die du schon gelernt hast. Beim Lösen von Wiederholungsaufgaben merkst du, ob du eine Aufgabenart noch sicher beherrschst oder ob du sie noch einmal üben solltest. Wenn du Gelerntes regelmäßig wiederholst, wirst du es immer sicherer anwenden können.

So nutze ich die Wiederholungsseite:

1. Ich löse die Aufgaben.
2. Ich kontrolliere meine Ergebnisse.
3. Ich kreuze im Selbsteinschätzungsbogen an, ob ich die Aufgabe gut konnte oder nicht.

- Wenn ich eine Aufgabe ohne Schwierigkeiten richtig gelöst habe, beherrsche ich diese Aufgabenart.
- Wenn ich eine Aufgabe falsch gelöst habe oder den Rechenweg nicht mehr weiß, kann ich …

… im Mathe-Lexikon nachschauen.

… entsprechende Aufgaben aus Klick! 8 suchen und bearbeiten.

… auf der passenden Karteikarte nachsehen und die Aufgabe noch einmal bearbeiten.

1 Welches Thema wird in den Aufgaben **3** bis **10** wiederholt? Welche Begriffe könntest du im Mathe-Lexikon nachschlagen?

Name: Paul Klasse: 8 b Datum: 28. August

Thema: Einführung		++	+	–	– –	Hier finde ich Übungsmaterial
1	Ich kenne die Begriffe „Kommutativgesetz" und „Assoziativgesetz".	X				Buch: S. 6 AH: S. 1 Nr. 3
2	Ich kann das Kommutativgesetz und … Assoziativgesetz anwenden.		X			Buch: S. 6 Nr. 1–5 AH: S. 1 Nr. 1, 2, 4
	… nis einer Fermi-Aufgabe … falsch ist und meine Entscheidung begründen.			X		… Nr. 4, 5, 7

Thema: Zahlenraum		++	+	–	– –	Hier finde ich Übungsmaterial
1	Ich kann Beispiele für große Zahlen in meiner Umwelt nennen.	X				Buch: S. 12, 18–19 AH: S. 3
2	Ich kann große Zahlen schätzen.				X	Buch: S. 12–13 AH: S. 3
3	Ich kann große Zahlen in die Stellenwerttafel schreiben und daraus ablesen.	X				Buch: S. 14, S. 15 AH: S. 4
4	Ich kenne die Rundungsregeln und kann sie anwenden.		X			Buch: S. 16 Nr. 3–7 AH: S. 5 Nr. 2–4
5	Ich kenne den Begriff „natürliche Zahlen" und kann Beispiele nennen.			X		Buch: S. 19 Nr. 8
6	Ich kenne verschiedene Nachschlagewerke.		X			Buch: S. 20, S. 21
7	Ich finde auf den Karteikarten die passende Information zu einem Thema.			X		Buch: S. 20, S. 21

2 Schaue dir Pauls Selbsteinschätzungsbogen an.

a) Welche Aufgaben kann Paul gut? Welche Aufgaben sollte er noch einmal wiederholen?

b) Welche Hilfsmittel kann Paul nutzen? Suche passende Karteikarten, geeignete Aufgaben in Klick! Mathematik 8 usw.

3 Ich schreibe große Zahlen in mein Heft und nutze dazu die Stellenwerttafel.

a) 4 HT + 2 ZT + 3 T + 2 H + 7 Z + 4 E
1 M + 9 HT + 0 ZT + 0 T + 8 H + 4 Z + 9 E
7 HT + 4 ZT + 2 T + 0 H + 6 Z + 3 E

b) 4 HT + 6 H + 3 E
★ 2 ZT + 7 T + 7 E
1 M + 6 ZT + 3 T + 4 Z + 4 E

4 Ich schreibe fünf Beispiele in mein Heft, in denen Zahlen über eine Million vorkommen.

Selbsteinschätzungsbögen aus dem Vorjahr nutzen (auch auf CD-ROM in Band 9 verfügbar); Karteikarten verwenden

5 Ich setze jede Reihe mit fünf weiteren Zahlen fort. Ich erkläre die Regel.

a) 786 000, 787 000, 788 000 …
134 650, 134 660, 134 670 …
1 769 000, 1 770 000, 1 771 000 ….

b) 70 314, 70 313, 70 312 …
469 340, 469 330, 469 320 …
1 250 000, 1 240 000, 1 230 000 …

6 Ich ordne diese Zahlen und beginne mit der größten Zahl.

a) 34 436, 33 436, 43 336, 44 366, 344 436, 334 436, 4 436

b) 11 011, 101 111, 111 011, 100 111, 1 010 011, 110 011, 101 010

7 Ich ergänze zuerst zum nächsten Hunderttausender und danach zu einer Million.

a) 780 000 + ▒ = 800 000
780 000 + ▒ = 1 000 000
…

a)	b)	c)
780 000	840 000	687 000
590 000	360 000	354 000
53 000	400 000	216 000
170 000	220 000	478 000
880 000	610 000	732 000

8 Ich runde die Einwohnerzahlen zuerst zum Zehntausender und danach zum Hunderttausender. Ich schreibe in mein Heft.

Leipzig hat 531 809 Einwohner.
München hat 1 378 176 Einwohner.
Dortmund hat 580 956 Einwohner.
Hamburg hat 1 798 836 Einwohner.

9 Ich kann mich am Zahlenstrahl orientieren.

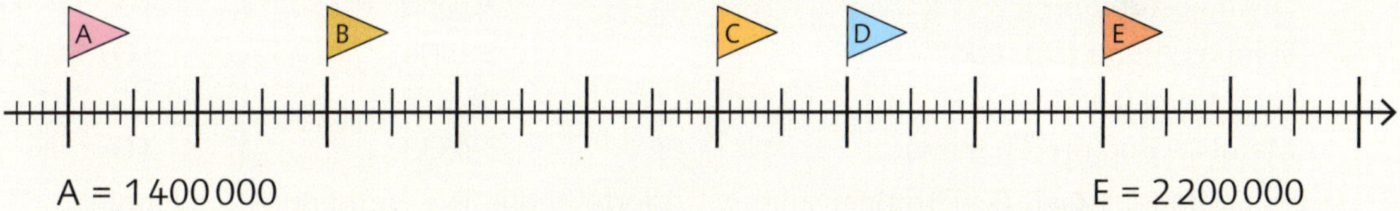

a) Welche Zahlen stehen bei B, C und D?

b) Welche Zahl steht genau in der Mitte zwischen 1 400 000 und 2 200 000?

10 Ich schätze, wie viele es jeweils sein könnten. Ich begründe meine Entscheidung.

Selbsteinschätzungsbögen aus dem Vorjahr nutzen
Karteikarten verwenden

Projekt: Mit großen Zahlen rechnen

Die Spiele der Fußball-Europameisterschaft 2012 wurden in acht Stadien ausgetragen. Vier Stadien liegen in Polen und vier in der Ukraine.

Stadion	Zuschauerplätze	ausgetragene Spiele
Nationalstadion Warschau	58 145	1 E, 2 G, 1 V, 1 H
Städtisches Stadion Posen	43 090	3 G
Städtisches Stadion Breslau	42 771	3 G
PGE Arena Gdańsk (Danzig)	41 582	3 G, 1 V
Olympiastadion Kiew	70 050	3 G, 1 V, 1 F
Donbas Arena (Donezk)	51 504	3 G, 1 V, 1 H
Arena Lviv (Lemberg)	34 915	3 G
Metalist-Stadion (Charkiw)	38 633	3 G

E = Eröffnungsspiel, G = Gruppenspiel, V = Viertelfinale, H = Halbfinale, F = Finale

Durchschnittliche Preise für eine Eintrittskarte:

Eröffnungsspiel	145,00 €	Halbfinale	155,00 €
Gruppenspiele	74,00 €	Finale	300,00 €
Viertelfinale	90,00 €		

1 Informiert euch über die Austragungsländer und über die Austragungsorte der Fußball-EM 2012.

2 a) Welches Stadion hat die meisten Plätze?

b) Ordne die Stadien nach der Anzahl ihrer Zuschauerplätze.

c) Passen in die polnischen oder in die ukrainischen Stadien mehr Zuschauer?

Kopiervorlage zur Selbsteinschätzung beachten

3 Du kannst der Tabelle auf Seite 22 verschiedene Informationen über die Spiele der Fußball-EM 2012 entnehmen und aus diesen Informationen Aufgaben formulieren.

a) Notiere dir mehrere Aufgaben und löse sie.

b) Bildet Dreier- oder Vierergruppen und erstellt ein Platzdeckchen.

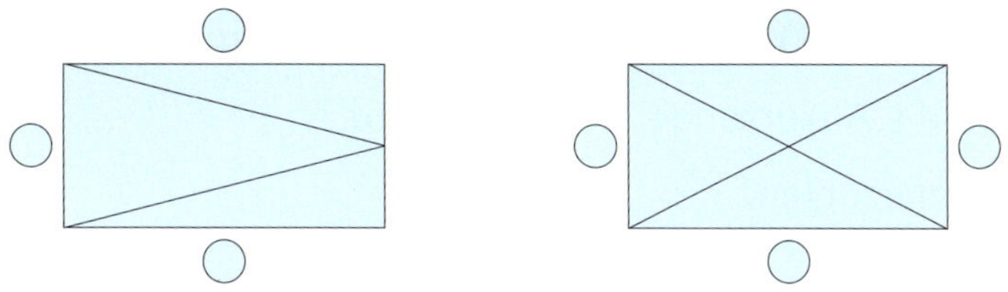

Schreibt jeweils zwei Aufgaben aus Aufgabe a) in euren Abschnitt des Arbeitsblatts. Wechselt danach im Uhrzeigersinn die Plätze und löst nacheinander die Aufgaben der anderen Gruppenteilnehmer. Schreibt die Rechnungen auf ein extra Arbeitsblatt.

Stelle deine Lösungen aus Aufgabe a) als Kontrolle zur Verfügung.

Beispiel:

Frage: Wie viele Zuschauer waren maximal zur EM im Städtischen Stadion Posen?

Rechnung: $3 \cdot 43\,090 = 129\,270$

Antwort: …

4 Den beiden Tabellen kannst du entnehmen, wie viele Tickets für die Gruppenspiele der Gruppen B und C verkauft wurden.

Gruppe B: Deutschland, Dänemark, Niederlande, Portugal	
–	35 900 Charkiw
–	30 000 Lemberg
–	31 840 Lemberg
–	37 750 Charkiw
–	37 445 Charkiw
–	32 990 Lemberg

Gruppe C: Spanien, Kroatien, Irland, Italien	
–	38 900 Danzig
–	39 550 Posen
–	38 000 Posen
–	39 150 Danzig
–	39 070 Danzig
–	38 800 Posen

a) Berechne, wie viele Plätze bei den einzelnen Spielen jeweils frei geblieben sind.

b) Wie viel Geld hätten die Veranstalter mehr einnehmen können, wenn die Stadien bei allen Spielen ausverkauft gewesen wären?

c) Vermute und nenne Gründe, warum nicht alle Karten verkauft wurden.

zu Aufgabe 3: Hinweise in den Handreichungen beachten

Zahlen über eine Million lesen und schreiben

1 Gesamtzahl der Fernsehzuschauer bei den Olympischen Sommerspielen:

1968 in Mexiko-Stadt:	600 Mio.	2000 in Sydney:	3,6 Mrd.
1984 in Los Angeles:	900 000 000	2008 in Beijing:	4 700 000 000
1992 in Barcelona:	3 500 000 000	2012 in London:	4,8 Mrd.

a) Was bedeuten die Abkürzungen Mio. und Mrd.?

b) Lies die Zuschauerzahlen.

2 a) Zeichne eine Stellenwerttafel für große Zahlen.

Milliarden			Millionen			Tausender					
H	Z	E	H	Z	E	H	Z	E	H	Z	E

b) Trage die Zuschauerzahlen aus Aufgabe **1** in die Stellenwerttafel ein.

c) Vergleiche die Zahlen. Welche Olympischen Spiele sahen bisher die meisten Fernsehzuschauer, welche die wenigsten?

d) Betrachte die Zuschauerzahlen. Was stellst du fest? Begründe.

3 Trage in die Stellenwerttafel ein. Beginne mit der größten Zahl.

a) 538 Mrd. + 640 M + 7 HT + 3 ZT + 9 T + 1 H + 0 Z + 3 E
43 Mrd. + 372 M + 5 HT + 0 ZT + 0 T + 3 H + 9 Z + 6 E
4 Mrd. + 283 M + 6 HT + 6 ZT + 4 T + 0 H + 0 Z + 1 E
583 Mrd. + 100 M + 7 HT + 3 ZT + 2 T + 7 H + 5 Z + 9 E

b) ★ 13 Mrd. + 13 M + 6 HT + 5 ZT + 2 T + 6 H + 4 E
100 Mrd. + 5 M + 4 HT + 8 ZT + 3 H + 2 Z + 6 E
7 Mrd. + 43 M + 7 HT + 6 ZT + 8 T + 3 E
56 M + 7 ZT + 6 T + 4 H + 9 E

4 Immer zwei Zahlen sind gleich groß. Finde die Paare und schreibe sie in dein Heft.

a)

43,97 Mrd.	3 640 000 000
4,397 Mio.	4 397 000
34,6 Mio.	4 360 000
4,36 Mio.	43 970 000 000
3,64 Mrd.	34 600 000

b)

58,08 Mio.	85 050 000
5,08 Mrd.	8 050 000
85,05 Mio.	8 500 000 000
8,50 Mrd.	5 080 000 000
8,05 Mio.	58 080 000

5 Vergleiche. >, < oder = ? Schreibe in dein Heft.

a)
43 000 000 000 ● 4 300 000 000
112 000 000 000 ● 121 000 000 000
26 478 390 154 ● 26 478 390 155
38 495 000 027 ● 38 495 003 027

b)
3 765 545 678 ● 3 765 545 680
200 647 839 ● 200 557 839
676 783 526 ● 676 770 026
34 511 126 484 ● 3 451 126 484

6 Runde zuerst zum Hunderttausender. Runde danach zur Million.

Beispiel: 45 302 134 ≈ 45 300 000 45 302 134 ≈ 45 000 000

a) 457 273 849
2 652 453 892
263 869 628

b) 42 563 718 390
854 628
2 563 748

c) 3 564 700 728
35 462 789
3 482 900 000

d) 3 452 617
468 930 442 638
10 010 200 102

7 Rechne im Heft.

Tipp: Beachte die Rechenregel „Punkt-vor-Strich".

a) 64 000 000 + 28 000 000 – 2 000 000 : 2

b) 62 000 000 000 – 24 000 000 000 – 8 000 000 000 + 122

c) 745 000 + 125 000 + 240 000 : 1 000

d) 7 350 000 000 + 1 000 000 020 – 500 000 000 + 140 000 080

8 Schreibe die in den Angaben enthaltenen Zahlwörter als Zahlen auf.

a) Das Album „Thriller" von Michael Jackson verkaufte sich weltweit einhundertzehn Millionen Mal.

b) Vom Sänger Elvis Presley wurden insgesamt über eine Milliarde Tonträger verkauft.

c) Whitney Houstons Album „The Bodyguard" wurde vierundvierzig Millionen Mal verkauft.

d) Von der Gruppe Abba wurden insgesamt dreihundertsiebzig Millionen Tonträger verkauft.

e) In Deutschland ist Herbert Grönemeyer der Spitzenreiter:
Das Album „Mensch" wurde insgesamt 3 Millionen und 150 000-mal gekauft.

f) Recherchiere: Wie viele CDs wurden von deinem Lieblingsstar verkauft?
Wie viele MP3-Downloads gab es von seinem oder ihrem größten Hit?

9 Fermi-Aufgaben über dein Leben:

a) Wie viele Minuten Musik hast du bereits gehört?

b) Wie viele Pommes-Stäbchen hast du bisher gegessen?

c) Wie viel Liter Wasser hast du insgesamt beim Duschen verbraucht?

Zahlen sprechen lassen
Tonträger: beispielsweise Schallplatte, Kassette, CD; weitere Informationen zu Fermi-Aufgaben S. 160

Zehnerpotenzen

1 ▶ **Bienenvolk** Die europäische Honigbiene lebt in einem Staat, der im Sommer aus etwa 10^4 Arbeitsbienen besteht. Es gibt Bienenvölker, die noch größer werden.

Hochzahl oder Exponent

10^4 – zehn hoch vier

Grundzahl oder Basis

Aus wie vielen Arbeitsbienen besteht ein Bienenvolk?
Schreibe die Potenz als Multiplikationsaufgabe und rechne sie danach aus.

2 Übertragt die Tabelle und ergänzt die fehlenden Angaben. Erstellt ein Lernplakat.

a)

Zahl	Zehnerpotenz	Wort
0	■	■
10	10^1	■
■	10^2	■
1 000	■	■
■	10^4	■
100 000	■	■
1 000 000	■	eine Million
10 000 000	10^7	■
100 000 000	■	■
■	10^9	eine Milliarde
■	10^{10}	■
100 000 000 000	■	■
■	10^{12}	eine Billion

Eine Potenz mit der Grundzahl 10 heißt Zehnerpotenz. 10^4

b) Schreibt 10^{27} als Zahl. Schreibt 100 000 000 000 000 000 als Potenz.

c) Wie habt ihr die Aufgaben a) und b) gelöst? Formuliert eine Regel.

d) Welche Beziehungen zwischen Zahl und Zehnerpotenz erkennt ihr?

3 Hat Kenan recht?
Wie muss Kenan rechnen?

4 Schreibe als Zehnerpotenz. Notiere, wie im Beispiel gezeigt.

$50\,000 = 5 \cdot 10\,000 = 5 \cdot 10^4$

a) 40 000 b) 30 000 000 c) 90 000 d) 1 000
e) 80 f) 7 000 000 g) 3 000 h) 60 000 000
i) 800 000 000 k) 200 000 l) 50 000 000 000 m) 800 000

5 Erkläre, wie diese Zahlen zusammengefasst wurden.

$2\,000\,000 = 2 \cdot 10^6$ $37\,000 = 3{,}7 \cdot 10^4$ $121\,500 = 1{,}215 \cdot 10^5$

6 Schreibe als Zehnerpotenz. Notiere wie in Aufgabe **5**.

a) 4 800   b) 9 500   c) 890 000   d) 121 000
e) 2 120 000   f) 98 000   g) 3 400 000   h) 534 000
i) 720 000   k) 5 400   l) 91 000 000   m) 832 000
n) 560   o) 27 000 000   ★ p) 111 111 000   ★ r) 123 456

7 Schreibe als natürliche Zahl. Achte auf das Komma.

a) $4{,}3 \cdot 10^3$ b) $7{,}5 \cdot 10^5$ c) $3{,}8 \cdot 10^4$ d) $6{,}2 \cdot 10^6$ e) $2{,}1 \cdot 10^2$ f) $1{,}77 \cdot 10^7$

8 Ordne zu. Schreibe in dein Heft.

a)

1	440	A	$4{,}4 \cdot 10^3$
2	4 400	B	$4{,}4 \cdot 10^5$
3	44 000	C	$4{,}4 \cdot 10^4$
4	440 000	D	$4{,}4 \cdot 10^2$

b)

1	5 300 000	A	$3{,}5 \cdot 10^7$
2	3 500 000	B	$5{,}3 \cdot 10^4$
3	53 000	C	$5{,}3 \cdot 10^6$
4	35 000 000	D	$3{,}5 \cdot 10^6$

9 Welcher Wert ist jeweils größer? Vergleiche.

a) Der Schall legt im Meerwasser eine Entfernung von 1 500 m pro Sekunde zurück. Das Licht legt eine Strecke von $2{,}14 \cdot 10^8$ m pro Sekunde zurück.

b) Die Erde ist $5 \cdot 10^9$ Jahre alt. Der Mars ist 4 500 000 000 Jahre alt.

c) Ohne körperliche Anstrengung atmet der Mensch 37 400-mal pro Tag. Das Herz schlägt etwa $1{,}1 \cdot 10^5$-mal pro Tag.

d) Die Königin von England ist das Staatsoberhaupt von $1{,}28 \cdot 10^8$ Menschen. Der Staatspräsident von China ist das Oberhaupt von 1 340 000 000 Menschen.

e) Der Film „Toy Story" spielte $2{,}7 \cdot 10^7$ € ein. Der Film „Ice Age 2" spielte 68 000 000 € ein.

f) Das Stadion von Borussia Dortmund fasst etwa $8 \cdot 10^4$ Zuschauer. In die Arena in München passen etwa $6{,}9 \cdot 10^4$ Zuschauer.

Prüfe dich

10 Überschlage.

a) $6{,}72 + 3{,}14 - 5{,}06 + 3{,}91$
$8{,}12 - 2{,}83 + 4{,}11 + 7{,}65$

b) $2\,762{,}4 + 1\,327 + 7\,219 - 3\,333$
$4\,822{,}9 - 2\,416 + 1\,380 + 1\,111$

Zuordnungen untersuchen

1 Die Klasse 9b nimmt an einem Sportfest teil.
Hier siehst du einige wichtige Informationen für diesen Tag.

8.00 Uhr	10.00 Uhr	12.00 Uhr	14.00 Uhr	16.00 Uhr	18.00 Uhr
17 °C	20 °C	23 °C	19 °C	18 °C	15 °C

100-m-Lauf	Zeit in s	17,6	17,5	17,4	17,3	17,2	17,1	17,0	16,9	16,8	16,7	16,6	16,5	16,4
	Punkte	187	191	196	201	206	210	215	220	225	231	236	241	246
	Zeit in s	16,3	16,2	16,1	16,0	15,9	15,8	15,7	15,6	15,5	15,4	15,3	15,2	15,1
	Punkte	252	257	263	268	274	280	285	291	297	303	309	315	322
	Zeit in s	15,0	14,9	14,8	14,7	14,6	14,5	14,4	14,3	14,2	14,1	14,0	13,9	13,8
	Punkte	328	334	341	347	354	361	368	375	382	389	396	404	411
	Zeit in s	13,7	13,6	13,5	13,4	13,3	13,2	13,1	13,0	12,9	12,8	12,7	12,6	12,5
	Punkte	419	426	434	442	450	458	466	475	483	492	501	509	518

Weitsprung	Weite in m	4,33	4,37	4,41	4,45	4,49	4,53	4,57	4,61	4,65	4,69	4,73	4,77	4,81
	Punkte	424	429	433	438	442	446	450	455	459	463	467	472	476
	Weite in m	4,85	4,89	4,93	4,97	5,01	5,05	5,09	5,13	5,17	5,21	5,25	5,29	5,33
	Punkte	480	484	488	492	496	500	504	508	513	517	521	524	528

Schlagball	Weite in m	33,0	33,5	34,0	34,5	35,0	35,5	36,0	36,5	37,0	37,5	38,0	38,5	39,0
	Punkte	267	271	275	279	283	287	290	294	298	302	305	309	313
	Weite in m	39,5	40,0	40,5	41,0	41,5	42,0	42,5	43,0	43,5	44,0	44,5	45,0	45,5
	Punkte	316	320	323	327	331	334	338	341	345	348	351	355	358

Punktetabelle

Alter	Teilnahmeurkunde	Siegerurkunde	Ehrenurkunde
13	unter 825	ab 825	ab 1050
14	unter 900	ab 900	ab 1125
15	unter 975	ab 975	ab 1225
16	unter 1050	ab 1050	ab 1325

BRÖTCHEN	½ BELEGT	0,95 €
HOT DOG	1	2,00 €
MÜSLIRIEGEL	20 g	0,50 €
MINERALWASSER	0,5 l	1,30 €
ENERGY-DRINK	0,3 l	1,80 €
ORANGENSAFT	0,25 l	1,00 €

a) Welche Werte sind einander zugeordnet? Beschreibe.

b) Welchen Werten lässt sich nur genau ein einziger weiterer Wert zuordnen?

2 a) Timo ist 15 Jahre alt. Er ist 16,6 s beim 100-m-Lauf gelaufen, 4,77 m weit gesprungen und hat den Schlagball 41,5 m weit geworfen. Welche Urkunde erhält er?

b) Jonas holt für seine Klasse um 10:00 Uhr bei 20 °C insgesamt fünf Hot Dogs, drei belegte Brötchenhälften, zehn Flaschen Mineralwasser und vier Energy-Drinks. Wie viel muss er bezahlen?

c) Stelle einem Partner eine Aufgabe mit Werten aus den Tabellen von Aufgabe **1**.

Kopiervorlage zur Selbsteinschätzung beachten

3 Die Klasse 9a fährt mit dem Bus auf Klassenfahrt an die Ostsee.

Auf dem Reiseplan lassen sich folgende Etappen ablesen:

8:00 UHR	ABFAHRT HILDESHEIM
8:40 UHR	ANKUNFT HANNOVER, HILDESHEIM – HANNOVER 40 KM
10:10 UHR	ANKUNFT KIEL, HANNOVER – KIEL 152 KM
	30 MINUTEN PAUSE
11:15 UHR	ANKUNFT ECKERNFÖRDE, KIEL – ECKERNFÖRDE 27 KM

a) Wie viele Kilometer hat der Bus insgesamt zurückgelegt? Berechne.

b) Erstelle zu dem Reiseplan eine Wertetabelle.

Uhrzeit	zurückgelegte Kilometer
■	■

Bei einer **Zuordnung** werden Werte aus zwei Bereichen in Verbindung zueinander gesetzt. Zuordnungen lassen sich zum Beispiel in einer Wertetabelle darstellen.

c) Berechne, wie viele Stunden die Klasse insgesamt unterwegs war.

d) Wie hoch war die durchschnittliche Reisegeschwindigkeit?

e) Welche Darstellung beschreibt den Verlauf der Reise am besten? Begründe.

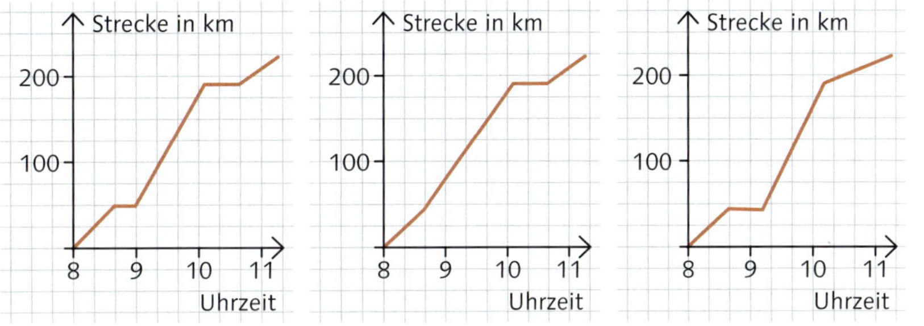

4 a) In der Jugendherberge kostet pro Schüler eine Übernachtung mit Frühstück 20 €, eine mit Vollpension 25,40 €. Erstelle jeweils eine Wertetabelle für 6 Tage.

Eine Wertetabelle enthält immer
- eine Überschrift
- die Wertepaare
- Angaben zu den Wertepaaren (Preis in €/Anzahl der Tage …)

b) Für Freizeitaktivitäten stehen jeder Schülerin und jedem Schüler 20 € zur Verfügung. Welche Aktivitäten würdest du auswählen?

c) Stelle ein Ausflugsprogramm zusammen. Erstelle dafür eine Wertetabelle für ein bis zwölf Schülerinnen und Schüler.

Meerwasserschwimmbad	4,50 €
Schwimmbad-Disco	6,00 €
Freizeitpark Tolk-Schau	10,00 €
Hochseilgarten Altenhof	15,00 €

d) Eine Kleingruppenkarte für das Meerwasserschwimmbad kostet für vier Personen 13,50 €. Wie viel Geld können die zwölf Jugendlichen durch den Kauf dieser Karten sparen, wenn alle das Meerwasserschwimmbad besuchen wollen?

Zuordnungen darstellen

1 Dana und Paul untersuchen den Temperaturanstieg von Eiswasser bei Zimmertemperatur. Sie stellen ihre Messwerte verschieden dar:

Zeit in h	Temperatur in °C
0	0
0,5	0
1	1
1,5	1
2	3
2,5	4
3	8
3,5	10

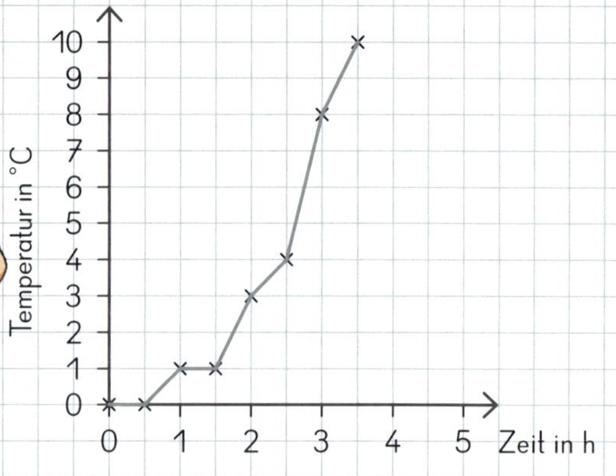

Hat Paul recht? Begründe deine Meinung.

2 Wann ist die Temperatur gleich geblieben? Wann ist die Temperatur schnell gestiegen? Mit welcher der beiden Darstellungen aus Aufgabe **1** kannst du die Fragen jeweils einfacher beantworten? Begründe deine Entscheidungen.

Die Darstellung einer Zuordnung im Koordinatensystem nennt man **Graph**.
In einem Koordinatensystem verläuft die x-Achse von links nach rechts (Rechtsachse), die y-Achse von unten nach oben (Hochachse). Die Achsen schneiden sich im Koordinatenursprung (Nullpunkt). Beide Achsen müssen beschriftet sein.

3 Für eine Taxifahrt bezahlt man 3,20 € für die Anfahrt und 1,65 € pro gefahrenen Kilometer.

a) Wie lassen sich diese Angaben für Fahrstrecken von 1 bis 5 Kilometer in einem Graphen und in einer Wertetabelle darstellen?

b) Welche Darstellung würdest du bevorzugen? Begründe.

4 Dana und Paul messen den Temperaturanstieg von Wasser beim Erhitzen:

Zeit in min	0	2	4	6	8	10	12	14	16
Temperatur in °C	18	42	62	73	79	89	92	94	96

a) Lies die Werte aus der Tabelle ab. Was fällt dir auf?

b) Schätze, nach wie vielen Minuten das Wasser siedet. Begründe.

sieden: kochen; im Gegensatz zum Verdunsten ein schneller Übergang vom flüssigen in den gasförmigen Zustand

5 Paul, Ole und Ina zeichnen zu den Werten aus Aufgabe **4** ein Koordinatensystem.

a) Welches Koordinatensystem ist dafür geeignet? Begründe.

b) Erkläre, welche Fehler in den anderen Koordinatensystemen gemacht wurden.

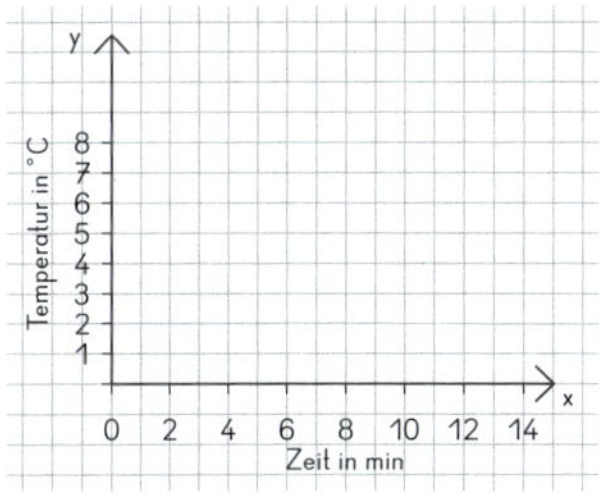

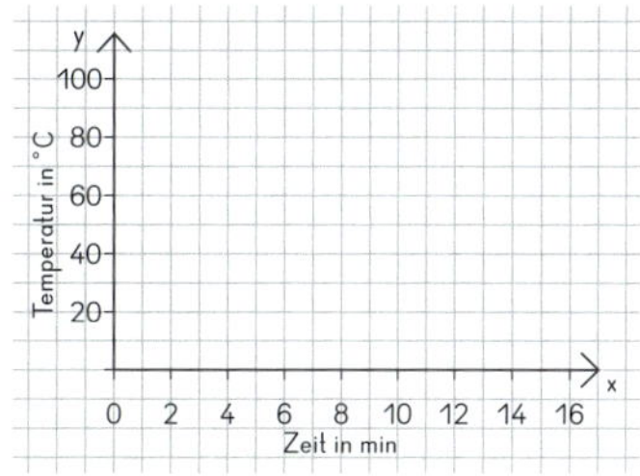

c) Formuliere Regeln, wie man ein Koordinatensystem sinnvoll einteilt.
Schreibe in dein Heft.

6 Welche Einteilungen würdest du bei Aufgabe **4** für die y-Achse wählen? Begründe.

1 Kästchen = 1 °C	1 Kästchen = 5 °C	1 Kästchen = 10 °C
1 Kästchen = 20 °C	1 Kästchen = 50 °C	2 Kästchen = 10 °C

7 a) Zeichne zur Wertetabelle von Aufgabe **4** ein Koordinatensystem.
Wähle für beide Achsen die Skala so, dass alle Messwerte eingetragen werden können. Übertrage die Messwerte in das Koordinatensystem.
Markiere jeden Punkt mit einem Kreuz. Verbinde danach alle Punkte.

b) Lies die ungefähren Wassertemperaturen nach 1 min, 3 min, 5 min, 7 min, 9 min, 11 min, 13 min, 15 min ab.

8 Der Wurmberg liegt im Harz und ist 971,2 m hoch.
In der Wertetabelle sind die Durchschnittstemperaturen aufgeführt, die auf dem Wurmberg von Dezember 2011 bis Januar 2013 für jeden Monat ermittelt wurden.

Monat	D	J	F	M	A	M	J	J	A	S	O	N	D	J
Temperatur in °C	−2	−2	−1	1	5	10	14	15	13	10	8	0	−2	−4

a) Worin unterscheidet sich diese Wertetabelle von der Wertetabelle in Aufgabe **4**?

b) Wie muss das Koordinatensystem gezeichnet werden, damit alle Werte aus der Tabelle eingetragen werden können? Diskutiert.

c) Stelle mit den Werten aus der Wertetabelle den Graphen im Koordinatensystem dar.

d) Wann steigt die Temperaturkurve über 0 °C? Wann sinkt sie wieder unter 0 °C?

Mathe mit Methode: Reflexion der Gruppenarbeit

Wenn ihr zusammen in einer Gruppe arbeitet und ein gutes Ergebnis erzielen wollt, solltet ihr euch an Regeln halten. Nach eurer Gruppenarbeit reflektiert ihr, wie gut ihr zusammengearbeitet und die Regeln beachtet habt. Die Reflexion hilft euch dabei, die nächste Gruppenarbeit noch besser zu gestalten.

Tims Gruppe hat sich auf folgende Regeln der Zusammenarbeit geeinigt, die sie anschließend reflektiert:

- leise sprechen
- auf andere warten
- andere ausreden lassen
- gut zuhören

Tim beurteilt die Einhaltung der Regeln am Ende der Gruppenarbeit auf einer **Zielscheibe.**

1. Ich lese die einzelnen Regeln noch einmal aufmerksam durch.
2. Wenn ich der Meinung bin, dass die Gruppe das Ziel gut erreicht hat, setze ich den Klebepunkt sehr weit in die Mitte.
3. Wenn ich denke, dass die Gruppe vom vereinbarten Ziel noch weit entfernt war, setze ich den Klebepunkt weiter an den Rand.

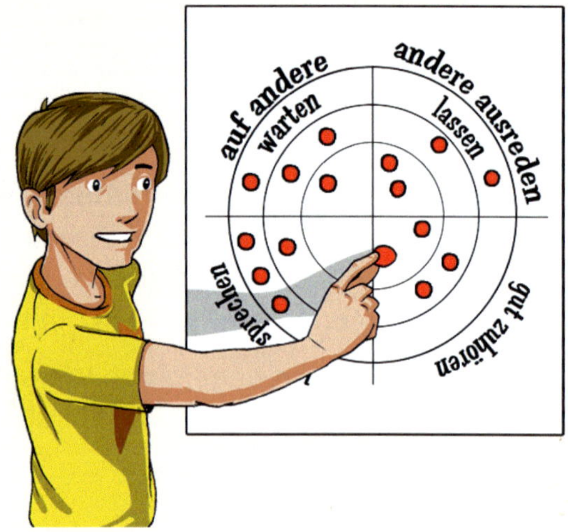

1 a) Betrachte die Zielscheibe und beantworte folgende Fragen.
- Welche Regeln konnte die Gruppe gut einhalten?
- Welche Regel konnte die Gruppe noch nicht so gut einhalten?
- Bei welcher Regel war sich die Gruppe nicht einig?

b) Formuliere Tipps, wie die Zusammenarbeit noch besser gelingen kann.

2 Bearbeitet die folgende Aufgabe in der Gruppe. Erstellt dafür eine Zielscheibe mit vier Regeln für eine gute Zusammenarbeit. Reflektiert anschließend eure Gruppenarbeit.

Zwei Autos fahren mit gleichbleibender Geschwindigkeit. Das Cabrio ist nach 4 Stunden 320 km weit gefahren. Der Van ist nach 5 Stunden 600 km weit gefahren. Wie groß ist die Geschwindigkeitsdifferenz zwischen beiden Autos?

Wiederholung: Proportionale Zuordnungen

1 Lisa kauft Schulmaterialien ein.

Mit einer Wertetabelle kannst du weitere Wertepaare errechnen.

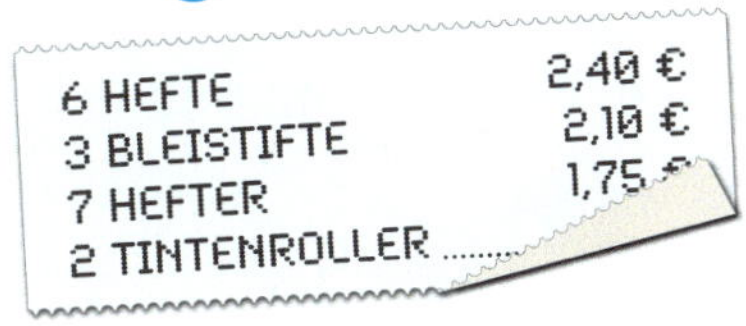

	Anzahl Hefte	Preis in €	
: 6	6	2,40	: 6
·	1	0,40	·
	5		

	Anzahl Hefter	Preis in €	
	7	1,75	
		2,75	

	Anzahl Tintenroller	Preis in €	
	4	6,80	
	2		

a) Übertrage die Tabellen in dein Heft. Berechne die fehlenden Werte.

b) Erstelle zu den gekauften Bleistiften eine Wertetabelle und berechne den Preis von acht Bleistiften.

2 a) Erstelle zu den Wertetabellen aus Aufgabe **1** jeweils einen Graphen.

b) Vergleiche die Graphen miteinander. Was stellst du fest?

3 a) Welche Merkmale hat eine proportionale Zuordnung?

b) Beschreibe die Gemeinsamkeiten der Darstellungen in den Aufgaben **1** und **2**.

4 Entscheide bei folgenden Zuordnungen, ob sie proportional oder nicht proportional sind. Diskutiere anschließend mit einem Partner darüber.

a) Orangen in kg – Preis in €

b) Haarfarbe einer Person – Geschlecht einer Person

c) Größe einer Person – Alter einer Person

d) Seitenzahl eines Buches – Gewicht eines Buches

e) Seitenlänge eines Quadrats – Flächeninhalt

f) Anzahl der Schulstunden pro Tag – Grad der Begeisterung

5 Prüft, ob folgende Aussagen wahr oder falsch sind. Begründet eure Entscheidung. Schreibt die richtigen Aussagen in eure Hefte.

a) Proportionale Zuordnungen kann man in Wertetabellen und als Graph darstellen.

b) Für proportionale Zuordnungen muss man immer drei Werte ausrechnen.

c) Der Graph einer proportionalen Zuordnung ist eine Halbgerade.

d) Jedem Wert auf der x-Achse werden mehrere Werte auf der y-Achse zugeordnet.

e) Jedem Wert auf der x-Achse wird genau ein Wert auf der y-Achse zugeordnet.

Dreisatz bei proportionalen Zuordnungen

1 Ina, Ben und Tim haben bei verschiedenen Anbietern Lieder heruntergeladen.

a) Welcher Anbieter erscheint dir am günstigsten?

b) Berechne, bei welchem Anbieter du pro Download am wenigsten bezahlst. Vergleiche deinen Rechenweg mit dem eines Partners. Diskutiert.

c) Anna hat sich neun Downloads ausgesucht. Welchen Anbieter soll sie wählen? Wie viel muss sie für die Downloads bezahlen?

2 a) Die Aufgabe **1** c) kann man in drei Schritten lösen. Vervollständige zu jedem der Schritte den Satz, der das Vorgehen beschreibt.

	Anzahl Downloads	Preis in €	
	5	6,45	
: 5	1	■	: 5
· 9	9	■	· 9

1. Satz: Die vorgegebenen Werte in …
2. Satz: Den zugeordneten Wert für …
3. Satz: Das gesuchte Wertepaar …

b) Tausche dich mit einem Partner darüber aus, wie Dreisatzaufgaben gerechnet werden.

3 Lisa kauft ein.

A

B

C

Berechne jeweils, welches das günstigere Angebot ist.

4 Wie viel muss man für einen Blumenstrauß mit 13 Rosen bezahlen, wenn ein Strauß mit sieben Rosen 6,65 € kostet?

5 Formuliere zu den proportionalen Zusammenhängen jeweils drei passende Fragen. Stelle die Aufgaben einem Partner. Kontrolliert eure Ergebnisse gegenseitig.

a) Für 30 € bekommt man 24 Britische Pfund.

b) Eine Tankfüllung mit 50 l kostet 88 €.

c) Mira verteilt 200 Prospekte und erhält dafür 40 €.

zu Aufgabe 1d): Reflexion der Gruppenarbeit S. 32

Wiederholung: Antiproportionale Zuordnungen

1 Drei Lkw müssen achtmal fahren, um einen großen Berg Kies abzutransportieren. Wie oft müssen zwei Lkw fahren? Übertrage die passende Tabelle ins Heft und berechne die fehlenden Werte. Wie oft müssen sechs und zwölf Lkw fahren?

	Anzahl Lkw	Anzahl Fahrten	
	3	8	
: 3	1		· 3
· 2	2		: 2

	Anzahl Lkw	Anzahl Fahrten	
	3	8	
	1		
	6		

	Anzahl Lkw	Anzahl Fahrten	
	3	8	
	1		
	12		

2 a) Übertrage das Koordinatensystem ins Heft und vervollständige es. Erstelle zu den Wertetabellen aus Aufgabe **1** einen Graphen.

b) Beschreibe den Verlauf des Graphen.

c) Nenne die Unterschiede zum Graphen auf Seite 33, Aufgabe **2** a).

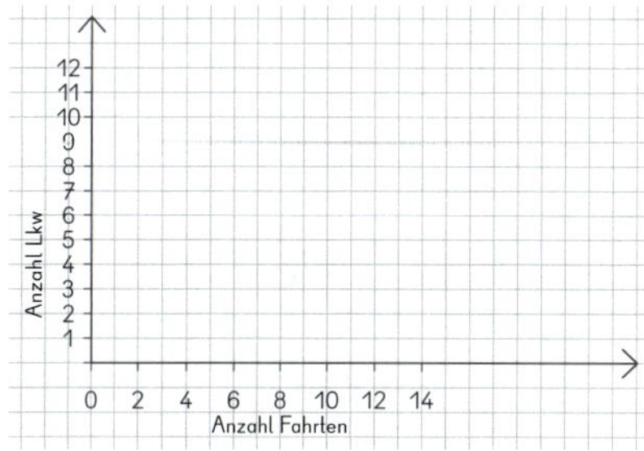

> Eine antiproportionale Zuordnung wird durch eine fallende Kurve dargestellt. Diese Kurve heißt **Hyperbel**.

3 a) Welche Merkmale hat eine antiproportionale Zuordnung?

b) Beschreibe die Unterschiede zu einer proportionalen Zuordnung.

4 Um die gleiche Menge Erdbeeren zu pflücken, benötigten im …

Team A	Team B	Team C
6 Pflücker – 12 Tage.	7 Pflücker – 10 Tage.	8 Pflücker – 9 Tage.

a) Welches Erntehelfer-Team hat am zügigsten gearbeitet?

b) Wähle ein Team aus und erstelle für dieses Team eine Wertetabelle. Übertrage die Werte in ein Koordinatensystem und zeichne den Graphen.

5 Ein Fischfutter-Ball reicht für 16 kleine Goldfische 3 Tage. Wie lange reicht der Futter-Ball, wenn jeweils nur a) 8, b) 12, c) 3, d) 6, e) 4 Fische im Aquarium sind?

6 Formuliere zu den antiproportionalen Zusammenhängen jeweils drei passende Fragen. Stelle die Aufgaben einem Partner. Kontrolliert eure Ergebnisse gegenseitig.

a) Ein Gärtner benötigt zum Anlegen eines Beetes 8 Stunden.

b) Um Kies zu einer Baustelle zu transportieren, benötigen acht Lkw 3 Tage.

Proportional oder antiproportional?

Wenn ich vermute, dass es sich bei einer Aufgabe um eine Zuordnungsaufgabe handelt, untersuche ich zuerst, in welcher Beziehung die gegebenen Werte zueinander stehen. Dann kann ich entscheiden, ob die Zuordnung proportional, antiproportional oder keines von beiden ist.

1. Lies die Aufgabe genau.

Eine Abfüllmaschine für flüssige Seife braucht 8 Stunden, um 4800 Flaschen zu befüllen. Wie viele Flaschen schafft sie in 13 Stunden?

Es sollen Flaschen mit flüssiger Seife abgefüllt werden. Dazu brauchen drei Abfüllmaschinen 8 Stunden. Wie viel Zeit würden vier Maschinen brauchen?

↓ ↓

2. Prüfe, welche Zuordnung vorliegt: proportional oder antiproportional?

Wenn die Maschine **länger** arbeitet, befüllt sie **mehr** Flaschen:
Je mehr Zeit, **desto mehr** Flaschen
→ Die Zuordnung könnte eine **proportionale Zuordnung** sein.

Wenn **mehr** Maschinen arbeiten, benötigen sie **weniger** Zeit:
Je mehr Maschinen, **desto weniger** Zeit
→ Die Zuordnung könnte eine **antiproportionale Zuordnung** sein.

Prüfe danach im Kopf, ob das Doppelte des einen Wertes das Doppelte oder die Hälfte des anderen Wertes ergibt. Oder trifft keines von beiden zu?

↓ ↓

3. Löse die Aufgabe mit dem Dreisatz.

Wenn du sicher bist, dass die Zuordnung proportional beziehungsweise antiproportional ist, berechnest du die Lösung mit dem Dreisatz.

proportionale Zuordnung

	Zeit in Stunden	Anzahl Flaschen	
	8	4800	
: 8	1	600	: 8
· 13	13	7800	· 13

Antwort: In 13 Stunden füllt die Maschine 7800 Flaschen flüssige Seife ab.

antiproportionale Zuordnung

	Anzahl Maschinen	Zeit in Stunden	
	3	8	
: 3	1	24	· 3
· 4	4	6	: 4

Antwort: Um die flüssige Seife abzufüllen, brauchen 4 Maschinen 6 Stunden.

↓ ↓

4. Prüfe das Ergebnis.

Überprüfe das Ergebnis der Aufgabe mit dem Überschlag.

Das kannst du schon – Aufgaben für Profis

Ina darf in ihrer Wohngruppe ein neues Zimmer beziehen.
Sie möchte ihr neues Zimmer tapezieren und streichen.
Das Zimmer hat eine Fläche von 5,5 m mal 4 m.
Die Wände haben insgesamt eine Fläche von 51,3 m^2.

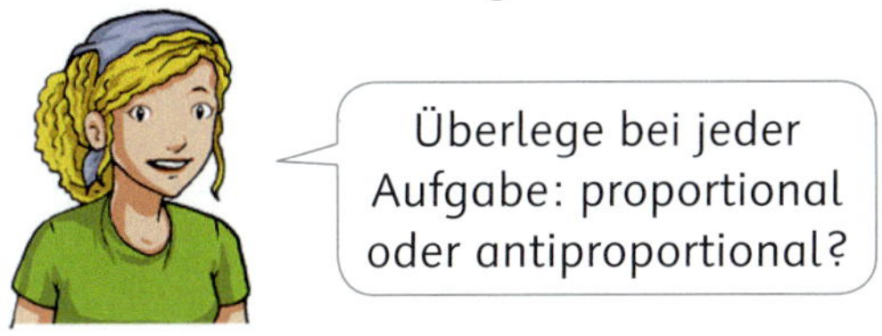

1 Ina hat im Baumarkt folgende Preise recherchiert:

- Sechs Rollen Raufaser-Tapete kosten 54 € und reichen für 106 m^2.
- 125 g Tapetenkleister kosten 3,50 € und reichen für 50 m^2 Wandfläche.
- Ein 10-l-Eimer Wandfarbe reicht für 20 m^2 und kostet 35 €.
- 4 m^2 Teppichboden kosten 54 €.

a) Überschlage: Wie viel kostet die Renovierung insgesamt?

b) Berechne, wie viel Ina von jedem Artikel kaufen muss.
Erstelle hierzu die Wertetabellen und berechne die Kosten.

★ c) Kann Ina mit der restlichen Wandfarbe noch die Decke streichen?

★ d) Im Angebot gibt es 50 g Tapetenkleister für 1,30 €.
Für wie viel Quadratmeter Wandfläche reicht eine Packung?
Soll Ina sich für die kleinere Packungsgröße entscheiden? Begründe.

2 a) Ina streicht das Zimmer mit ihren beiden Freundinnen in 4 Stunden.
Wie lange hätte es gedauert, wenn nur eine Freundin geholfen hätte?

★ b) Nach 2 Stunden muss eine Freundin nach Hause. Wie lange brauchen die beiden anderen für die restliche Arbeit?

c) Erstelle für die Aufgaben a) und b) jeweils eine Wertetabelle und zeichne die entsprechenden Graphen.

3 Für die Mittagspause bereitet Ina Pfannkuchen zu.
Sie findet folgendes Rezept für vier Personen:

4 Eier	300 g Mehl
360 ml Milch	1 TL Salz

a) Berechne die Mengenangaben für drei Personen.

b) Ina will für sich und die sieben Mitbewohner kochen. Schreibe das Rezept um.

4 Timo hilft Ina beim Einräumen. Zusammen brauchen sie 2 Stunden und 30 Minuten.

a) Wie lange hätten sie gebraucht, wenn sie zwei weitere Helfer gehabt hätten?

★ b) Erstelle eine Wertetabelle für 1 bis 4 Helfer und zeichne den Graphen.

Wiederholung: Größen

Die Aufgaben können wir gemeinsam bearbeiten.

Wir wechseln uns ab. Ich fange an und du überprüfst.

1 Ordnet zu. Wechselt euch ab und schreibt die passenden Zuordnungen ins Heft.

Packung Zucker		Flasche Parfüm		Fußballspiel		Berg	
1 kg	100 g	70 ml	7 l	3 h	90 min	1,2 km	1 200 m

Badewanne		Motorrad		100-m-Lauf		Schrittlänge	
145 l	450 ml	150 kg	0,15 t	11 s	11 min	8 dm	80 cm

2 Welche Maßeinheiten würdet ihr für die Größenangaben wählen? Einigt euch.

a) Gewicht eines Blauwals
b) Zeit beim 100-m-Lauf
c) Inhalt einer Milchpackung
d) Länge eines Kinofilms
e) Länge einer Ameise
f) Höhe der Zugspitze
g) Weg zur Schule
h) Größe eines Braunbären
i) Inhalt einer Dose Cola

3 Finde zu jeder Größe jeweils ein Beispiel. Stellt euch eure Beispiele gegenseitig vor.

a) 1,80 m
b) 90 min
c) 0,33 l
d) 750 ml
e) 1,5 t
f) 0,1 mm
g) 5 kg
h) 15 min
i) 250 ml
k) 175 mm
l) 5 s
m) 1 m

4 Übertragt ins Heft und ergänzt. Kontrolliert euch anschließend gegenseitig.

a)

Beginn	Dauer	Ende
18:00 Uhr	☐ h ☐ min	6:00 Uhr
8:00 Uhr	☐ h ☐ min	13:20 Uhr
15:00 Uhr	☐ h ☐ min	17:15 Uhr
16:45 Uhr	☐ h ☐ min	21:15 Uhr
12:55 Uhr	☐ h ☐ min	14:15 Uhr

b)

Beginn	Dauer	Ende
21:00 Uhr	☐	4:00 Uhr
9:00 Uhr	9 h	☐
☐	7 h	20:00 Uhr
1:20 Uhr	2 h 30 min	☐
☐	5 h 45 min	8:15 Uhr

5 Fermi-Aufgabe: Lisa und Lena sind mit ihrer Mutter im Auto unterwegs zu ihrer Oma. Sie geraten in einen Stau. Im Radio hören sie, dass dieser 24 km lang ist.

★ a) Wie viele Fahrzeuge stehen ungefähr im Stau?

b) Wie viele Personen sitzen insgesamt in den Fahrzeugen fest?

interaktive Übung: 038–1 und 038–4; Kopiervorlage zur Selbsteinschätzung beachten; weitere Informationen zu Fermi-Aufgaben S. 160

6 Übertrage die Stellenwerttafeln ins Heft. Trage die Werte ein und ergänze die Nullen. Rechne in die angegebene Einheit um. Ein Partner kontrolliert.

a) 5492 g; 5 kg 506 g; 11 g

	kg	g					
5	4	9	2	=			kg
				=			kg

b) 1234 m; 121 m; 7 m

	km	m				
				=		km

c) 2574 ml; 1 l 200 ml; 22 ml

	l	ml				
				=		l

d) 9227 kg; 57 kg; 5 t 723 kg

	t	kg				
				=		t

e) Mit welchen Umwandlungszahlen wurde in den Aufgaben a) bis d) gerechnet?

7 Wandle schrittweise in kleinere Maßeinheiten um.

1 3 m = 1 3 0 dm = 1 3 0 0 cm = 1 3 0 0 0 mm

Wenn ich die Umwandlungszahl nicht mehr weiß, schaue ich in die Karteikarten.

a)	b)	c)
7 m	14 dm	260 m
100,4 m	8,4 dm	19,2 dm
15,3 m	55,5 dm	30,07 m

d) Mit welcher Zahl wurden die Größenangaben bei der Umwandlung in die nächstkleinere Einheit multipliziert? Erkläre es einem Partner.

8 Wandle schrittweise in größere Maßeinheiten um.

1 1 0 mm = 1 1 cm = 1, 1 dm = 0, 1 1 m

a)	b)	c)	d)
160 mm	30 cm	30 dm	25,2 mm
1,7 cm	5,33 dm	4,5 mm	1,69 cm
5,6 dm	126 mm	6,9 cm	9,88 dm

e) Durch welche Zahl wurden die Größenangaben bei der Umwandlung in die nächstgrößere Einheit dividiert? Erkläre es einem Partner.

9 Ordnet die Längenangaben. Beginnt mit der kürzesten Strecke.

a) 765 cm | 7,65 m | 765 mm

b) 2890 mm | 28,9 m | 28,9 cm

10 Wandle die Zeitangaben in die vorgegebenen Einheiten um.

a)	b)	c)	d)
4 h (min)	45 min (s)	$1\frac{3}{4}$ h (min)	$2\frac{1}{2}$ min (s)
240 min (h)	600 s (min)	195 min (h)	510 min (h)
8 min (s)	360 min (h)	360 s (min)	$2\frac{1}{2}$ h (min)

e) Erkläre einem Partner, mit welcher Umrechnungszahl du jeweils gerechnet hast.

interaktive Übung: 039–6

Mit Größen rechnen

1 Rechne zuerst den Überschlag. Rechne danach genau.
Kontrolliere mit dem Taschenrechner.

a) 45,34 m + 3,7 m
5497 cm − 3604 cm
3,26 km + 4,308 km
2222 mm − 333 mm

b) 4,25 kg − 2,098 kg
1411 g + 8789 g
8523 ml + 2477 ml
55,55 t − 3,5 t

c) 19 kg − 870 g
127 m + 13 km
140 ml + 2 l
2 t − 5 kg

2 In der Klassenarbeit haben vier Schülerinnen und Schüler die Aufgabe 44,7 m + 17 cm auf verschiedene Weise gelöst:

Ole: 44,7 + 0,17 = 44,24 m

Ben:

	4	4,	7	0	m
+		0,	1	7	m
	4	4,	8	7	m

Lisa:

	4	4	7	0	cm
+			1	7	cm
	4	4	8	7	cm

Mira: 447 cm + 17 cm = 464 cm

a) Entscheide, wer richtig gerechnet hat.

b) Welche Fehler wurden gemacht?

c) Welcher der richtigen Lösungswege gefällt dir am besten? Begründe.

3 Berechne die Zeitspannen.

a) 25 min + 49 min
1 h 1 min + 7 h 58 min
15 h 12 min + 2 h 49 min

b) 220 min − 45 min
18 h 48 min + 7 h 4 min
8 h 15 min − 1 h 20 min

c) 28 min + 32 min
14 h 9 min − 13 h 8 min
3 h 37 min + 4 h 37 min

4 Rechne zuerst in die gleiche Einheit um.

a) 3,20 m + 15 cm b) 12,04 m − 88 cm c) 17 dm + 22 mm d) 5 t + 32 g

e) 1 t − 1150 g f) $1\frac{1}{2}$ m + 73 cm g) 15,15 m − 65 cm h) 15,15 t − 65 g

5 Schreibe ins Heft und ergänze.

a) 850 ml + 350 ml = □ l b) 2,2 kg − 1,8 kg = □ g c) 2,8 m − 1,9 □ = 9 dm

d) 87 cm + □ = 1,17 □ e) 10 □ − 1 □ = 0,9 □ f) □ + 250 ml = 1 l

6 Die Klasse 9b nimmt an einem Wohltätigkeitslauf teil. Pro Gruppe laufen jeweils drei Jugendliche über einen Zeitraum von einer Stunde möglichst viele Runden im Park. Jede Runde hat eine Länge von 1,8 km. Anna hat die Strecken unvollständig notiert. Übertrage die Tabelle ins Heft und vervollständige sie.

Gruppe	Strecken in km			Gesamtstrecke in km
A	12,6	9	7,2	□
B	10,8	□	14,4	32,4
C	7,2	5,4	□	23,4

7 Juri trägt Zeitungen aus. Eine Zeitung wiegt 75 g. Die Zeitungen sind zu Paketen mit jeweils 100 Zeitungen geschnürt. Wie viel wiegt ein Zeitungspaket?

Juri rechnet: 75 g · 100 = 7500 g
7500 g = 7,5 kg

a) Beschreibt euch gegenseitig, wie Juri gerechnet hat.

b) Warum wandelt Juri das Ergebnis in kg um?

c) Die Zeitung erscheint mit einer Auflage von 35 000 Stück. Berechne das Gewicht der Zeitungen einer Ausgabe. Gib das Gewicht in einer passenden Einheit an.

8 Rechne. Wandle danach das Ergebnis in eine passende Einheit um, falls nötig.

a) 5 · 250 ml b) 12 · 80 cm c) 6 · 45 min d) 5 · 3,5 t e) $\frac{3}{4}$ · 6 kg

f) Formuliere zu jeder Teilaufgabe eine Sachaufgabe.

9 Rechne mit dem Taschenrechner.

a) 1 m : 5 b) 6 l : 100 c) 0,75 kg : 3 d) 4 kg : 5 e) 4 min : 5

f) Wandle die Ergebnisse der Aufgaben a) bis e) in die nächstkleinere Einheit um.

g) Wie würdest du die Aufgaben ohne Taschenrechner lösen? Begründe an einem Beispiel.

10 Rechne. Entscheide, ob du vor dem Rechnen in die nächstkleinere Einheit umwandelst.

a) $\frac{1}{2}$ von 7 kg	b) $\frac{1}{4}$ von 4 l	c) $\frac{3}{4}$ von 1 t	d) $\frac{1}{5}$ von 15 m	e) $\frac{1}{10}$ von 100 h
$\frac{1}{2}$ von 10 kg	$\frac{1}{4}$ von 2 l	$\frac{3}{4}$ von 4 t	$\frac{1}{5}$ von 3 m	$\frac{1}{10}$ von 1 h
$\frac{1}{2}$ von 1 kg	$\frac{1}{4}$ von 1 l	$\frac{3}{4}$ von 3 t	$\frac{1}{5}$ von 1 m	$\frac{1}{10}$ von 5 h

11 Für einen Auflauf benötigt Anna 600 g Mini-Mozzarella. Dieser ist in 125-g-Packungen erhältlich.

a) Wie viele Packungen Mini-Mozzarella werden benötigt? Rechne im Kopf.

b) Hat Paul recht?

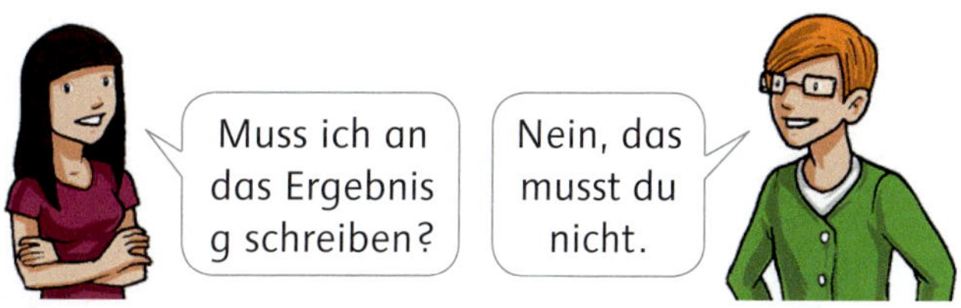

12 Rechne. Wandle zuerst in die kleinere Einheit um.

a) 1 l : 125 ml b) 8 kg : 250 g c) 1 800 s : 3 min d) 15 dm : 5 cm e) $3\frac{1}{2}$ kg : 500 g

f) Warum wandelt man vor dem Rechnen in die kleinere Einheit um? Begründe.

g) Formuliere zu jeder Aufgabe eine Sachaufgabe.

Beruf aktuell: Bäckerin/Bäcker

Bäckerinnen und Bäcker stellen Brot, Kleingebäck, Feinbackwaren, Torten und Desserts sowie Backwarensnacks her. Sie arbeiten sowohl im Nahrungsmittelhandwerk als auch in der Nahrungsmittelindustrie, beispielsweise in Großbäckereien. Bäckerinnen und Bäcker sind darüber hinaus in Spezial-Bäckereien sowie in der Gastronomie und im Catering-Bereich beschäftigt. Für die Herstellung verschiedener Bäckereiprodukte wie Brot und Brötchen, Feinbackwaren aus Blätter-, Mürbe- oder Hefeteig sowie Torten wiegen und messen sie die jeweiligen Zutaten ab. Sie überwachen die Teigbildungs- und Gärungsvorgänge und bedienen die Öfen und Maschinen zur Herstellung der Backwaren. Zuletzt glasieren oder garnieren sie die Feinbackwaren ansprechend, damit diese noch appetitlicher aussehen. Außerdem beteiligen sie sich an der Warenpräsentation im Laden, am Verkauf der Backwaren und an der Kundenberatung.

1 Im Jahr 2011 begannen im Ausbildungsbereich Handwerk 3 825 zukünftige Bäckerinnen und Bäcker ihre Ausbildung.

a) Erkläre das nebenstehende Kreisdiagramm.

b) Berechne die Anzahl der Schülerinnen und Schüler mit den jeweiligen Schulabschlüssen.

Ausbildungsanfänger/-innen 2011 (in %)*

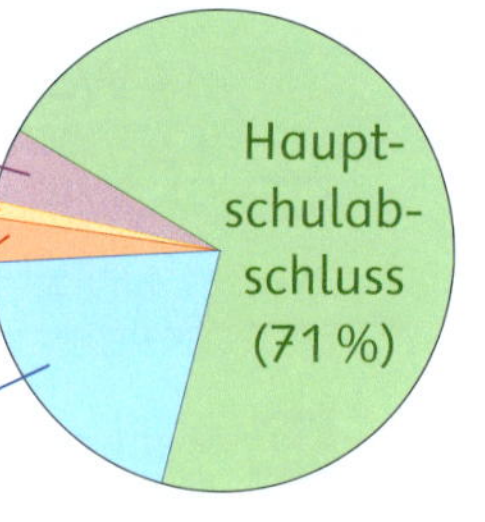

2 Noah möchte ein Praktikum in einer Bäckerei machen.

a) Welche Fähigkeiten, Kenntnisse und Fertigkeiten benötigt Noah, damit er den Beruf des Bäckers lernen und ausüben kann?

b) In welchen Fächern sollte Noah gute Kenntnisse vorweisen? Begründe.

c) Woran muss sich eine Bäckerin/ein Bäcker gewöhnen? Worauf muss sie/er besonders achten?

d) Recherchiere, wie viel ein Lehrling in den einzelnen Lehrjahren verdient.

3 Meister Stolle gibt seinen Auszubildenden den Auftrag, einen Krapfenteig herzustellen. Hierfür sollen sie die 4,5-fache Menge der Zutaten verwenden, die in folgendem Rezept angegeben ist:

1 kg Mehl, 600 ml Milch, 125 g Zucker, 2 Eier, 100 g Butter, 60 g Hefe, 15 g Salz

a) Welche Menge benötigen sie von jeder Zutat?

b) Wie viel Teig steht zur Verarbeitung zur Verfügung?

* Bundesinstitut für Berufsbildung, 31.12.2011; unbekannte Begriffe nachschlagen lassen

4 In einer bestimmten Mehlmischung sind 80 % Weizenmehl enthalten.
Die Mehlmischung enthält außerdem Roggenmehl, Dinkelmehl und andere Mehlsorten.
Wie viel kg Mehl dieser Mischung werden benötigt, wenn im Teig 2 kg Weizenmehl enthalten sein sollen?

5 Der Geschäftsleiter einer Bäckerei kauft im Großhandel folgende Rohstoffe ein:

25 kg Kuvertüre	zu	3,20 € pro kg
12,5 kg Mandeln	zu	5,60 € pro kg
15 kg Erdnussfett	zu	2,90 € pro kg
2 Pakete süßer Schnee	zu	1,25 € pro Paket
3 Dosen Eisbindemittel	zu	17,90 € pro Dose
5 Pakete Gelatine	zu	9,45 € pro Paket
22,5 kg Puderzucker	zu	1,08 € pro kg

a) Berechne den Gesamtpreis.

b) ★ Welchen Betrag muss er bezahlen, wenn zu dem Gesamtpreis noch 7 % Mehrwertsteuer hinzukommen?

6 Der Chef einer Konditorei und Bäckerei möchte seinen Angestellten wegen besonderer Leistungen einen einmaligen Bonusbetrag auszahlen. Für seine acht Angestellten (1 Meister, 3 Gesellen, 4 Auszubildende) legt er 2 856 € bereit.

a) Wie viel Geld erhält jeder, wenn alle Angestellten gleich viel bekommen?

b) ★ Wie viel Geld bekommt jeder, wenn der Meister doppelt so viel wie ein Geselle und ein Auszubildender die Hälfte des Bonusbetrages eines Gesellen bekommen soll?

7 Für die Herstellung von Erdbeerkuchen werden 5,750 kg Erdbeeren benötigt.
Wie viele 250-g-Schalen Erdbeeren müssen eingekauft werden?

8 Anna kauft folgende Gebäckstücke:
Sie bezahlt mit einem 50-€-Schein und bekommt 25,80 € zurück.
Gibt es einen Grund zur Reklamation? Rechne nach.

4 Schweinsohren	für 4,80 €
2 Streuselkuchen	für 1,80 €
2 Plunderteilchen	für 2,70 €
2 Nussecken	für 2,20 €

9 Tims Schwester wird Bäckereifachverkäuferin. Über ihre Arbeitszeit sagt sie:
„Ich arbeite montags, dienstags, donnerstags und freitags von 7:30 Uhr bis 16:30 Uhr. An diesen Tagen habe ich immer von 9:00 Uhr bis 9:30 Uhr und von 11:30 Uhr bis 12:30 Uhr Pause. Mittwochs und samstags arbeite ich von 7:30 Uhr bis 13:30 Uhr und habe um 10 Uhr 30 Minuten Pause.“ Berechne die wöchentliche Arbeitszeit.
Erstelle dazu ein Schaubild.

Prüfe dich

10 Um 6:00 Uhr zeigte das Thermometer −8 °C an. Bis 10:00 Uhr stieg die Temperatur um 3 °C. Um 15:00 Uhr lag sie bei 0 °C. Bis 20:00 Uhr fiel die Temperatur um 5 °C.

a) Wie viel Grad zeigte das Thermometer um 20:00 Uhr an?

b) Um wie viel Grad stieg die Temperatur zwischen 10:00 Uhr und 15:00 Uhr?

Das kannst du schon – Aufgaben für Profis

Die Schülerinnen und Schüler der Klasse 9b bereiten eine Oberstufenparty vor. Außer den Jugendlichen werden auch drei Lehrer unter den 50 erwarteten Gästen sein. Löst die Aufgaben **1** bis **7** in Gruppenarbeit. Reflektiert anschließend eure Zusammenarbeit in der Gruppe. Schlagt hierzu auf Seite 32 im Buch nach.

1 Ole ist einer der Organisatoren der Party. Er schätzt, dass ein Gast durchschnittlich 40 bis 60 g Kartoffelchips verzehren wird. Wie viele Tüten Chips muss Ole einkaufen, wenn 50 Gäste erwartet werden?

2 Anna wollte ursprünglich an drei der vier Wände des Partyraums Girlanden anbringen. Sie hat hierfür eine Skizze mit den Maßen des Raumes angefertigt. Beim Einkaufen beschließt sie spontan, doch lieber zwei Girlanden diagonal durch den Raum zu spannen.

a) Fertigt eine maßstabsgerechte Zeichnung des Partyraums an (1 m entspricht 1 cm). Ermittelt durch Messen die Länge einer Diagonale.

b) Jede Girlande muss 60 cm länger sein als die Diagonale des Raumes, damit sie befestigt werden kann. Wie viel Meter Girlande muss Anna einkaufen?

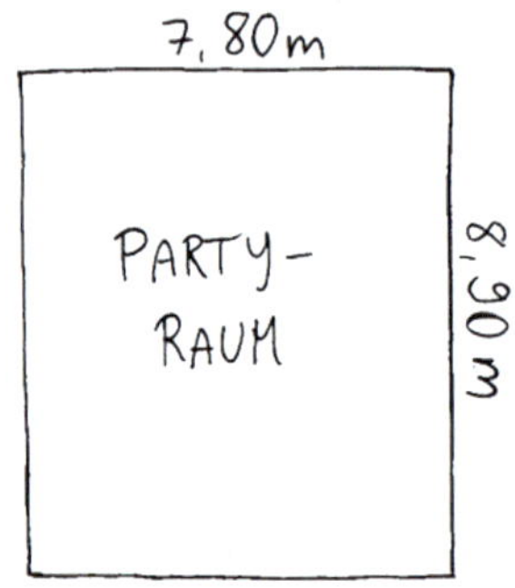

3 Juri geht mit einem Freund in den Supermarkt, um folgende Zutaten einzukaufen:

a) Berechnet das Gesamtgewicht des Einkaufs.

b) Eine Tragetasche aus Papier fasst etwa 4 kg Ware, bevor sie einreißt, eine aus Kunststoff etwa 7 kg und eine aus Stoff 10 kg. Verteilt die Ware geschickt so auf Tragetaschen, dass Juri und sein Freund etwa das gleiche Gewicht tragen.

10 Tafeln Schokolade (je 100 g)
10 Dosen rote Bohnen (je 480 g)
2 Tüten Paprikapulver (je 45 g)
12 Tüten Chips (je 300 g)
7 kg Hackfleisch
6 Becher saure Sahne (je 200 g)
10 Dosen Mais (je 300 g)
4 Tüten Salzstangen (je 450 g)

4 Fermi-Aufgabe: Die Oberstufenparty dauert von 17:00 Uhr bis 21:00 Uhr. Auf den Einladungen steht, dass sich jeder Gast vom DJ ein Lied wünschen darf. Können bei 50 Gästen überhaupt alle Lieder gespielt werden? Rechnet.

5 Greta möchte mit dem Bus zur Oberstufenparty fahren. Von zu Hause braucht sie bis zur Bushaltestelle Seestraße 5 min. Sie muss zur Haltestelle Uferweg. Von dort sind es etwa 7 min zu Fuß bis zur Party.
Wann muss Greta von zu Hause losgehen, wenn sie relativ pünktlich ankommen möchte? Gebt zwei Möglichkeiten an.

Linie 204 Richtung ZOB

Abfahrt: Montag–Freitag				
Seestraße	6:15	6:25	alle 10 min	21:45
Helgolandstraße	6:17	6:27		21:47
Zugbrücke	6:19	6:29		21:49
Riedweg	6:23	6:33		21:53
Schollensteig	6:25	6:35		21:55
Ammundsenweg	6:27	6:37		21:57
Karlstor	6:30	6:40		22:00
Uferweg	6:32	6:42		22:02
Fritzstraße	6:34	6:44		22:04

6 Ina berechnet den Getränkebedarf für den Abend. Sie geht davon aus, dass jeder Gast zwischen drei und vier 0,2-l-Gläser Getränke am Abend trinkt.

a) Wie viel Liter Getränke müssen für den Abend eingekauft werden?

b) Wie viel Wasser, Softgetränke und Saft müssen für den Abend besorgt werden? Schreibt eine mögliche Einkaufsliste.

Kiste Wasser:	12 x 0,7 l
Kiste Softgetränke:	15 x 1,5 l
ein Saftpäckchen:	2 l

c) Oles Eltern haben für die Lehrer zwei Flaschen alkoholfreien Sekt (0,75 l) gespendet. In eine Sektschale passen 240 ml Sekt. Reicht der Sekt, wenn jede Lehrkraft zwei Schalen Sekt trinken möchte?

7 Für die Jugendlichen gibt es zusätzlich alkoholfreie Cocktails. Ole hat für seinen Lieblingscocktail drei verschiedene Rezepte gefunden:

Rezept 1
Zutaten:
3 Eiswürfel
80 ml Ananassaft
40 ml Erdbeersirup
40 ml Sahne
1 Spritzer Limettensaft
Alles in den Shaker geben und schütteln.

Rezept 2
Fülle das Glas zur Hälfte mit Ananassaft und zu je einem Viertel mit Sahne und Erdbeersirup. Runde mit ausreichend Eiswürfeln und etwas Limettensaft ab. Rühre den Inhalt gut durch.

Rezept 3
Gib je einen Teil Sahne und einen Teil Erdbeersirup in ein Glas. Fülle mit zwei Teilen Ananassaft auf. Ergänze Eiswürfel und ein wenig Limettensaft nach Belieben.

a) Vergleicht die Rezepte miteinander. Was stellt ihr fest?

b) Welches Rezept würdet ihr wählen, wenn ihr 3 l Cocktail mixen möchtet?

c) Welches Rezept würdet ihr für ein 0,33-l-Glas wählen? Begründet.

weitere Informationen zu Fermi-Aufgaben S. 160

Beruf aktuell: Hauswirtschaftshelferin/Hauswirtschaftshelfer

Hauswirtschaftshilfen arbeiten in privaten Haushalten oder in sozialen Einrichtungen wie Seniorenwohnheimen, Krankenhäusern, Heimen für alte, kranke oder pflegebedürftige Menschen. Sie tragen dazu bei, dass ein Haushalt ordentlich geführt wird. Wenn sie in der Küche arbeiten, müssen sie einkaufen, die Lebensmittel ordnungsgemäß lagern und einfache Gerichte zubereiten. Zur Hauspflege gehört auch die Reinigung der Räume. Eine Hauswirtschaftshilfe kümmert sich außerdem darum, dass die Wäsche gewaschen, getrocknet, gebügelt und ausgebessert wird. Die Zugangsvoraussetzung für diesen Beruf ist ein Hauptschulabschluss. Die Ausbildung findet an Berufsfachschulen statt. Sie dauert zwei bis drei Jahre und endet mit einer Prüfung. Vor Beginn der Ausbildung muss man ein Gesundheitszeugnis vorlegen. Dies kann beim Gesundheitsamt eingeholt werden.

1 a) Lena und Lisa möchten ein Praktikum als Hauswirtschaftshelferin machen. Wo könnten sie sich überall bewerben?

b) Was müssen sie vor dem Praktikum machen?

c) Recherchiere, welche Kompetenzen eine Hauswirtschaftshelferin/ein Hauswirtschaftshelfer haben muss.

d) Wofür braucht eine Hauswirtschaftshilfe Kenntnisse im Fach Mathematik?

e) Lena und Lisa sind 15 Jahre alt. Wo kannst du herausfinden, wie viele Stunden sie täglich arbeiten dürfen?

Lena und Lisa haben im Seniorenwohnheim einen Praktikumsplatz als Hauswirtschaftshelferin bekommen. Dort leben derzeit 52 ältere Menschen in Einzelzimmern.

2 Für Sonntag soll Apfelmus-Rührkuchen gebacken werden. Ein Kuchen reicht für etwa 6 Personen.

150 g	Margarine	80 g	Speisestärke
4	Eier	1	Päckchen Backpulver
150 g	Zucker	$\frac{1}{2}$ TL	Zimt
400 g	Mehl	200 g	Apfelmus

a) Erstelle zum Rezept eine Einkaufsliste.

b) Lisa findet im Supermarkt die Zutaten in folgenden Packungsgrößen:

- Margarine: 500-g-Becher
- Eier: 6er- oder 10er-Packung
- Backpulver: 5er-Päckchen
- Zucker und Mehl: 1-kg-Tüte
- Speisestärke: 500-g-Packung
- Apfelmus: 750-g-Glas

Wie viel muss sie von jedem Artikel einkaufen?

3 a) Ein Viertel der Bewohner möchte einen Café Annabelle. Für wie viele Personen musst du das Kaffee-Rezept berechnen?

b) In welchen Mengen werden die Zutaten benötigt?

Café Annabelle für 6 Personen

$\frac{1}{2}$ l Kaffee
10 g Zucker
$\frac{1}{8}$ l süße Sahne
8 g Kakaopulver
5 g Krokant

4 Letzte Woche haben zwei Helferinnen $6\frac{3}{4}$ Stunden gebraucht, um alle Betten zu beziehen. Heute werden sie zu fünft arbeiten.

a) Berechne, wie lange das Beziehen der Betten jetzt dauert.

b) Erstelle eine Wertetabelle für ein bis fünf Mitarbeiter. Schreibe in dein Heft.

Tipp: Rechne in Minuten um.

Mitarbeiter	Zeit
1	■
■	

5 a) Ein Bettbezug wiegt 750 g, ein Kopfkissenbezug wiegt 200 g, ein Laken wiegt 700 g. In eine Industrie-Waschmaschine passen bis zu 20 kg Wäsche. Wie oft muss Lena die Maschine beladen, wenn sie von allen Bewohnern einen kompletten Satz Bettwäsche zu waschen hat?

b) In einer Flasche sind 3,5 l Flüssigwaschmittel. Für einen Waschgang werden 200 ml Flüssigwaschmittel benötigt. Wie viel Waschmittel ist nach dem Waschen noch übrig, wenn die Flasche zuvor voll war?

6 a) Die Zimmer der Bewohner sind unterschiedlich groß. Lies aus dem Diagramm ab, wie viele Personen jeweils ein 26-m²-Zimmer, ein 28-m²-Zimmer oder ein 34-m²-Zimmer bewohnen.

b) Wie viel m² Fußboden müssen gereinigt werden?

c) Für die Fußbodenreinigung sind vier Hauswirtschaftshilfen eingeteilt. Wie viel m² muss jede von ihnen reinigen?

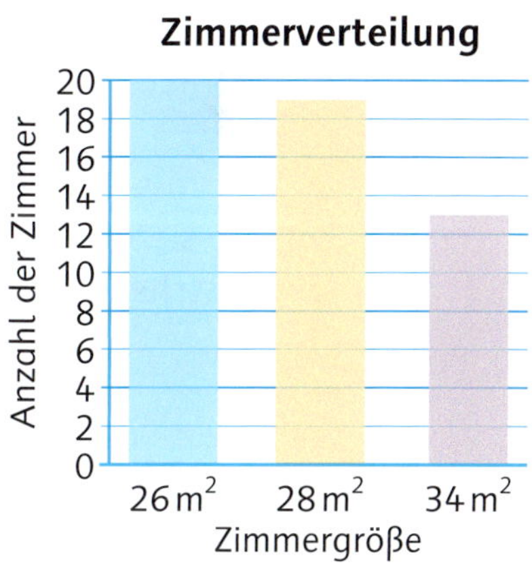

7 Alle Bewohner sollen neue Platzsets bekommen. Sie sollen 30 cm lang und 50 cm breit sein.

a) Der dafür vorgesehene Stoff ist 180 cm breit. Wie viel Meter Stoff müssen gekauft werden?

b) Ein Meter Stoff kostet 24,50 €. Berechne den Preis.

Ich muss zuerst überlegen, wie ich am wenigsten Stoff verbrauche.

8 Finde heraus, welche Seniorenwohnheime es in deiner Stadt gibt. Recherchiere: Name, Belegungszahl, Homepage …

Wiederholung: Brüche

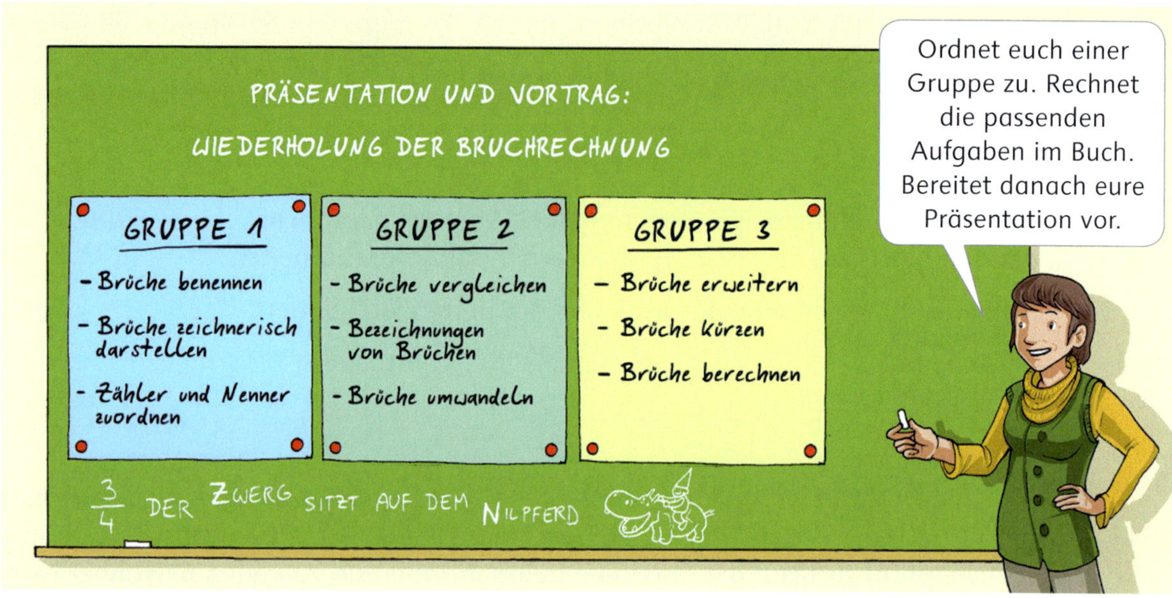

1 Schreibe die farbigen Anteile als Bruch.

a) 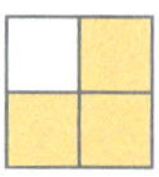
b) 
c) 
d) 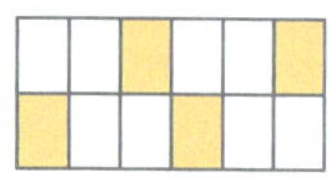
e) 
f) 
g) 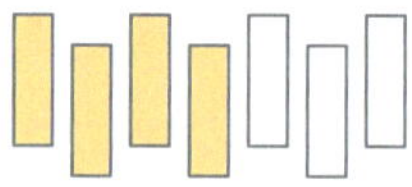
h) 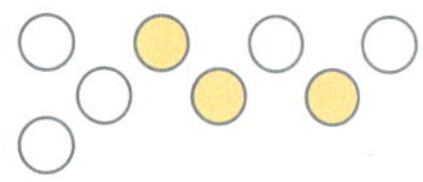

2 Zeichne sieben Rechtecke in dein Heft, die jeweils sechs Kästchen lang und vier Kästchen breit sind. Stelle die Bruchteile durch Einfärben der Kästchen dar.

a) $\frac{1}{2}$ b) $\frac{3}{4}$ c) $\frac{7}{24}$ d) $\frac{2}{2}$ e) $\frac{10}{12}$ f) $\frac{5}{6}$ g) $\frac{1}{3}$

3 Vergleiche. >, < oder = ? Zeichne die Brüche, wenn du dir nicht sicher bist.

a) $\frac{1}{8}$ ● $\frac{3}{8}$; $\frac{8}{5}$ ● $\frac{1}{5}$; $\frac{3}{7}$ ● $\frac{6}{7}$

b) $\frac{1}{3}$ ● $\frac{1}{4}$; $\frac{1}{5}$ ● $\frac{1}{4}$; $\frac{1}{8}$ ● $\frac{1}{10}$

c) $\frac{1}{7}$ ● $\frac{1}{6}$; $\frac{1}{2}$ ● $\frac{1}{8}$; $\frac{1}{6}$ ● $\frac{1}{3}$

d) $1\frac{1}{4}$ ● $\frac{5}{4}$; $\frac{12}{8}$ ● $1\frac{5}{8}$; $1\frac{1}{9}$ ● $\frac{11}{9}$

e) $2\frac{2}{7}$ ● $\frac{14}{7}$; $\frac{16}{6}$ ● $3\frac{1}{6}$; $1\frac{5}{12}$ ● $\frac{17}{12}$

4 Was gehört zusammen?
Ordne in einer Tabelle in deinem Heft Begriffe, Zahlen und Darstellungen einander zu.

gemischte Zahl | $\frac{6}{7}$ | echter Bruch | 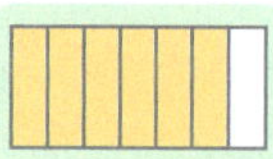 | $\frac{4}{3}$ | 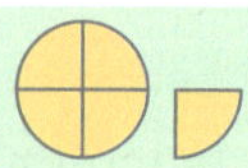 | $1\frac{1}{4}$ | unechter Bruch | 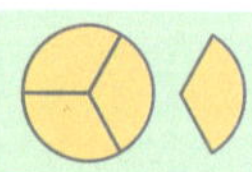

siehe Wiederholung als Chance S. 20; Kopiervorlage zur Selbsteinschätzung beachten

5 Erkläre die Begriffe.

6 Wandle in eine gemischte Zahl um.

a) $\frac{11}{8}$ $\frac{13}{6}$ $\frac{7}{4}$

b) $\frac{12}{5}$ $\frac{13}{4}$ $\frac{9}{8}$

c) $\frac{17}{9}$ $\frac{21}{8}$ $\frac{25}{6}$

7 Wandle in einen unechten Bruch um.

a) $2\frac{1}{7}$ $4\frac{2}{5}$ $6\frac{7}{8}$

b) $2\frac{1}{4}$ $3\frac{4}{5}$ $5\frac{3}{4}$

c) $3\frac{7}{8}$ $1\frac{2}{7}$ $4\frac{5}{12}$

8 Erweitere auf den Nenner 24.

a) $\frac{1}{4}$ $\frac{1}{2}$ $\frac{1}{12}$

b) $\frac{7}{8}$ $\frac{3}{4}$ $\frac{2}{3}$

c) $2\frac{3}{4}$ ★ $1\frac{1}{12}$ $3\frac{5}{6}$

9 Erweitere auf den Nenner 60.

a) $\frac{1}{6}$ $\frac{1}{3}$ $\frac{1}{15}$

b) $\frac{4}{5}$ $\frac{7}{12}$ $\frac{3}{4}$

c) $1\frac{26}{30}$ ★ $3\frac{1}{2}$ $2\frac{5}{6}$

10 Kürze die Brüche so weit wie möglich. Wandle das Ergebnis um, falls möglich.

a) $\frac{2}{8}$ $\frac{6}{9}$ $\frac{4}{24}$

b) $\frac{5}{25}$ $\frac{3}{9}$ $\frac{2}{6}$

c) $\frac{12}{15}$ $\frac{4}{18}$ $\frac{8}{12}$

d) $\frac{4}{10}$ $\frac{8}{14}$ $\frac{9}{15}$

e) $\frac{26}{20}$ ★ $\frac{24}{18}$ $\frac{36}{27}$

f) $\frac{35}{21}$ ★ $\frac{72}{24}$ $\frac{66}{24}$

11 Rechne und schreibe in dein Heft.

a) $\frac{1}{4}$ von 20 l; $\frac{1}{5}$ von 20 m; $\frac{1}{10}$ von 20 kg

b) $\frac{2}{8}$ von 16 €; $\frac{3}{4}$ von 16 km; $\frac{4}{8}$ von 16 cm

c) $\frac{1}{9}$ von 27 m; $\frac{6}{7}$ von 21 €; $\frac{3}{4}$ von 8 km

d) $\frac{4}{5}$ von 10 l; $\frac{7}{8}$ von 24 kg; $\frac{2}{3}$ von 18 t

12 Von den 80 Kindern der Altstadtschule besitzen $\frac{3}{4}$ ein Handy.

a) Wie viele Kinder besitzen ein Handy?

b) Wie viele Kinder besitzen kein Handy?

13 21 Jugendliche besuchen die Kletter-AG. $\frac{2}{3}$ davon sind Mädchen.

a) Wie viele Mädchen besuchen die Kletter-AG?

b) Wie hoch ist der Anteil der Jungen in der Kletter-AG?

Wiederholung: Dezimalzahlen

1

Tipp: Wie ich Aufgaben zur Wiederholung bearbeite, kann ich auf Seite 20 im Buch nachschlagen.

a) Was hat die Situation mit Dezimalzahlen zu tun? Erkläre.

b) Wo werden im Alltag außerdem Dezimalzahlen verwendet? Nenne Beispiele.

2 Schreibe als Dezimalzahl. Übertrage hierzu die Stellenwerttafel in dein Heft.

a) 3Z 4E 8z 2h
2H 3Z 1z 6h
4H 2E 7z 1t

b) 8E 3Z 4H 1t
2T 6E 4H 3h
6Z 2E 3H 1z 3h

c) 3h 5E 1t
2t 6z 4E
9h 2Z

T	H	Z	E	z	h	t

3 Wie heißen die markierten Zahlen auf dem Zahlenstrahl?

a)
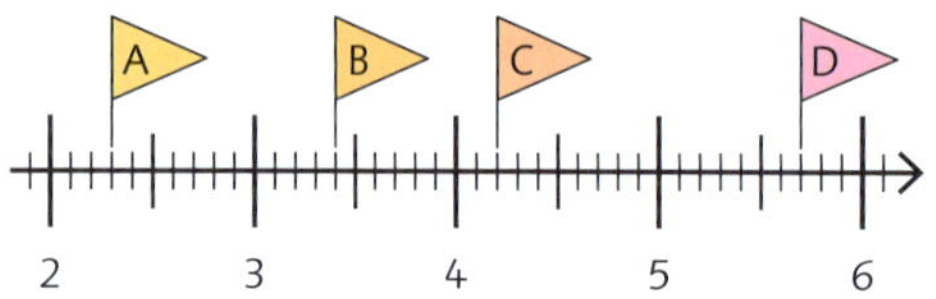

b)
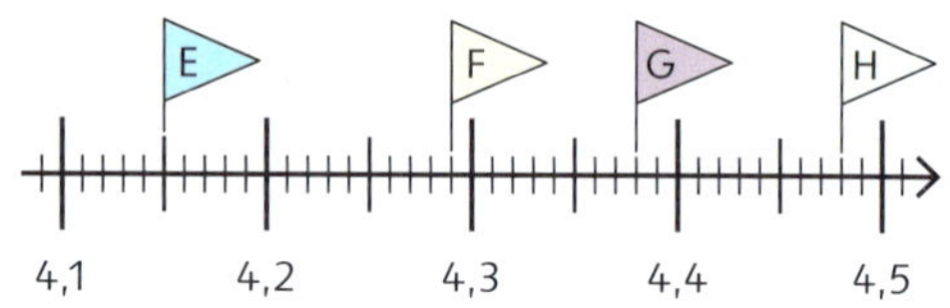

c)
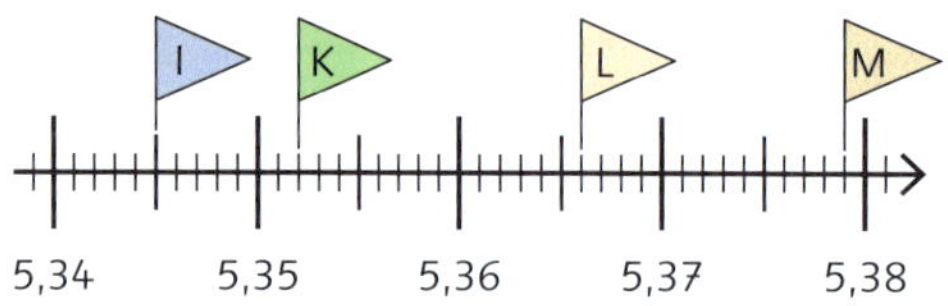

d)
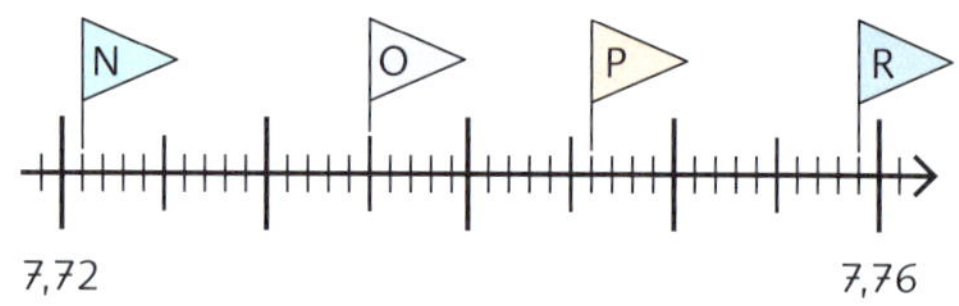

4 Vergleiche. >, < oder = ?

a) 6,2 ● 6,1
4,5 ● 4,9
0,3 ● 3,0

b) 5,32 ● 5,23
6,21 ● 6,22
2,40 ● 2,4

c) 7,898 ● 7,897
2,699 ● 2,777
0,032 ● 0,320

d) 5,050 ● 5,005
13,23 ● 1,323
11,500 ● 11,5

5 Runde auf Ganze.

a) 4,23
5,69
8,46

b) 1,293
2,8
12,82

c) 14,457
7,91
11,2

6 Runde auf Zehntel.

a) 6,432
4,218
1,253

b) 5,13
6,091
7,825

c) 97,039
86,81
25,5554

7 Anna hat 140 € gespart und will sich nun eine komplette Inliner-Ausrüstung kaufen.

a) Reicht Annas Geld für die Inliner-Ausrüstung?

b) Wenn ja, wie viel Geld bekommt sie zurück?
Wenn nein, wie viel Geld fehlt ihr noch?

8 Die acht Mitglieder des Schülercafés bezahlen am Ende des Schuljahres mit ihrem erzielten Gewinn in Höhe von 70 € einen Ausflug in den Hochseilgarten. Der Eintritt kostet 7,50 € pro Person und der Preis für eine Apfelschorle beträgt 1,20 €.

a) Wie viel Geld muss die Gruppe für den Eintritt in den Hochseilgarten bezahlen?

b) Reicht das Restgeld noch für eine Apfelschorle für jeden Teilnehmer?

9 Multiplizieren und Dividieren von Dezimalzahlen mit 10, 100, 1 000 …
Was fällt dir auf? Erkläre.

a)

H	Z	E	z	h	t
		0	5	3	4
		5	3	4	
	5	3	4		
5	3	4			

· 10 · 100 · 1 000

b)

H	Z	E	z	h	t
8	6	7			
	8	6	7		
		8	6	7	
		0	8	6	7

: 10 : 100 : 1 000

10 Multipliziere. Überlege: Was passiert mit dem Komma?

a)	b)	c)	d)
6,451 · 10	25,12 · 10	347,1 · 10	12,12 · 10
6,451 · 100	25,12 · 100	347,1 · 100	8,5 · 100
6,451 · 1 000	25,12 · 1 000	347,1 · 1 000	854,145 · 1 000

11 Dividiere. Überlege: Was passiert mit dem Komma?

a)	b)	c)	d)
1 284,3 : 10	347,39 : 10	28,784 : 10	27,69 : 10
1 284,3 : 100	347,39 : 100	28,784 : 100	9,3 : 100
1 284,3 : 1 000	347,39 : 1 000	28,784 : 1 000	264,428 : 1 000

12 100 Teelichter kosten 3,69 €. Wie viel kostet ein Teelicht? Wie viel kosten 1 000?

Brüche und Dezimalzahlen

1

Hellblaue Farbe mischen
$\frac{9}{10}$ weiße Farbe
$\frac{1}{10}$ blaue Farbe

Wie können Ina und Noah ausrechnen, wie viel Liter weiße und wie viel Liter blaue Farbe sie jeweils brauchen?
Finde mit einem Partner eine Möglichkeit und stelle sie der Klasse vor.

2 Erkläre, wie du einen Bruch mit 10, 100 oder 1 000 im Nenner in eine Dezimalzahl umwandeln kannst. Nutze die Informationen im Merkkasten.

$\frac{5}{10} = 0{,}5$
1 Null — 1 Nachkommastelle

$\frac{6}{100} = 0{,}06$
2 Nullen — 2 Nachkommastellen

$\frac{17}{1000} = 0{,}017$
3 Nullen — 3 Nachkommastellen

3 Wandle im Kopf in eine Dezimalzahl um.

a)	b)	c)	d)	e)	f)
$\frac{1}{10}$	$\frac{250}{1000}$	$\frac{12}{100}$	$\frac{987}{1000}$	$\frac{24}{10}$	$\frac{359}{1000}$
$\frac{3}{100}$	$\frac{10}{100}$	$\frac{65}{1000}$	$\frac{18}{10}$	$\frac{150}{100}$	$\frac{36}{10}$

4 Wandle im Kopf in einen Bruch um.

a)	b)	c)	d)	e)	f)
0,19	0,912	3,364	2,22	0,65	3,123
0,253	0,2	5,253	4,983	1,4	0,98

5 Wie lautet das Ergebnis? Rechne im Kopf.

a)

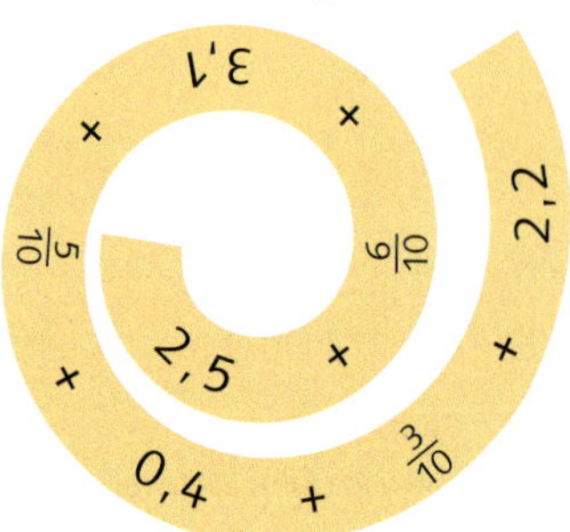

b) ★

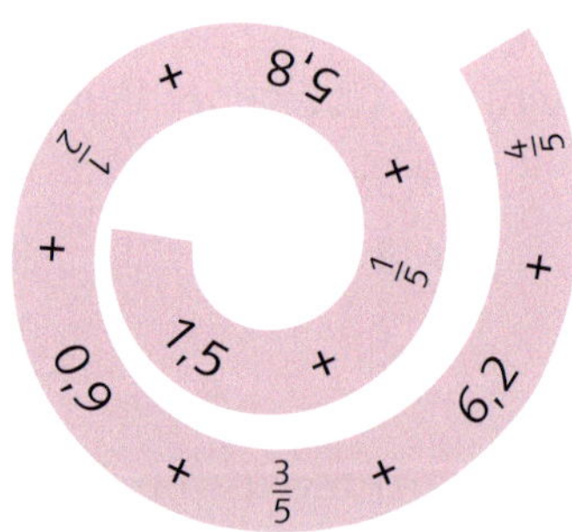

interaktive Übung: 052–3

Wiederholung: Prozente

1

a) Was meint Mira mit dem Begriff „Prozent"? Erkläre den Begriff einem Partner. Verwende für deine Erklärung folgende Ausdrücke:

Anteil | 1 von 100 | Hundertstelbruch | das Zeichen % | 1 Prozent

b) Hat Mira recht? Erkläre einem Partner, wie du rechnen würdest.

2 Erkläre einem Partner, wie du einen Bruch in eine Prozentangabe umwandeln kannst.

Erweitern auf einen Hundertstelbruch:
$\frac{8}{20} = \frac{8 \cdot 5}{20 \cdot 5} = \frac{40}{100} = 40\,\%$

Erst in eine Dezimalzahl umrechnen:
$\frac{8}{20} = 0{,}40 = \frac{40}{100} = 40\,\%$

3 Wandle die Brüche im Kopf in Prozentzahlen um. Ein Partner kontrolliert.

a) $\frac{15}{100}$ $\frac{2}{100}$
b) $\frac{33}{100}$ $\frac{45}{100}$
c) $\frac{1}{5}$ $\frac{1}{10}$
d) $\frac{1}{25}$ $\frac{1}{50}$
e) $\frac{6}{20}$ $\frac{9}{10}$
f) $\frac{3}{5}$ $\frac{6}{25}$

4 Nennt als Anteil von 100, als Hundertstelbruch und in Prozent.

a) 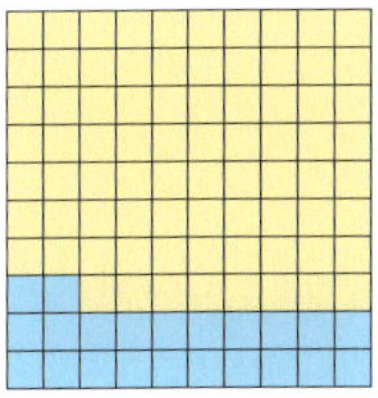

22 von 100
$\frac{22}{100} = 22\,\%$

b) 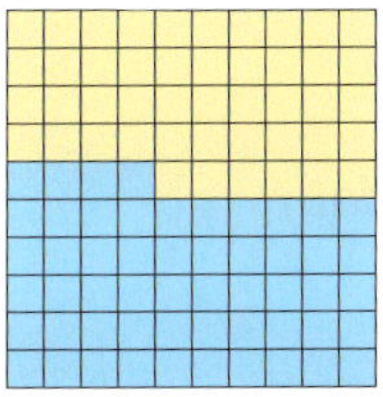

c) 

d) 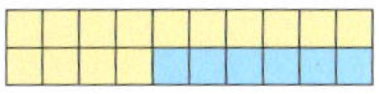

e) 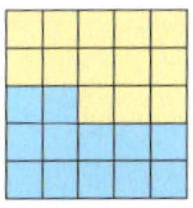

f) 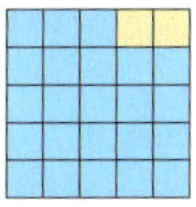

5 Ein Schäfer hat 20 Schafe. 40 % sind schwarz, der Rest ist weiß. Wie viele Schafe sind weiß? Erkläre einem Partner deine Rechnung.

siehe Wiederholung als Chance S. 20

6 Welcher Anteil ist farbig dargestellt? Rechne im Heft und schreibe den Anteil in Prozent. Ein Partner prüft.

a) $\frac{2}{8} = \frac{1}{4} = ■\ \%$

a) 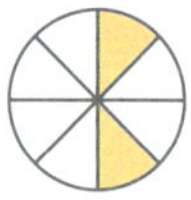 b) 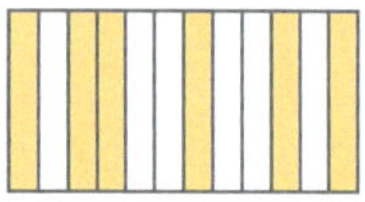 c) 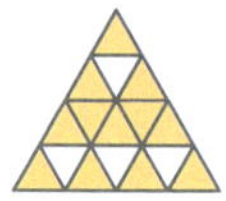 d)  e) 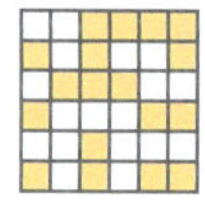

7 Welcher Anteil ist farbig dargestellt?
Ordne zu und begründe einem Partner deine Entscheidung.

A 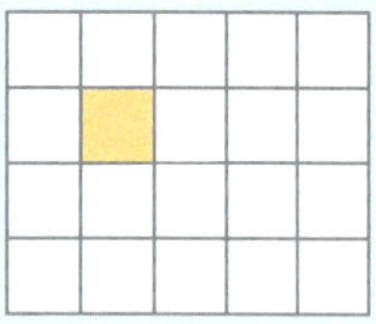

B 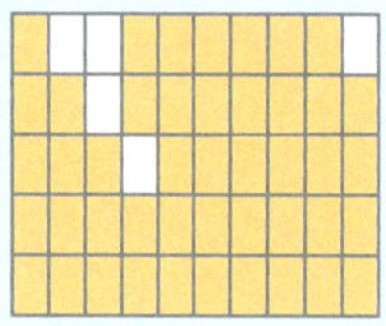

C 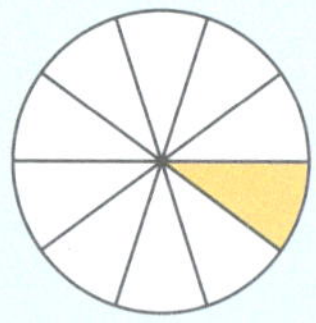

D 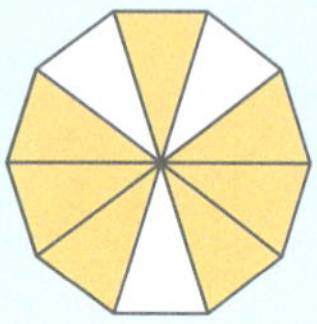

E 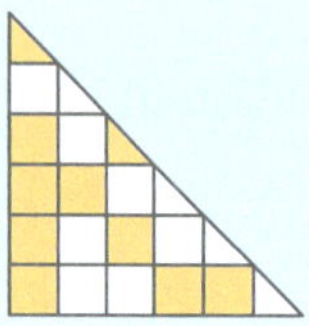

F 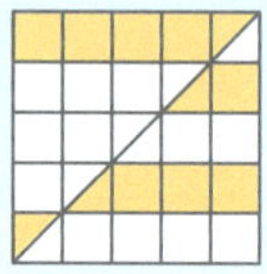

1 70 %
2 40 %
3 10 %
4 50 %
5 5 %
6 90 %

8 Überlegt euch jeweils zwei verschiedene Möglichkeiten, die Prozentangabe darzustellen. Beschriftet jede Abbildung mit der Bruchzahl und der Prozentangabe.

a) 50 % b) 20 % c) 10 % d) 25 % e) 75 %

9 Schätzt, wie viel Prozent vom Ganzen es jeweils sind.
Erkläre einem Partner, wie du geschätzt hast.

a) 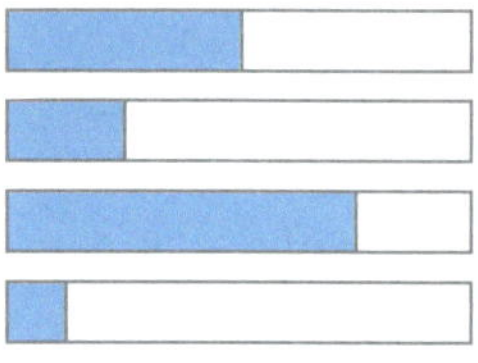

b) 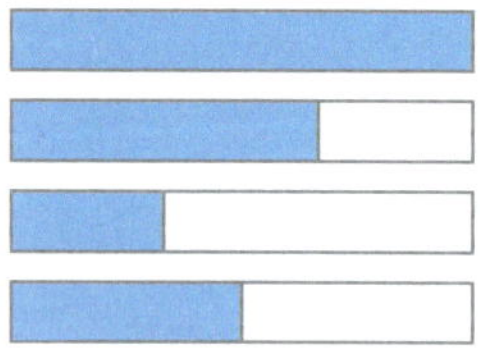

c) ★ 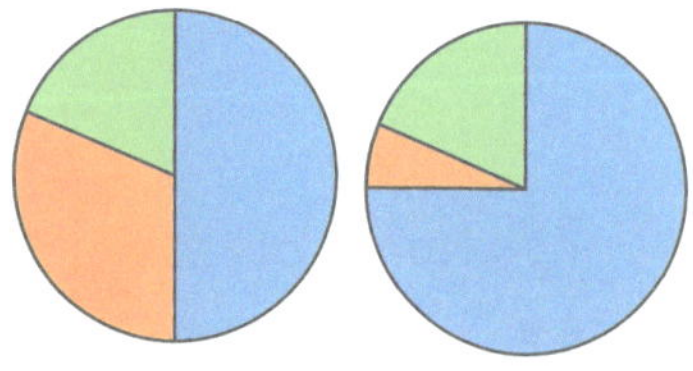

10 Schätzt. Wie viel Prozent sind ungefähr:

a) 2 von 7? b) 13 von 25? c) $\frac{72}{77}$? d) 0,7 von 1? e) $\frac{1}{6}$ von 120?

★ Überprüft eure Schätzung jeweils mit dem Taschenrechner.

11 Gib folgende Daten in Prozent an. Ein Partner kontrolliert.

a) Jedes zweite Kind mag kein Gemüse.
b) Jeder zehnte Deutsche lebt gesund.
c) Jeder vierte Deutsche surft per Handy.
d) Jeder fünfte Deutsche lebt allein.

interaktive Übung: 054–9

Prozente, Brüche und Dezimalzahlen

1 Übertrage die Tabelle in dein Heft.
Ergänze die fehlenden Werte.

Anteil als			
Bruch	Hundertstelbruch	Dezimalzahl	Prozent
■	■	■	1 %
■	$\frac{10}{100}$	■	■
■	■	0,25	■
$\frac{1}{2}$	■	■	■
■	■	■	75 %
$\frac{1}{1}$	■	■	■

2 Mische die verschiedenen Fruchtmixgetränke so, dass sie jeweils in das abgebildete Glas passen. Wie viel brauchst du von jeder Zutat? Rechne in Liter.
Erkläre deine Rechnung.

3 Überlege dir zuerst einen Rechenweg.
Rechne danach die Aufgaben mit dem Taschenrechner.

a) 25 % der Jugendlichen der Klasse 9 a sind Mädchen. In der 9 b sind es $\frac{1}{3}$.
In jede der Klassen gehen 12 Schüler. In welcher Klasse sind mehr Mädchen?

b) An der Handball-AG nehmen $\frac{1}{6}$ aller 120 Schülerinnen und Schüler der Altstadtschule teil. 15 % aller Schülerinnen und Schüler gehen in die Theater-AG. Welche AG hat mehr Teilnehmer?

c) Die 24 Schülerinnen und Schüler der 9. Klassen haben Bewerbungen geschrieben. 25 % von ihnen haben eine Zusage für einen Ausbildungsplatz erhalten, $\frac{1}{8}$ eine Absage. Wie viele warten noch auf eine Antwort?

interaktive Übung: 055–1

Projekt: Prozente im Streifendiagramm darstellen

Eine prozentuale Verteilung kannst du in einem Streifendiagramm anschaulich darstellen.

1 Ergebnisse der Mathematikarbeit der 9. Klasse:

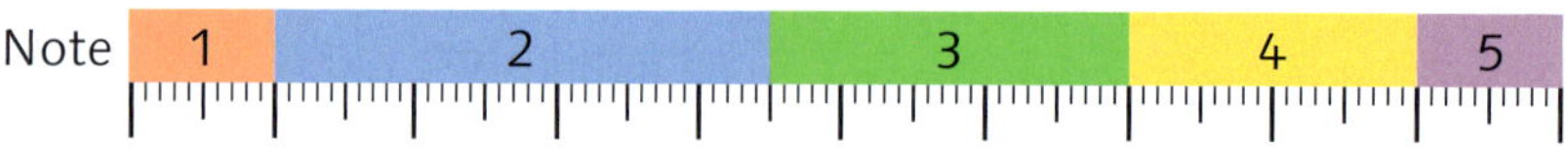

Was ist mit der Note 6?

a) Beschreibe den Aufbau des Streifendiagramms.

b) Werte das Streifendiagramm aus.
Welche Note kommt am häufigsten vor?
Wie viel Prozent der Schüler haben die Note 1,
wie viel Prozent haben die Note 2 … geschrieben?

c) Überlege dir weitere Beispiele für prozentuale Verteilungen, die in einem Streifendiagramm dargestellt werden können.

2 Beliebteste Ferienjobs bei Schülerinnen und Schülern:

Job	Anteil in Prozent
Zeitung austragen	50 %
Babysitten	30 %
Rasen mähen	10 %
andere Jobs	10 %

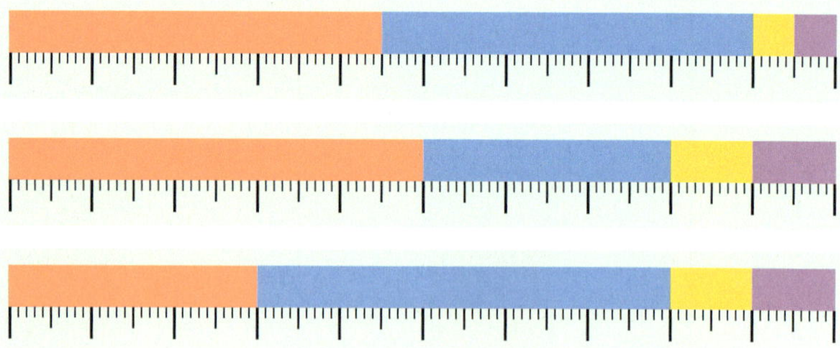

a) Welches der drei Streifendiagramme passt zu den Angaben in der Tabelle?
Begründe deine Entscheidung.

b) Übertrage das passende Streifendiagramm in dein Heft.
Es soll 10 cm lang und 2 cm hoch sein.

3

Lieblingsmusik	Pop	Hip-Hop	Rock	Andere
Anteil in %	38,2	17,9	29,4	14,5

★ a) Runde die Werte in der Tabelle sinnvoll.

b) Erstelle mit den gerundeten Werten ein passendes Streifendiagramm.
Es soll 10 cm lang und 2 cm hoch sein.

4 ★ Erstelle zu einem Beispiel aus Aufgabe **1** c) eine Tabelle mit realistischen Werten und zeichne ein passendes Streifendiagramm. Runde sinnvoll, wenn nötig.

Das kannst du schon – Aufgaben für Profis

1 Welche Informationen kannst du den Zeitungsartikeln entnehmen? Beschreibe.

Berufswahl: Dem Rollenbild verhaftet

So viel Prozent der neu abgeschlossenen Ausbildungsverträge im Jahr 2010 entfielen jeweils auf diese fünf beliebtesten Berufe:

Quelle: Statistisches Bundesamt

Nur noch 13 Prozent der Jugendlichen rauchen

Berlin, 24. 2. 2012 – Immer weniger Jugendliche in Deutschland rauchen. Nur noch 13 % der 12- bis 17-Jährigen greifen einer Studie zufolge zur Zigarette. Das ist der niedrigste Stand seit 30 Jahren.

Bundesfreiwilligendienst

Berlin, 12. Juni 2012 – Im Bundesfreiwilligendienst (BFD) sind etwa gleich viele Männer und Frauen aller sozialen Schichten aktiv, 30 Prozent der 35.000 Freiwilligen sind über 27 Jahre alt.

a) Warum ergeben die Prozentangaben in den Diagrammen keine 100 %?

b) Warum ist das linke Diagramm kürzer als das rechte Diagramm?

c) Wie viele Personen im Bundesfreiwilligendienst sind über 27 Jahre alt?

d) Stellt euch gegenseitig weitere Fragen zu den Zeitungsartikeln.

2 a) Recherchiere in Zeitungen und Zeitschriften nach Artikeln, in denen Prozentangaben genannt werden oder Diagramme abgebildet sind.

b) Welche Informationen könnt ihr den Zeitungsartikeln entnehmen?

3 Schreibe einen Zeitungsartikel zu den Diagrammen in Aufgabe **1**.

Mathe mit Methode: Think – Pair – Share

Mit dieser Methode übst du, anderen deine Überlegungen zu der Lösung einer Aufgabe mitzuteilen. Du lernst dabei auch, über Schwierigkeiten bei der Bearbeitung der Aufgabe zu sprechen. Du bekommst Ideen, wie man die Aufgabe auch auf anderen Wegen lösen und darstellen kann. Du lernst, dich mit anderen in einer Kleingruppe auf einen guten Lösungsweg zu einigen.

1 **Think** – Ich arbeite alleine.

Du bekommst eine Aufgabe, über die du alleine nachdenkst. Mach dir Notizen zu deinem Lösungsweg.

2 **Pair** – Ich tausche mich mit einem Partner aus.

Suche dir einen Partner. Zeigt und erklärt euch eure Lösungswege und Ergebnisse. Einigt euch, welchen Lösungsweg ihr präsentieren wollt.

3 **Share** – Wir diskutieren in einer Kleingruppe.

Zwei Zweiergruppen bilden eine Vierergruppe. Zeigt und erklärt euch eure Lösungswege und Ergebnisse. Einigt euch, welchen Lösungsweg ihr präsentieren wollt. Stellt euren gemeinsamen Lösungsweg und euer Ergebnis in der Klasse vor.

1 Übersetze „Think – Pair – Share" ins Deutsche. Im Deutschen wird die Methode „Ich – Du – Wir" genannt. Was bedeuten die Namensbestandteile der Methode? Worin besteht der Zusammenhang zwischen beiden Namen?

Löse die Aufgaben **2** bis **5** mit der „Think-Pair-Share"-Methode.

2

Wer ist der bessere Elfmeterschütze?

3

Nebenjob

Freiburg, 28. November 2012 – In Berlin und Freiburg wurde eine Umfrage unter Jugendlichen über das Ausüben eines Nebenjobs durchgeführt: 80 der 320 Befragten aus Berlin gaben an, nach der Schule zu jobben. In Freiburg gaben 90 von 200 Befragten an, nach der Schule einem Nebenjob nachzugehen.

In welcher der beiden Städte haben, laut dieser Umfrage, mehr Jugendliche einen Nebenjob?

4

In welcher Fahrschule war der Anteil der Fahrschüler, die ihre Prüfung zum Rollerführerschein bestanden haben, am größten?

5 ★

Verkehrskontrolle

Köln – Bei einer Verkehrskontrolle von 200 Pkw, 20 Rollern und 175 Fahrrädern wurden bei 30 Pkw, 5 Rollern und 35 Fahrrädern erhebliche Mängel festgestellt.

Bei welchem Verkehrsmittel war der Anteil der Fahrzeuge mit erheblichen Mängeln am größten?

Grundbegriffe: Grundwert, Prozentwert, Prozentsatz

1 Welche Angaben sind hier der Grundwert, der Prozentwert und der Prozentsatz? Erinnere dich.

Schreibe so:

gegeben: Grundwert G = ▢
Prozentsatz p% = ▢
gesucht: Prozentwert W = ?

a)

~~500 €~~
neuer Preis
300 €
Sie zahlen nur 60 %.

b)

50 % Gewinnchance

Von 20 Losen sind 16 Gewinne.

c) ★

Fahrpreis:
4 €
Familientag:
50 % Rabatt
nur 2 €

d) ★

~~300 €~~
25 % Rabatt
neuer Preis
225 €

Begriffe in der Prozentrechnung

25 Fahrräder von 125 Fahrrädern sind nicht verkehrssicher. Das sind 20 %.

Prozentwert W — Grundwert G — Prozentsatz p %

2 Welche Werte sind gegeben? Welcher Wert wird gesucht? Schreibe in dein Heft.

a) 3 von 12 Jugendlichen in der Klasse sind Mädchen.

b) 70 % der 120 Hauptschulabsolventen haben einen Ausbildungsplatz bekommen.

c) 30 Schülerinnen und Schüler kommen zu Fuß in die Schule. Das entspricht 20 %.

3 Formuliere für die Werte eine eigene Sachaufgabe. Stelle sie einem Partner vor.

a) G = 160 p % = 40 % W = 64 b) W = 9 G = 10 p % = 90 %

4 Schneide aus Werbeprospekten Rabattangebote aus und klebe sie auf ein Plakat. Schreibe neben die Angebote, welche Angaben jeweils der Grundwert, der Prozentwert und der Prozentsatz sind. Stelle dein Plakat anschließend in der Klasse vor.

Kopiervorlage zur Selbsteinschätzung beachten

Berechnung des Prozentwertes W

1

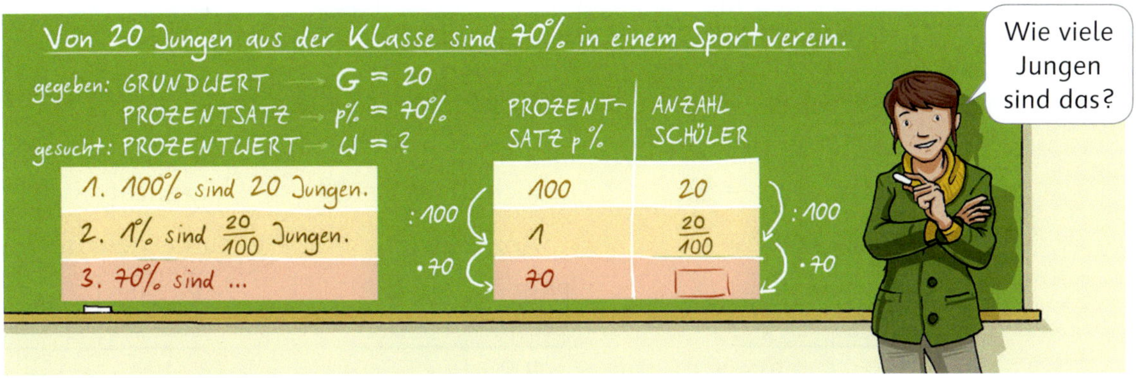

Erkläre den Rechenweg und beantworte die Frage. Erinnere dich an den Dreisatz.

> Wenn aus einer vorgegebenen Zuordnung nicht direkt ein anderes Wertepaar berechnet werden kann, hilft der **Dreisatz:**
>
> 1. Satz: Die vorgegebenen Werte in eine Wertetabelle eintragen
> 2. Satz: **Den zugeordneten Wert für 1 berechnen**
> 3. Satz: Das gesuchte Wertepaar berechnen

2 Übertrage die Dreisatztabellen in dein Heft und berechne den Prozentwert. Formuliere zu jeder Aufgabe die passenden Sätze zum Dreisatz.

a) Mädchen in der 9b

	Prozentsatz p%	Anzahl Schüler	
: 100	100	20	: 100
· 15	1	$\frac{20}{100}$	· ▢
	15	▢	

b) Nebenkosten in der Miete

	Prozentsatz p%	Kosten in €	
: 100	100	450	: ▢
· ▢	1	$\frac{450}{100}$	· ▢
	30	▢	

c) Fruchtanteil im Saft

	Prozentsatz p%	Menge in ml	
: ▢	100	750	: ▢
· ▢	▢	▢	· ▢
	30	▢	

3 Erstelle jeweils eine Dreisatztabelle und berechne den Prozentwert.

a) 40 % von 80 m^2:
100 % sind 80 m^2.
1 % sind $\frac{80}{100}$ m^2.
40 % sind ▢ m^2.

b) 36 % von 500 km:
100 % sind 500 km.
1 % sind $\frac{500}{100}$ km.
36 % sind ▢ km.

c) 12 % von 900 €:
100 % sind 900 €.
1 % sind $\frac{900}{100}$ €.
12 % sind ▢ €.

4 Berechne den Prozentwert mit dem Dreisatz.

a) 60 % von 120 €
20 % von 300 kg
30 % von 550 g

b) 90 % von 600 m
85 % von 800 g
70 % von 700 km

c) 23 % von 1 200 l
5 % von 1 700 €
45 % von 1 800 g

d) 3 % von 500 l
36 % von 200 m^2
62 % von 300 €

zum Rechnen der Aufgaben einen Taschenrechner verwenden

5 Erkläre jeweils den Rechenweg.
Verwende die Begriffe: Grundwert Prozentsatz Prozentwert
Was fällt dir auf? Besprich dich mit einem Partner.

a) gegeben: G = 500
p % = 28 %
gesucht: W = ■

Fettanteil im Käse

Prozentsatz p %	Menge in g
100	500
1	$\frac{500}{100}$
28	■

: 100, · 28

b) gegeben: G = 250
p % = 10 %
gesucht: W = ■

Anzahlung

Prozentsatz p %	Betrag in €
100	250
1	$\frac{250}{100}$
10	■

: 100, · 10

c) gegeben: G = 130
p % = 70 %
gesucht: W = ■

zurückgelegter Weg

Prozentsatz p %	Strecke in km
100	130
1	$\frac{130}{100}$
70	■

: 100, · 70

6

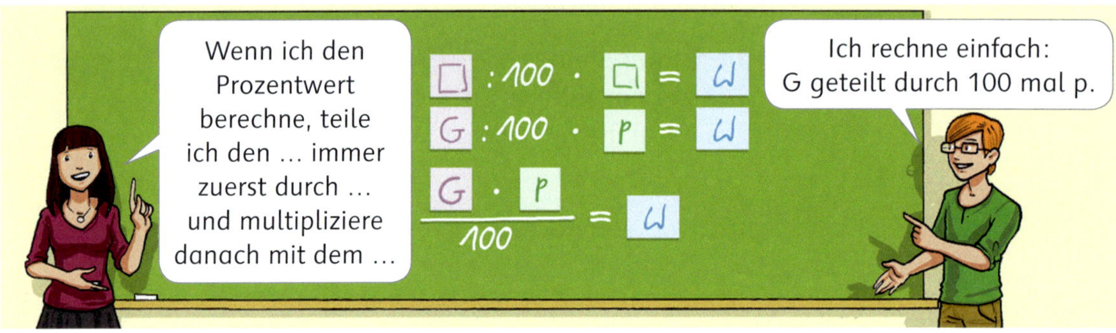

Ergänze Annas Satz und überprüfe danach, ob Paul recht hat.

Den **Prozentwert** kannst du mit dem Dreisatz in einer Tabelle oder mit folgender Formel berechnen:

$$W = \frac{G \cdot p}{100}$$

In einer Formel schreibt man für das Geteiltzeichen immer einen Bruchstrich.

7 Bestimme zuerst den Grundwert und den Prozentsatz.
Berechne danach den Prozentwert mit dem Dreisatz in der Tabelle und mit der Formel.

a) Im Hotel sind von 250 Betten 60 % belegt. Wie viele Betten sind das?

b) Im Test hat Maria 70 % von 30 Aufgaben lösen können. Wie viele sind das?

8 Berechne den Prozentwert mit der Formel.

a) 30 % von 200 l
25 % von 240 €
64 % von 500 g

b) 22 % von 180 m
23 % von 120 m^2
17 % von 650 km

gegeben: G = 200
p % = 30 %
gesucht: W = ?

$W = \frac{G \cdot p}{100}$

$W = \frac{200 \cdot 30}{100}$

W = ■

zum Rechnen der Aufgaben einen Taschenrechner verwenden

Berechnung des Prozentsatzes p %

1

Wie viel Prozent beträgt der Rabatt? Berechne mit dem Dreisatz.

2 Übertrage die Dreisatztabellen in dein Heft und berechne den Prozentsatz. Formuliere zu jeder Aufgabe die passenden Sätze zum Dreisatz.

a) Kaufpreis

	Preis in €	Prozentsatz p %	
: 200	200	100	: 200
· 170	1	$\frac{100}{200}$	· ■
	170	■	

b) Entfernung

	Strecke in km	Prozentsatz p %	
: 80	80	100	: ■
· ■	1	$\frac{100}{80}$	· ■
	64	■	

c) Eintrittspreis

	Preis in €	Prozentsatz p %	
: ■	32	100	: ■
· ■	■	■	· ■
	24	■	

3 Erstelle jeweils eine Dreisatztabelle und berechne den Prozentsatz.

a) 30 l von 120 l:
120 l sind 100 %.
1 l sind $\frac{100}{120}$ l.
30 l sind ■ %.

b) 21 kg von 140 kg:
140 kg sind 100 %.
1 kg sind $\frac{100}{140}$ kg.
21 kg sind ■ %.

c) 16 m² von 80 m²:
80 m² sind 100 %.
1 m² sind $\frac{100}{80}$ m².
16 m² sind ■ %.

Den **Prozentsatz** kannst du mit dem Dreisatz in einer Tabelle oder mit folgender Formel berechnen: $p = \frac{W \cdot 100}{G}$

4 Bestimme zuerst den Grundwert und den Prozentwert.
Berechne danach den Prozentsatz mit dem Dreisatz in der Tabelle und mit der Formel.

a) An einem Sportfest in Oberkirch nehmen 240 Schülerinnen und Schüler teil. Zwölf Schüler der Altstadtschule gewinnen eine Goldmedaille.

b) Insgesamt gehen 40 von 200 Kindern mit einer Medaille nach Hause.

5 Berechne den Prozentsatz mit der Formel.

a) 10 cm von 200 cm
15 l von 375 l
12 h von 24 h

b) 11 € von 25 €
15 m von 500 m
72 m² von 120 m²

gegeben: G = 200
W = 10

gesucht: p % = ?

$p = \frac{W \cdot 100}{G}$

$p = \frac{10 \cdot 100}{200}$

p % = ■ %

zum Rechnen der Aufgaben einen Taschenrechner verwenden

Berechnung des Grundwertes G

1

Berechne den Neupreis mit dem Dreisatz.

2 Übertrage die Dreisatztabellen in dein Heft und berechne den Grundwert.
Formuliere zu jeder Aufgabe die passenden Sätze zum Dreisatz.

a) ursprünglicher Preis

	Prozentsatz p %	Preis in €	
	30	150	
: 30	1	$\frac{150}{30}$	: 30
· 100	100	□	· □

b) Umfrage

	Prozentsatz p %	Anzahl Personen	
	65	195	
: 65	1	$\frac{195}{65}$	: □
· □	100	□	· □

c) Gewinne

	Prozentsatz p %	Anzahl	
	20	120	
: □	1	$\frac{120}{20}$	: □
· □	100	□	· □

3 Erstelle jeweils eine Dreisatztabelle und berechne den Grundwert.

a) 15 % sind 60 €.
1 % sind $\frac{60}{15}$ €.
100 % sind □ €.

b) 34 % sind 680 km.
1 % sind $\frac{680}{34}$ km.
100 % sind □ km.

c) 22 % sind 286 g.
1 % sind $\frac{286}{22}$ g.
100 % sind □ g.

Den **Grundwert** kannst du mit dem Dreisatz in einer Tabelle oder mit folgender Formel berechnen: $G = \frac{W \cdot 100}{p}$

4 Bestimme zuerst den Prozentwert und den Prozentsatz.
Berechne danach den Grundwert mit dem Dreisatz in der Tabelle und mit der Formel.

a) 18 Jugendliche der Abschlussklasse haben den Hauptschulabschluss geschafft. Das entspricht einem Anteil von 60 %. Wie viele Jugendliche sind in der Klasse?

b) ★ Für Geburtstagskinder gibt es im Schwimmbad 40 % Ermäßigung. Sie müssen nur 120 € Eintritt zahlen. Wie hoch ist der Eintritt normalerweise?

5 Berechne den Grundwert mit der Formel.

a) 60 % sind 36 €.
40 % sind 28 kg.
5 % sind 15 l.

b) 17 % sind 51 m^2.
85 % sind 425 GB.
12 % sind 48 cm.

gegeben: W = 36
p % = 60 %
gesucht: G = ?

$G = \frac{W \cdot 100}{p}$

$G = \frac{36 \cdot 100}{60}$

G = □

zum Rechnen der Aufgaben einen Taschenrechner verwenden

Das kannst du schon – Aufgaben für Profis

Minijobs sind geringfügige Beschäftigungen, bei denen die monatliche Verdienstgrenze 450 € beträgt.

§ Schüler ab 13 Jahren dürfen mit Einwilligung der Eltern grundsätzlich zwei Stunden am Tag (nach der Schule und nicht nach 18 Uhr) unter altersgerechten Bedingungen arbeiten. Während der Schulferien ist das Jobben von noch vollzeitschulpflichtigen Jugendlichen ab 15 Jahren darüber hinaus bis zu acht Stunden täglich (zwischen 6 Uhr morgens und 20 Uhr abends) und maximal vier Wochen im Kalenderjahr erlaubt.

1 Vervollständige die Tabelle im Heft. Überlege zuerst, welcher Wert gesucht wird.

Lohn pro Stunde	7 €	■	6 €	4 €
Lohnerhöhung in %	10 %	20 %	■	■
Lohnerhöhung in Cent	■	80 ct	90 ct	■
Stundenlohn nach der Lohnerhöhung	■	■	■	4,80 €

2 Ling-Ling macht ihren Job als Babysitter so gut, dass sie von den Eltern des Kindes eine Lohnerhöhung um 25 % bekommt. Pro Stunde bekommt sie nun 1 € mehr. Wie viel hat sie vor der Lohnerhöhung verdient?

3 Ole bekommt 15 € Taschengeld im Monat. Durch seinen Minijob erhöht er sein Taschengeld um 90 %. Wie viel verdient Ole durch seinen Minijob?

4 Ina hilft jedes Jahr bei der Erdbeerernte auf dem Feld. Bisher hat sie 4 € in der Stunde bekommen. Seit diesem Jahr bekommt sie 4,60 € pro Stunde. Um wie viel Prozent hat sich ihr Lohn erhöht?

5 ★ Anna verdiente bislang für das Zeitungsaustragen 10 ct pro Zeitung. Pro Stunde trägt sie 80 Zeitungen aus. Durch eine Lohnerhöhung bekommt sie nun 10 % mehr für jede Zeitung. Wie viel bekommt sie umgerechnet pro Stunde mehr?

6 ★ Juri kann ein Konzert seiner Lieblingsband besuchen. Die Bahnfahrt dahin kostet 120 €. Bei seinem Nebenjob hat er 60 € verdient. Seine Mutter gibt ihm 50 € dazu. Jetzt überlegt er, ob das Geld reicht, wenn er sich die Probe BahnCard 25 für 20 € kauft. Damit bekäme er 25 % Rabatt auf das Bahnticket. Kann Juri das Konzert besuchen?

zum Rechnen der Aufgaben einen Taschenrechner verwenden

Vermehrter und verminderter Grundwert

1

$100\,\% \mathrel{\hat{=}} 40$

$100\,\% \mathrel{\hat{=}} 40$

$1\,\% \mathrel{\hat{=}} \frac{40}{100}$

$80\,\% \mathrel{\hat{=}} \frac{40 \cdot 80}{100} = 32\,€$

a) Erkläre.

b) Berechne den Preis für den Badeanzug. Rechne wie Kenan.

Bei prozentualen Veränderungen entspricht der alte Zustand (Preis, Einwohnerzahl ...) dem Grundwert, also 100 %.

Erhöht sich der Grundwert um p %, entspricht der neue Wert 100 % + p %. Man nennt ihn den **vermehrten Grundwert**.

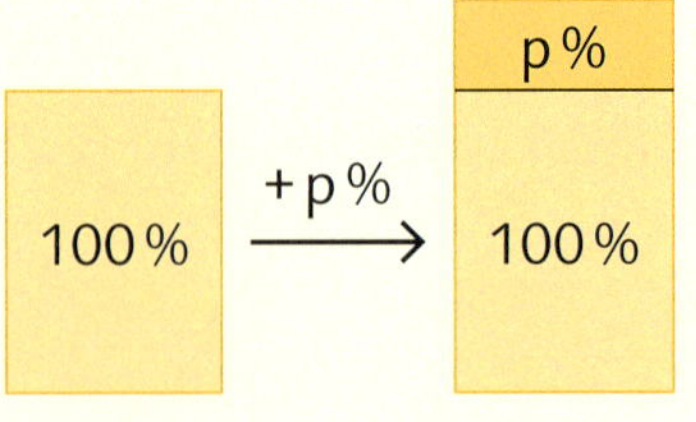

Verringert sich der Grundwert um p %, entspricht der neue Wert 100 % − p %. Man nennt ihn den **verminderten Grundwert**.

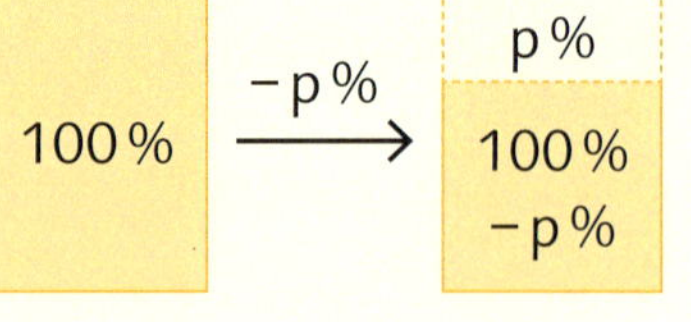

2 Überlege, ob es sich bei den folgenden Beispielen um einen vermehrten oder um einen verminderten Grundwert handelt.

a) Inas Eltern haben eine Mieterhöhung um 3 % bekommen. Sie zahlen jetzt 560 € Miete.

b) Die Anzahl der Straftaten ging im Vergleich zum Vorjahr um 4 % zurück.

c) Die Einwohnerzahl von Offenburg hat sich im Vergleich zum Vorjahr um 380 Einwohner erhöht.

3 Gib den vermehrten oder den verminderten Grundwert in Prozent an.
Beispiel: Zunahme um 11 % 100 % + 11 % = 111 % vermehrter Grundwert

a) Zunahme um: 8 %, 15 %, 6 %, 12 %, 23 %, 14 %, 7,2 %, 3,7 %, 12,5 %

b) Abnahme um: 16 %, 5 %, 9 %, 12 %, 8 %, 23 %, 6,9 %, 5,2 %, 9,5 %

4 Die Fahrpreise für die Bustickets wurden um 10 % erhöht.

a) Überlege mit einem Partner, wie sich der neue Preis berechnen lässt.

b) Berechne die neuen Preise für die Bustickets.

5 Nach einer Mieterhöhung um 5 % muss Familie Prange nun 735 € Miete zahlen. Wie viel Miete hat Familie Prange vor der Mieterhöhung gezahlt?

6 Übertrage die Tabelle in dein Heft und ergänze. Nutze den Taschenrechner.

	Grundwert	Zunahme/Abnahme in %	vermehrter/verminderter Grundwert in %	neuer Grundwert
a)	500 €	■	110 %	■
b)	1 200 €	−5 %	■	■
c)	340 €	■	97 %	■
d)	420 €	+8 %	■	■
e)	890 €	■	114 %	■
f)	200 €	−4 %	■	■

7 Ein Fußballtrikot kostet 100 €. Während der EM wird der Preis um 10 % erhöht. Berechne. Nach der EM wird der Preis wieder um 10 % gesenkt. Wie viel kostet das Trikot nun? Kannst du dir die Preisänderungen erklären? Diskutiere mit einem Partner.

8 Noah bekommt 20 € Taschengeld im Monat. Es soll erhöht werden. Seine Mutter schlägt vor, ihm monatlich 24 € zu geben. Sein Vater schlägt vor, das Taschengeld im nächsten Monat um 10 % und im Monat darauf noch einmal um 10 % zu erhöhen. Welchen Vorschlag sollte Noah annehmen?

9 Für die Flughafenmitarbeiter gelten ab 1. Januar neue Tarifverträge. Die Löhne werden um 3,8 % steigen. Berechne die neuen Bruttolöhne.

Name	alter Lohn
Frau Noak	2 120 €
Herr Kim	1 840 €

10 a) Findet gemeinsam jeweils ein Beispiel für einen vermehrten Grundwert und für einen verminderten Grundwert.

b) Sucht ein anderes Tandem*, das eure Aufgaben berechnet.

Prüfe dich

11 a) Erweitere $\frac{3}{4}$ mit 3, 5 und 7.

b) Erweitere $5\frac{2}{3}$ mit 2, 4 und 6.

c) Kürze $\frac{48}{20}$ so weit wie möglich und schreibe dann als gemischte Zahl.

* Tandem: Zweierteam

Wiederholung: Winkel, Dreiecke und Vierecke

Löse die Aufgaben **1** bis **4**. Beurteile mit den Selbsteinschätzungsbögen „Winkel und Dreiecke" und „Vierecke – Umfang – Flächeninhalt", wie gut du Aufgaben zu diesen Themen bereits beherrschst. Wähle dir geeignete Hilfsmittel und Übungsaufgaben aus.

1 a) Welche Winkel erkennst du auf der Zeichnung? Beschreibe ihre Merkmale.

b) Wie groß sind die übrigen Winkel, wenn $\alpha = 40°$ ist? Wie kannst du die Winkel berechnen? Erkläre.

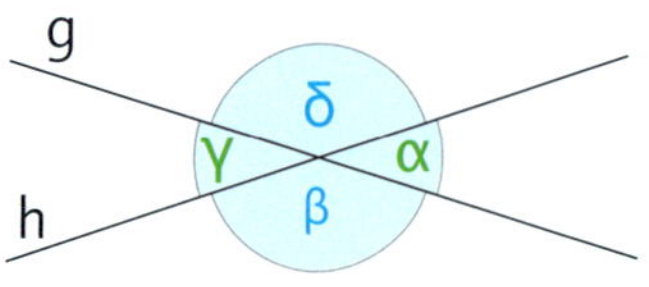

2 a) Wie viele Dreiecke erkennst du auf der Zeichnung?

b) Schreibe alle gleichschenkligen Dreiecke auf.

c) Schreibe alle rechtwinkligen Dreiecke auf.

d) Welche Dreiecke sind gleichseitig?

e) Notiere in einer Tabelle die Merkmale der Dreiecke.

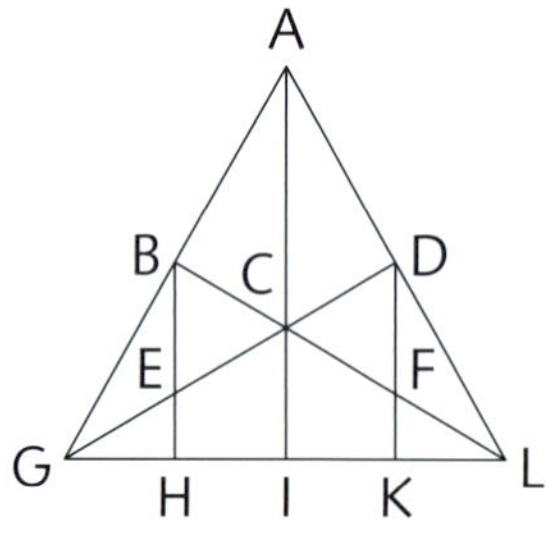

3 Das Dreieck ABC mit $c = 8\,cm$, $\alpha = 60°$ und $\gamma = 75°$ soll konstruiert werden.

a) Beschreibe, wie sich die Winkelsumme in einem Dreieck berechnen lässt.

b) Berechne den Winkel β und konstruiere dann das Dreieck.

c) Stelle dein Ergebnis der Klasse vor.

4 Konstruiere eine Figur nach folgendem Geometriediktat:

Zeichne in einem Abstand von 6 cm die zueinander parallelen Geraden g und h. Markiere auf der Geraden g den Punkt A. Trage in Punkt A den Winkel $\alpha = 60°$ so an, dass er die Gerade h schneidet. Kennzeichne den Schnittpunkt mit D.
Verschiebe die Strecke $\overline{AD}$ parallel um 5 cm nach rechts.
Bezeichne die Schnittpunkte mit den Geraden g und h mit den Punkten B und C.

a) Welche Figur erhältst du? Beschreibe sie.

b) Notiere in einer Tabelle die Merkmale weiterer Vierecksarten.

Vierecksart	Merkmale
■	Gegenüberliegende Seiten sind parallel und gleich lang. …
■	■

c) Zeichne die verschiedenen Vierecksarten. Ein Partner benennt die Vierecke und beschriftet sie.

interaktive Übung: 068–4; entsprechende Kopiervorlagen zur Selbsteinschätzung aus Band 8 verwenden (auch auf CD-ROM in Band 9 verfügbar)

Stufenwinkel und Wechselwinkel

1 a) Zeichne zwei zueinander parallele Geraden.

b) Zeichne eine dritte Gerade, die die beiden anderen Geraden schneidet.

c) Wie viele Winkel entstehen?

d) Miss die Größe der Winkel.

e) Vergleiche deine Ergebnisse mit denen eines Partners. Was fällt euch auf?

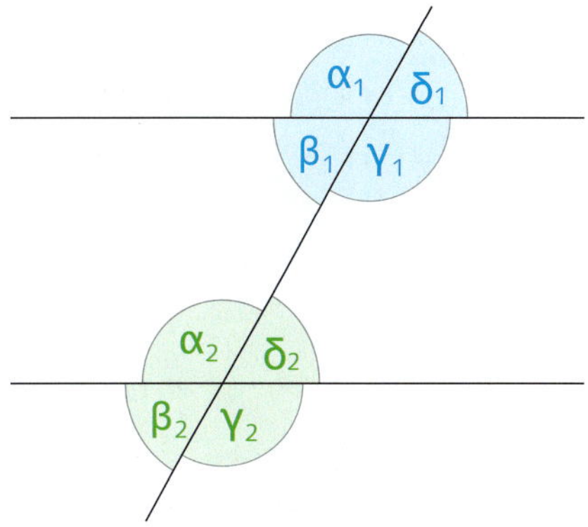

2 Ordne zu. Begründe.

A Winkel, die wie Stufen auf derselben Seite der parallelen Geraden liegen, werden Stufenwinkel genannt.

B Winkel, die auf verschiedenen Seiten der Parallelen und der schneidenden Geraden liegen, heißen Wechselwinkel.

1

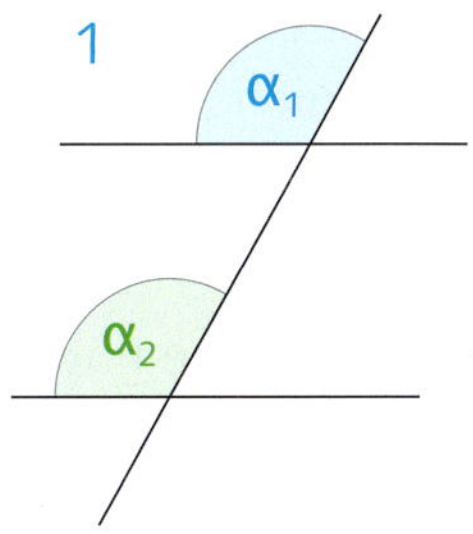

2

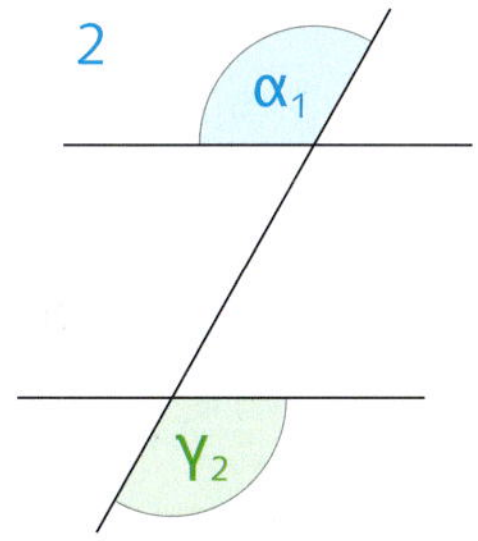

Stufenwinkel und Wechselwinkel an geschnittenen Parallelen sind gleich groß.

3 Finde auf den Bildern Stufenwinkel und Wechselwinkel.

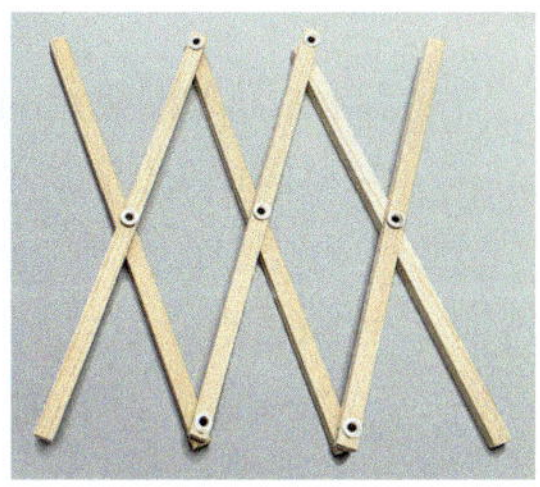

a) Übertrage den rechts abgebildeten Topfuntersetzer als Strichzeichnung in dein Heft.

b) Markiere einen Winkel und die dazugehörigen Stufenwinkel in Rot.

c) Markiere einen Winkel und die dazugehörigen Wechselwinkel in Blau.

d) Wie verändern sich die Winkel, wenn der Untersetzer auseinandergezogen wird?

4 Schreibe alle Paare von Stufenwinkeln und Wechselwinkeln auf.

α_1	und	γ_2	sind	…
β_1	und	β_2	sind	…
δ_1	und	β_2	sind	…
γ_1	und	α_1	sind	…

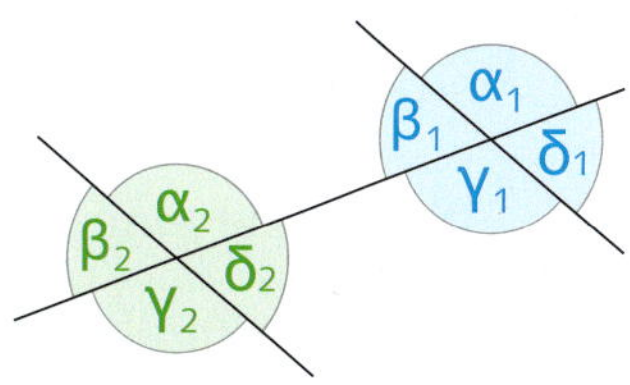

zu Aufgabe 3: Angebot in den Kopiervorlagen nutzen; Kopiervorlage zur Selbsteinschätzung beachten

Beruf aktuell: Gerüstbauer/Gerüstbauerin

Um Gebäude zu bauen oder zu streichen, werden Gerüste benötigt. Gerüstbauer und Gerüstbauerinnen wählen die erforderlichen Gerüstteile aus, verladen diese und transportieren sie zur Baustelle. Wenn es nötig ist, ebnen sie den Untergrund und befestigen ihn. Bevor sie das Gerüst aufbauen, gibt es viel vorzubereiten. Zuerst lesen Gerüstbauer und Gerüstbauerinnen die Baupläne und entwerfen danach Konstruktionsskizzen. Schließlich soll das Gerüst auch maßgenau an das Gebäude passen und sicher stehen. Sie montieren Bauteile und befestigen das Gerüst am Bauwerk. Wenn die Gerüste nicht mehr benötigt werden, bauen sie diese fachgerecht ab und lagern sie ein.

1 Recherchiere, welche Fähigkeiten und welche Voraussetzungen für diesen Beruf erforderlich sind.

Unbekannte Begriffe schlage ich nach.

a) Welche Zugangsvoraussetzungen werden verlangt?

b) Was lernen die Auszubildenden während ihrer Ausbildung?

c) Wofür benötigt ein Gerüstbauer oder eine Gerüstbauerin mathematische Kenntnisse?

2 Bei Maurerarbeiten ist ab einer Höhe von etwa 1,50 m ein Gerüst erforderlich. Für Arbeiten bis in 4 m Höhe wird häufig ein Bockgerüst verwendet. Ein Bockgerüst besteht aus den Gerüstböcken (1), dem Gerüstbelag (2) und dem Seitenschutz (3). Der Abstand zwischen den Gerüstböcken darf nicht mehr als 3 m betragen.

a) Kenan macht ein Praktikum bei einem Gerüstbauer. Auf der Baustelle steht ein Bockgerüst auf fünf Gerüstböcken. Zwei der Gerüstböcke wurden in einem Abstand von 3 m miteinander verbunden. Der Abstand zwischen den anderen Gerüstböcken beträgt jeweils 2 m. Wie lang ist das Gerüst?

b) Fertige eine Skizze des Bockgerüsts an.

c) Wie viele Gerüstböcke benötigt man für ein Gerüst von 10 m Länge mindestens?

3 a) Für den Seitenschutz eines Bockgerüstfeldes werden drei Bretter benötigt. Wie viele Bretter werden für 15 Felder verbaut?

b) Für den Gerüstbelag von vier Feldern braucht man 16 Bretter. Wie viele Bretter benötigt man, um 12 Felder auszulegen?

c) Wie viele Bretter werden benötigt, wenn Bretter verbaut werden, die doppelt so breit sind wie die bisher verwendeten?

4 Bei einem Bockgerüst werden 2 m hohe Böcke in einem Abstand von 3 m zueinander verbaut. Zwei Gerüstböcke werden immer durch eine Querstrebe miteinander verbunden.

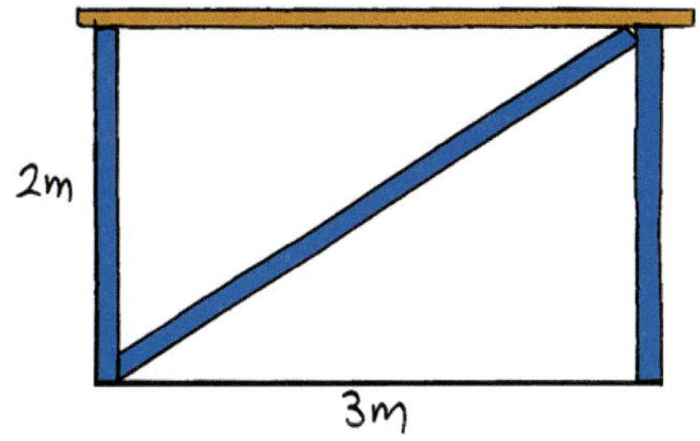

a) Fertige eine maßstabsgerechte Zeichnung an.

b) Wie groß sind die Winkel an den Querstreben?

c) Wie verändern sich die Winkel, wenn die Abstände zwischen den Gerüstböcken auf jeweils 2 m verkürzt werden? Ermittle die genauen Winkelgrößen.

5 Arbeitsplätze auf Gerüsten müssen über sichere Aufstiege zu erreichen sein. Eine Gerüstaußenleiter mit Leitersprossen muss daher immer einen Anstellwinkel von 68° bis 75° aufweisen, wenn die Aufstiegshöhe nicht mehr als 5 m beträgt.

a) Fertige eine maßstabsgerechte Zeichnung an.

b) Wie groß ist der Anstellwinkel α?

c) Wie würde sich der Anstellwinkel ändern, wenn der Abstand zwischen Leiterfuß und Baugerüst 2 m beträgt? Liegt der Anstellwinkel dann noch im zulässigen Bereich?

6 ★ Ein Bauherr benötigt für eine Deckfläche* von 1 500 m^2 ein Baugerüst. Er holt zwei verschiedene Angebote ein:

Angebot A
Die Firma „Stütze" bietet gebrauchte Baugerüste für 9,50 € pro m^2 Deckfläche an. Das Gerüst verbleibt nach Abschluss der Baumaßnahme bei dem Auftraggeber. Später kann er das Gerüst wieder für 11 000 € verkaufen.

Angebot B
Bei der Firma „Hoch hinaus" kann der Bauherr für 1 500 m^2 Deckfläche ein Gerüst für zwei Wochen für 2,90 € pro m^2 mieten.

a) Berechne die Kosten für die beiden Angebote.

b) Für welches Angebot würdest du dich entscheiden? Begründe.

* Deckfläche: Bezeichnung für die Fläche, die vom Baugerüst abgedeckt wird

Winkel in Dreiecken und Vierecken

1 Welche Dreiecksarten sind auf den Bildern zu sehen? Benenne sie zuerst nach ihren Winkeln und danach nach ihren Seiten.

a) 

b) 

c) 

2 Berechne jeweils die fehlende Größe des dritten Winkels.

a) 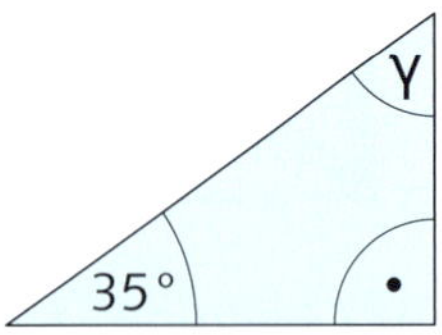

b) 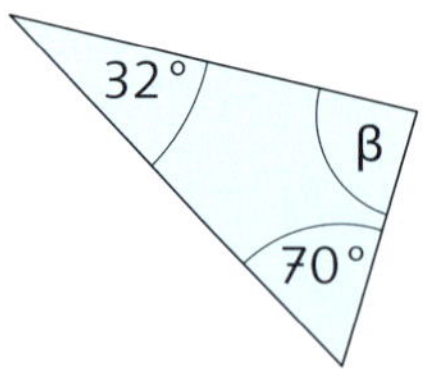

c) 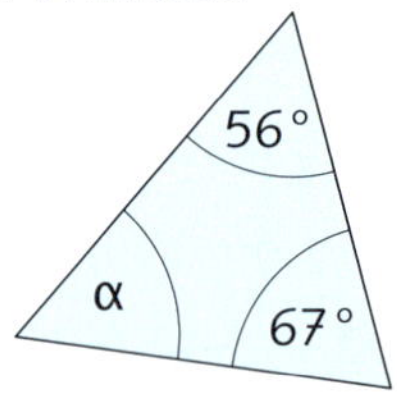

d) 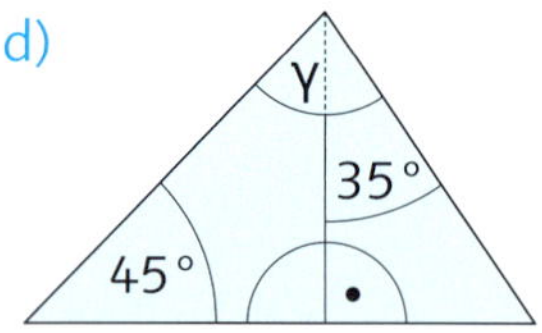

3 Berechne jeweils die fehlende Winkelgröße der Dreiecke.

	a)	b)	c)	d)	e)	f)	g)
α	60°	90°		27°		126°	9°
β	60°		75°	53°	77°		166°
γ		45°	32°		56°	43°	

5° 11° 45° 47° 66° 60° 73° 100°

4 a) Übertrage das gleichschenklige Dreieck in dein Heft.

b) Miss alle Seiten und alle Winkel nach. Was fällt dir auf?

c) Überlege gemeinsam mit einem Partner, welche Eigenschaften gleichschenklige Dreiecke haben.

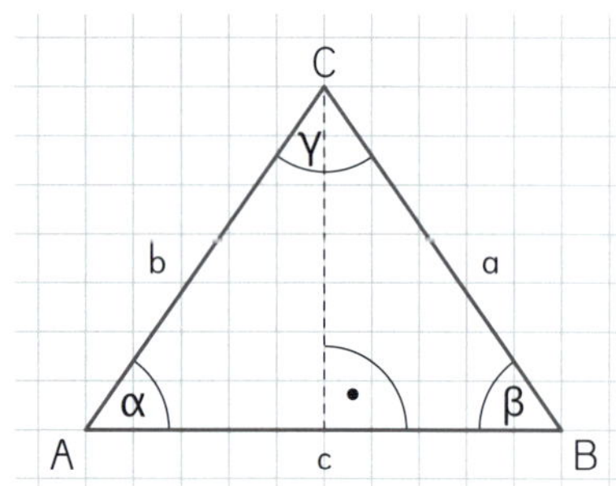

5 In einem gleichschenkligen Dreieck ist Winkel γ gegeben. Berechne jeweils die beiden Basiswinkel α und β. Erkläre deinen Rechenweg.

a) γ = 50° b) γ = 120° c) γ = 82° d) γ = 76°

6 Berechne die Winkel der Dreiecke. Wende deine Kenntnisse über Scheitel- und Wechselwinkel an.

a) 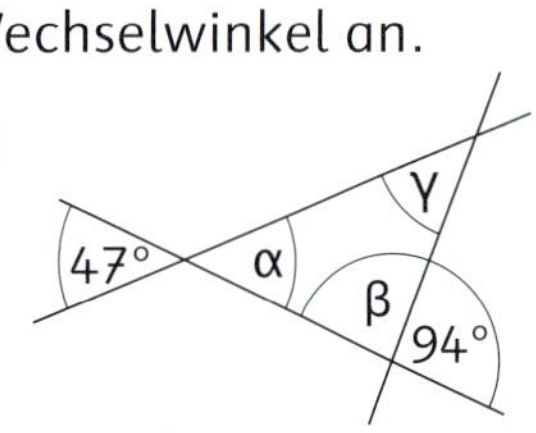

b) 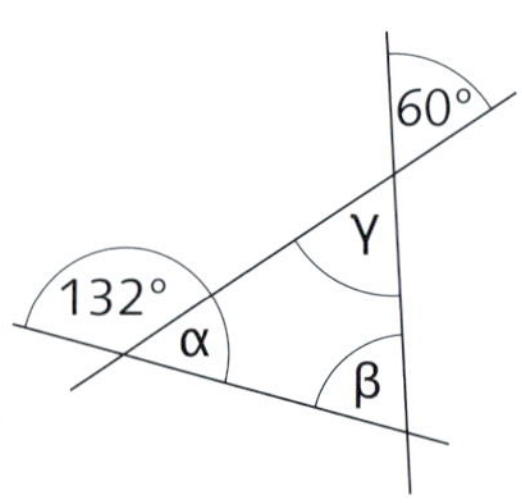

c) 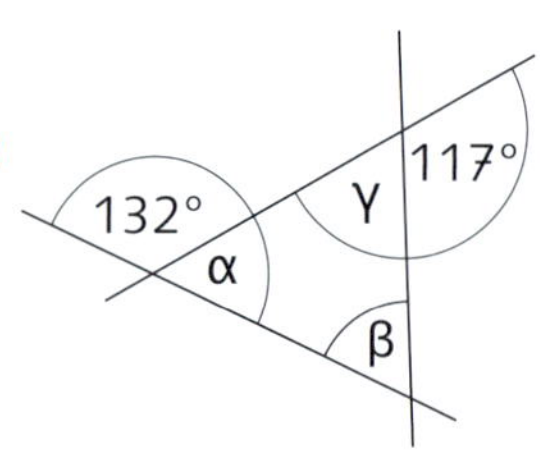

interaktive Übung: 072–1

7 Zeichne ein beliebiges Viereck auf ein Blatt Papier und schneide es aus. Markiere die vier Winkel mit unterschiedlichen Farben. Reiße die Ecken ab und klebe alle Winkel aneinander. Was stellst du fest? Welcher Winkel entsteht?

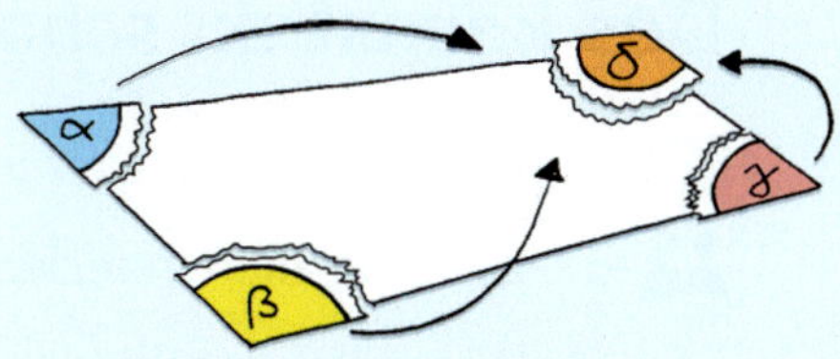

8 Zeichne ein beliebiges Viereck. Zeichne eine Diagonale so ein, dass zwei Dreiecke entstehen. Beschreibe, wie du dir mit deinem Wissen über die Winkelsumme in Dreiecken die Winkelsumme in Vierecken erschließen kannst.

9 a) Zeichne verschiedene Vierecke und überprüfe durch Messen, ob deine Beobachtung in den Aufgaben **7** und **8** zutrifft.

b) Bilde aus den vorgegebenen Wörtern einen Merksatz.

360°. | in Vierecken | beträgt | Die Winkelsumme

10 Berechne jeweils die fehlende Winkelgröße der Vierecke.

60° 72° 86° 87° 90° 90° 98° 99° 118° 130° 136° 140°

	a)	b)	c)	d)	e)	f)	g)	h)	i)	k)
α	70°	105°	70°	■	91°	72°	■	50°	90°	90°
β	100°	75°	■	60°	105°	■	120°	50°	62°	90°
γ	50°	93°	89°	82°	■	85°	60°	■	90°	■
δ	■	■	115°	120°	65°	67°	120°	130°	■	■

11 Benenne die Vierecke. Berechne anschließend die fehlenden Winkelgrößen.

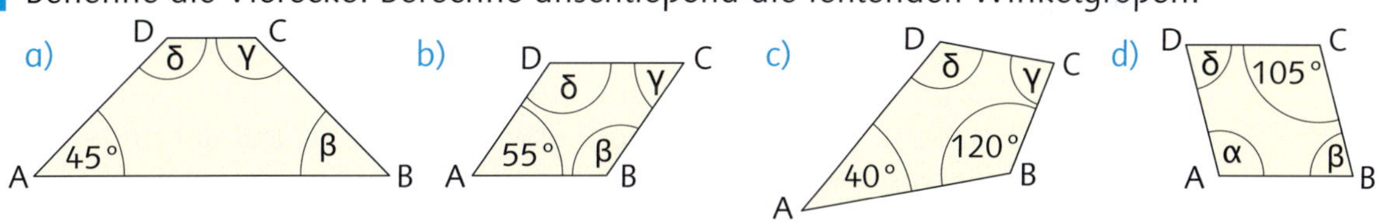

12 a) Übertrage die Figur in dein Heft.

b) Miss die Winkel nach.

c) Verbinde zwei Eckpunkte so, dass du zwei Dreiecke erhältst. Berechne nun die Winkelsumme.

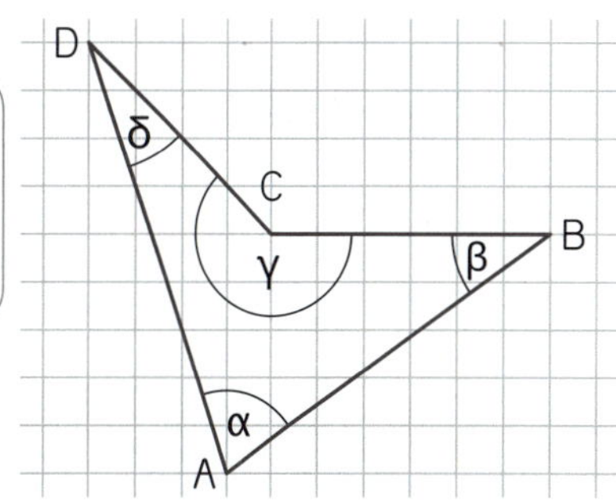

13 Finde heraus, wie du die Winkelsumme in einem Fünfeck bestimmen kannst, ohne die einzelnen Winkel nachzumessen.

Das kannst du schon – Aufgaben für Profis

1 Lege mit einem Partner mit jeweils 12 Zahnstochern verschiedene Dreiecke.

a) Zeichnet die Dreiecke in euer Heft und benennt sie.

b) Wie viele verschiedene Dreiecke könnt ihr insgesamt legen? Vergleicht.

2 Konstruiere ein Dreieck nach folgendem Geometriediktat:
Zeichne Seite c = 5 cm. Markiere die Punkte A und B. Trage in Punkt A den Winkel $\alpha = 50°$ an. Schlage um Punkt B einen Kreisbogen mit dem Radius r = 6 cm. Bezeichne den Schnittpunkt des Kreisbogens mit dem freien Schenkel von Winkel α als Punkt C. Verbinde die Punkte B und C. Was für ein Dreieck ist entstanden?

3 Mira hat mit ihrem Vater eine tolle Rampe für Inlineskates gebaut. Sie ist von beiden Seiten befahrbar.
Paul möchte sich daraufhin die gleiche Rampe bauen und fragt Mira nach den Daten. Mira gibt ihm die Längen der beiden Schrägen an.
Zwei Wochen später telefonieren die beiden miteinander. Mira schwärmt von ihrer Rampe, während Paul das Fahren langweilig findet. „Man bekommt fast keinen Schwung", berichtet Paul. Mira meint, Paul solle ihr ein Foto seiner Rampe zeigen.
Er zeigt ihr folgendes Foto:

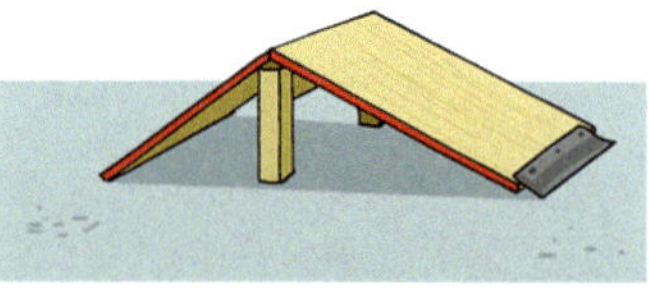

a) Wie unterscheiden sich die beiden Rampen?

b) Wie muss Paul seine Rampe verändern, damit seine Rampe wie Miras Rampe aussieht?

★ c) In einem Prospekt entdeckt Paul eine Rampe mit einem Steigungswinkel von 34° auf der einen Seite und einem Steigungswinkel von 20° auf der anderen Seite. Paul überlegt, ob er mit diesen Angaben genau die im Prospekt abgebildete Rampe nachbauen kann. Was meinst du? Überlege.

4 Übertrage ins Heft und ergänze zu den genannten Vierecken.

a)

Rechteck

b)
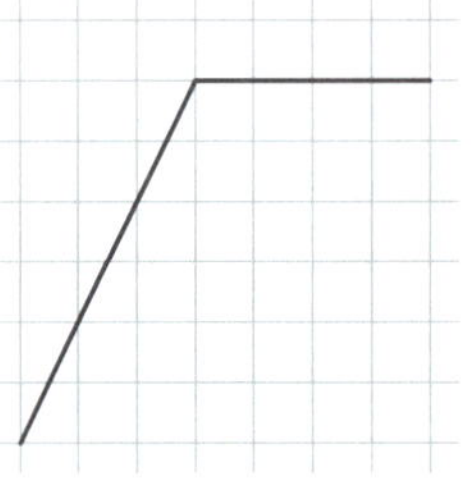
Drachenviereck

c)
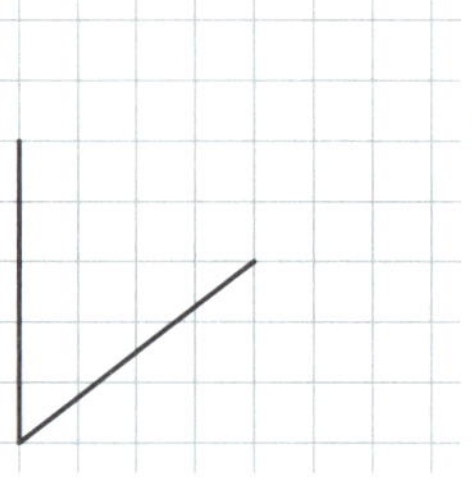
Raute

★ d)
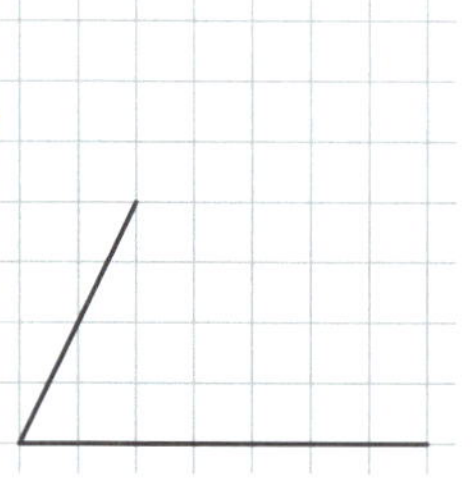
Trapez

e) Zeichne in jedes Viereck die Symmetrieachsen ein.

5 Bilde mit einem zwei Meter langen Zollstock* Vierecke.

a) Wie viele Vierecksarten kannst du bilden?

b) Zeichne die Vierecke in dein Heft und benenne sie.

c) Notiere für jedes Viereck, aus wie vielen Zollstock-Gliedern sich jede Seite zusammensetzt. Vergleiche mit einem Partner.

6 Übertrage die Dreiecke ins Heft. Ergänze sie jeweils so zu einem Parallelogramm, dass die rote Seite eine Diagonale bildet.

a) 

b) 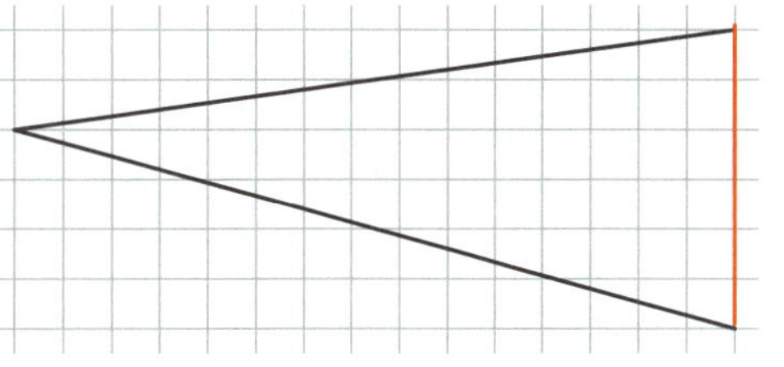

7 Zeichne ein Koordinatensystem und trage die Koordinaten als Punkte ein. Verbinde die Punkte. Welche Figur entsteht?

a) A (5|2), B (10|2), C (7|5), D (2|5)

b) A (2|2), B (11|2), C (9|7), D (4|7)

c) Denke dir weitere Figuren aus. Diktiere einem Partner die Koordinaten.

8 a) Aus welchen geometrischen Figuren besteht das Fenster dieser Dachgaube?

b) Zeichne das Fenster maßstabsgerecht in dein Heft.

c) Bestimme alle Winkel des Fensters.

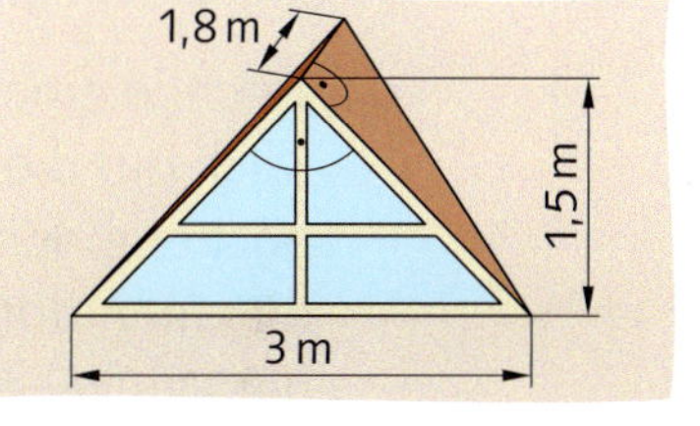

9 a) Zeichne ein Viereck mit zwei stumpfen Winkeln und ein Viereck mit drei stumpfen Winkeln. Welche Vierecke entstehen?

b) Kann ein Viereck vier stumpfe Winkel haben? Begründe.

10 Ben behauptet: „Ich zeichne ein Viereck. Die Winkelsumme beträgt 360°. Wenn ich die jeweiligen Seitenlängen halbiere und daraus ein Viereck zeichne, halbiert sich auch die Winkelsumme und beträgt dann 180°." Stimmt das? Begründe.

11 a) Übertrage die Figur in dein Heft.

b) Zerlege sie geschickt und bestimme alle Winkel.

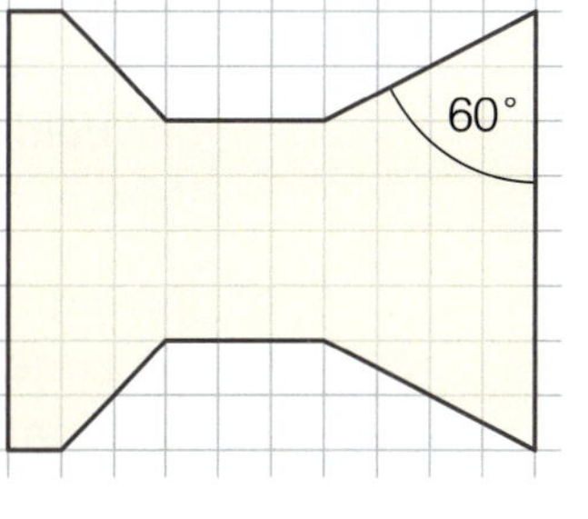

* Zollstock: Gliedermaßstab

Dynamische Geometrie-Software (DGS)

1 Beim Zeichnen von Geraden, Strecken und Winkeln sowie beim Messen von Strecken verwendest du ein Geodreieck. Zeichnen und messen kannst du aber auch mit einem Geometrie-Programm.

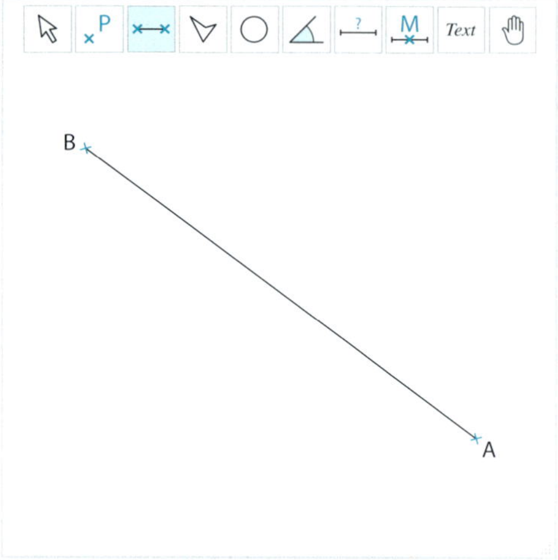

a) Zeichne eine Strecke zwischen zwei Punkten. Mit einem Klick auf die linke Maustaste kannst du einen Punkt zeichnen. Mit einem zweiten Klick erhältst du eine Strecke zwischen diesen beiden Punkten. Die Länge der Strecke kannst du mit dem Programm messen.

b) Zeichne fünf verschieden lange Strecken.

c) Mit einigen Programmen kannst du Strecken mit fester Länge zeichnen. Nachdem du den ersten Punkt gezeichnet hast, kannst du die Länge der Strecke eintippen.

d) Zeichne vier Strecken mit einer Länge von 8,5 cm, die sich nicht schneiden.

2 Mit dem Geometrie-Programm kannst du auch Winkel zeichnen.

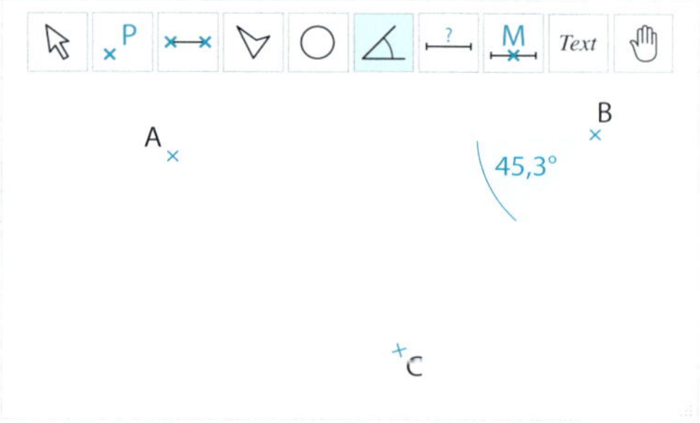

a) Zeichne einen Winkel. Mit jeweils einem Klick auf die linke Maustaste kannst du nacheinander zwei Punkte zeichnen. Klickst du einen dritten Punkt an, wird der Winkel zwischen dem ersten und dem letzten Punkt angezeigt.

b) Zeichne fünf verschieden große Winkel.

c) Zeichne einen Winkel mit fester Größe. Nachdem du zwei Punkte gezeichnet hast, kannst du die Winkelgröße eintippen.

d) Zeichne folgende Winkel: 45°, 90°, 150°, 68°, 245°, 111°, 75°, 143°

3 a) Zeichne zwei Strecken, die einen beliebigen Winkel bilden. Klicke auf die Taste „Winkel" und klicke nacheinander auf die drei Punkte der beiden Strecken. So kannst du den Winkel bestimmen.

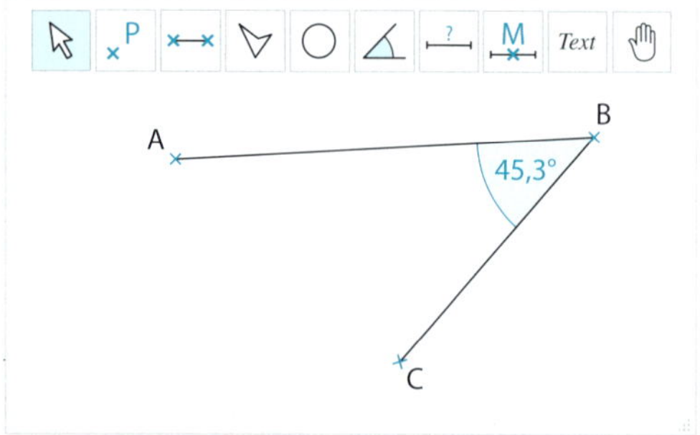

b) Bewege einen Punkt. Verändere die Lage eines Schenkels so, dass der Winkel nacheinander 85°, 135° und 87° groß ist.

Hinweise in den Handreichungen beachten

Wiederholung: Dreiecke konstruieren

1 a) Auf der Seepromenade von Warnemünde steht der historische Leuchtturm. In einer Entfernung von 50 m wird die Höhe in einem Winkel von 34° angepeilt.

b) Fertige eine maßstabsgerechte Zeichnung an.

c) Wie hoch ist der Leuchtturm?

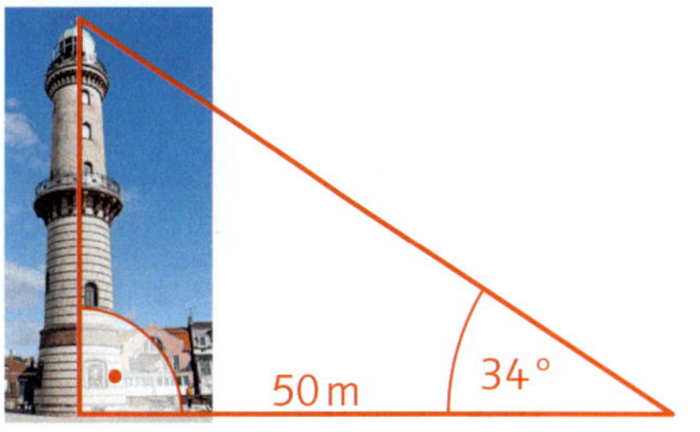

2 Erkläre einem Partner die Bedeutung der drei Konstruktionsbezeichnungen. Konstruiere anschließend die Dreiecke. Fertige jeweils zuerst eine Planfigur an. Prüft eure Zeichnungen gegenseitig.

a)

SSS		
a	b	c
5 cm	6 cm	7 cm
6,5 cm	9,5 cm	8 cm

b)

SWS		
c	b	α
7 cm	9 cm	40°
8,5 cm	6,8 cm	75°

c)

WSW		
c	α	β
8 cm	30°	60°
9,5 cm	20°	85°

3 Konstruiere die Dreiecke. Fertige zuerst eine Planfigur an.

a) $a = b = c = 6\,cm$

b) $a = 7{,}5\,cm;\ c = 4{,}5\,cm;\ \beta = 75°$

c) $a = 5{,}5\,cm;\ \gamma = 45°;\ \beta = 45°$

d) $b = 2\,cm;\ \alpha = 55°;\ \gamma = 95°$

4 Beschreibe in einem Geometriediktat, wie du die Dreiecke konstruierst.

a) $a = 5\,cm;\ c = 7\,cm;\ \beta = 100°$

b) $a = 13\,cm;\ \gamma = 60°;\ \beta = 80°$

5 Welche Angabe fehlt dir zur Konstruktion eines vorgegebenen Dreiecks? Begründe.

a) α, β

b) b, γ

c) c, α

d) c, b

6 a) Miss mit einem Partner die Länge und die Breite eures Klassenzimmers aus.

b) Fertigt eine maßstabsgerechte Zeichnung an und zeichnet eine Diagonale ein.

c) Messt die Länge der Diagonale aus. Wie lang ist sie in Wirklichkeit?

7 Ein schief gewachsener Baum ist 8 m hoch. Zum Boden bildet er einen Winkel von 70° und wirft einen Schatten von 12 m.

a) Fertige eine maßstabsgerechte Zeichnung an.

b) Wie groß ist der Winkel α zwischen Boden und Sonnenstrahl?

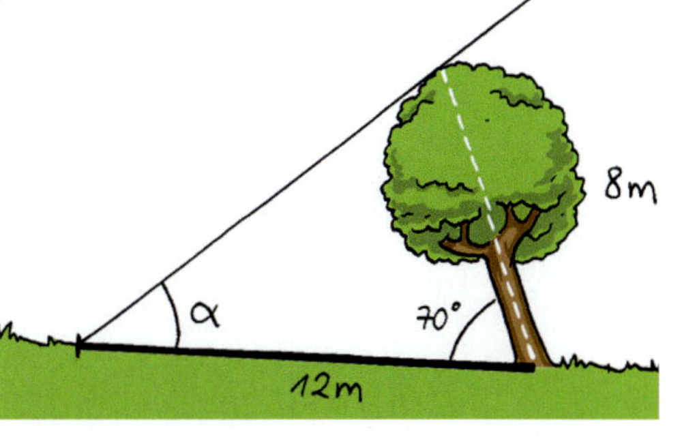

Wiederholung: Parallelogramme konstruieren

1 Ein Treppengeländer soll mit neuen Glasplatten verkleidet werden.

a) Welche Form haben die Glasplatten?

b) Welche Maßangaben braucht der Glaser, damit er die Glasplatten in der richtigen Größe zuschneiden kann?

2 Konstruiere schrittweise ein Parallelogramm ABCD mit a = 3 cm, d = 4 cm und $\alpha = 50°$ nach folgendem Geometriediktat:

a) Zeichne die Strecke $\overline{AB}$ mit der Länge 3 cm. Benenne die Seite mit a.

b) Trage in Punkt A den Winkel $\alpha = 50°$ an. Benenne den Schenkel mit d.

c) Schlage um Punkt A einen Kreisbogen mit r = 4 cm.
Der Schnittpunkt mit dem Schenkel d ist Punkt D.

d) Schlage um Punkt B einen Kreisbogen mit r = 4 cm und um Punkt D einen Kreisbogen mit r = 3 cm. Der Schnittpunkt ist Punkt C. Verbinde die Punkte B und C sowie C und D. Benenne die Strecken mit b und c.

3 Beschreibe in einem Geometriediktat, wie du die Parallelogramme konstruierst.

a) a = 7 cm; d = 5 cm; $\alpha = 70°$

b) a = 5,5 cm; b = 3,5 cm; $\beta = 48°$

c) c = 6,5 cm; d = 3 cm; $\delta = 45°$

d) b = 13 cm; c = 6 cm; $\gamma = 80°$

4 Konstruiere die Parallelogramme. Fertige zuerst eine Planfigur an.

a) a = 6 cm; b = 6 cm; $\beta = 75°$

b) a = 7,5 cm; d = 4,5 cm; $\alpha = 63°$

c) b = 5,5 cm; c = 4,5 cm; $\gamma = 80°$

d) c = 2 cm; d = 5,7 cm; $\delta = 95°$

5 Von einem Parallelogramm sind der Umfang und eine Seitenlänge gegeben. Berechne die andere Seitenlänge.

a) u = 56 cm; a = 8 cm

b) u = 60 cm; a = 12,5 cm

c) u = 51,2 cm; a = 6,4 cm

6 Ein neues schmiedeeisernes Treppengeländer soll angefertigt werden. Für den Treppenaufgang muss zuerst ein Grundgerüst gebaut werden, welches anschließend mit Streben verkleidet wird.
Folgende Maße wurden genommen:

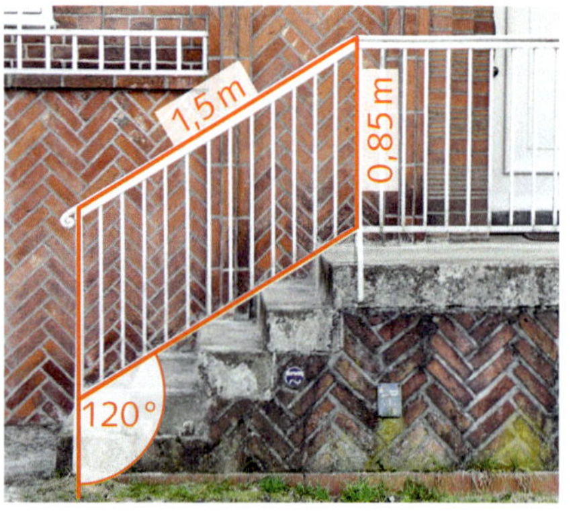

a) Fertige eine maßstabsgerechte Zeichnung an.

b) Wie groß sind die Innenwinkel des Grundgerüsts?

c) Ergänze in der Zeichnung alle Maßangaben, die zum Bau des Grundgerüsts benötigt werden.

Trapeze und Rauten konstruieren

1 Die Ernst-Reuter-Schule lässt für den Musikraum in einer Werkstatt Kombi-Sitzbänke anfertigen.

a) Welche Form hat die Sitzfläche? Beschreibe.

b) Welche Maßangaben braucht der Tischler, damit er die Sitzflächen in der richtigen Größe zuschneiden kann?

2 Konstruiere ein Trapez ABCD mit $a = 5\,cm$, $d = 3\,cm$, $\alpha = 60°$ und $\beta = 60°$. Zeichne zuerst eine Planfigur. Markiere die gegebenen Größen farbig.

1 Zeichne die Seite a. Markiere die Punkte A und B. Trage in A den Winkel α an.

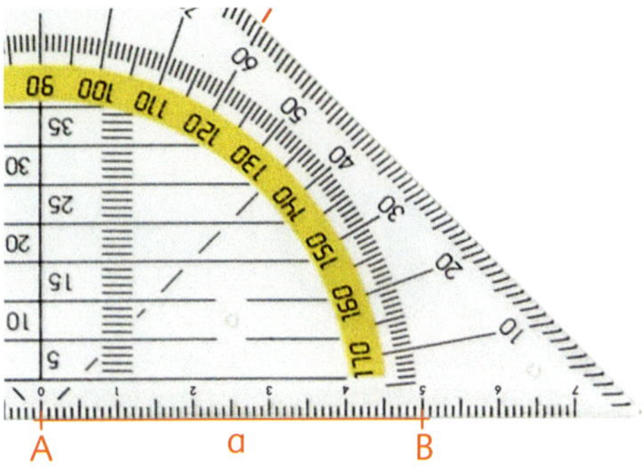

2 Schlage um A einen Kreisbogen mit $r = 3\,cm$. Der Schnittpunkt der Geraden d ist D.

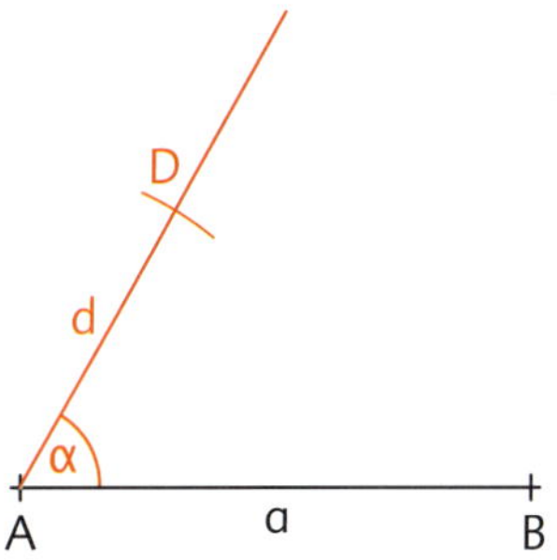

3 Trage in B den Winkel β an.

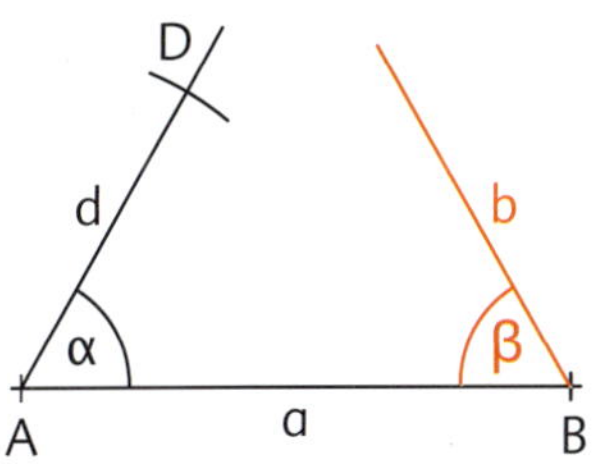

4 Zeichne durch D eine Parallele zu $\overline{AB}$.

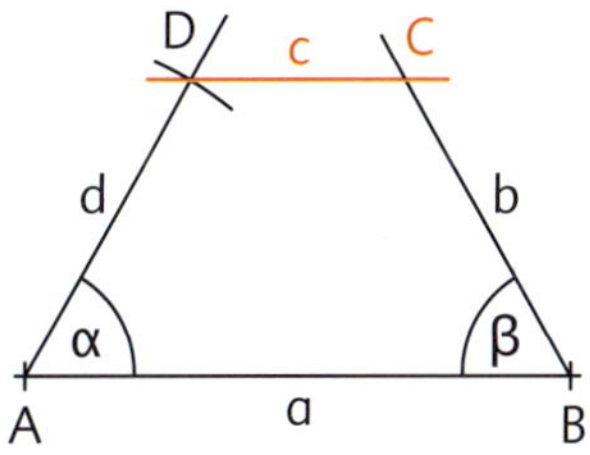

3 Konstruiere die Trapeze. Fertige zuerst eine Planfigur an.

a) $a = 7\,cm$; $d = 5\,cm$; $\alpha = 70°$; $\beta = 70°$

b) $a = 5{,}5\,cm$; $d = 3\,cm$; $\alpha = 90°$; $\beta = 48°$

c) $a = 6{,}5\,cm$; $b = 3\,cm$; $\alpha = 50°$; $\beta = 55°$

d) $a = 13\,cm$; $b = 6\,cm$; $\alpha = 84°$; $\beta = 76°$

4 Die Ernst-Reuter-Schule kauft sechs Kombi-Sitzbänke.

a) Eine Sitzfläche der Bank hat die Maße $a = 120\,cm$, $c = 80\,cm$, $\alpha = \beta = 60°$. Fertige eine maßstabsgerechte Zeichnung der Sitzfläche an.

b) Finde verschiedene Möglichkeiten, die Sitzbänke aneinanderzustellen.

5 Beschreibe die Trapezabbildungen.

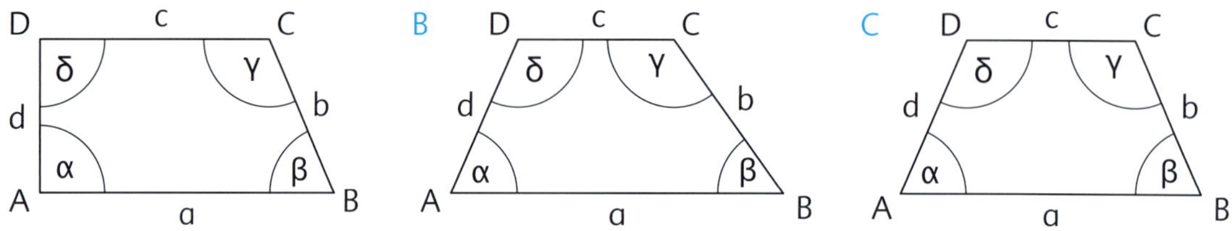

a) Übertrage die Tabelle in dein Heft.

b) Beschreibt die Merkmale der Seiten und Winkel in den Trapezen.

c) Findet geeignete Bezeichnungen für die Trapeze. Diskutiert.

Merkmale der		geeignete
Seiten	Winkel	Bezeichnung
zwei Seiten …		

6 Ordne den Trapezen von Aufgabe **3** auf Seite 79 die richtigen Bezeichnungen zu. Verwende die Begriffe: gleichschenkliges, rechtwinkliges und unregelmäßiges Trapez. Begründe deine Entscheidungen.

7 a) Beschreibe die geometrischen Formen, die in beiden Figuren zu sehen sind.

b) Welche Merkmale haben die geometrischen Formen gemeinsam?

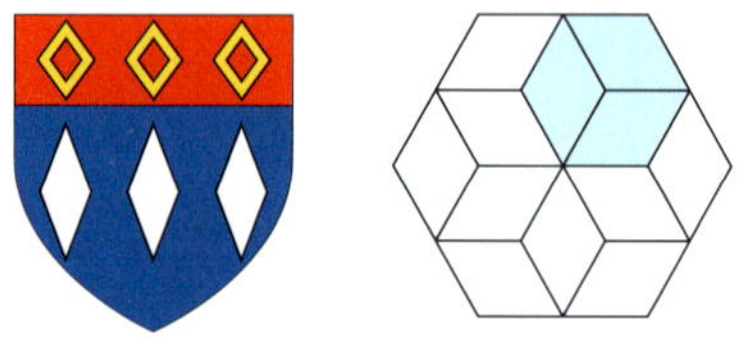

Ein Viereck mit vier gleich langen Seiten heißt **Raute**.
Auch ein Quadrat hat vier gleich lange Seiten und ist deshalb eine Raute.

8 Zeichne nur die Rauten in dein Heft.

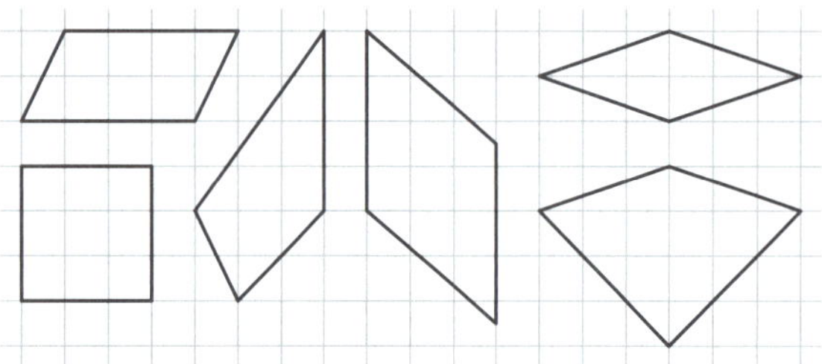

9 Beschreibe in einem Geometriediktat, wie du die Rauten konstruierst.

a) a = 7 cm; α = 60°; β = 120°

b) a = 5,5 cm; α = 75°; β = 105°

10 Konstruiere die Rauten. Fertige zuerst eine Planfigur an.

a) a = 9 cm; α = 100°; β = 80°

b) a = 7,5 cm; α = 90°

c) a = 6,5 cm; α = 65°; β = 115°

d) a = 2 cm; α = 110°; β = 70°

Prüfe dich

11 Im Ausverkauf kostet ein Rucksack nur noch 32 €. Der Verkäufer behauptet, der Rucksack sei nun 20 % günstiger als zuvor. Wie viel Geld kann man beim Kauf sparen?

Haus der Vierecke

Das Haus der Vierecke zeigt dir, welche Beziehungen zwischen den verschiedenen Vierecksarten bestehen.

Erarbeitet die Beziehungen zwischen den Vierecken mit der „Think-Pair-Share"-Methode.

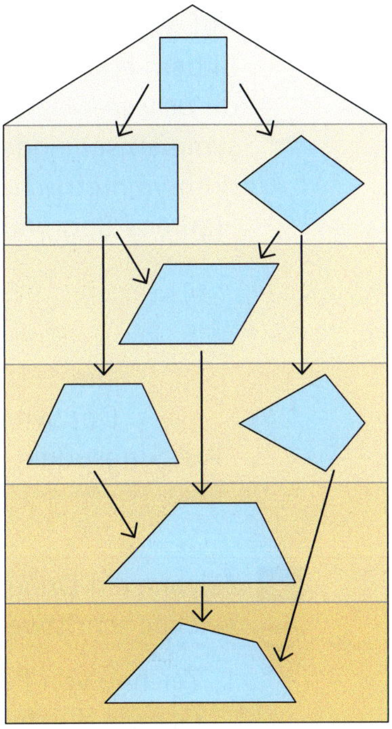

1 Think – Arbeite allein.

a) Übertrage das Haus der Vierecke in dein Heft.

b) Benenne die einzelnen Vierecke.

c) Überlege dir, welche Beziehungen zwischen den Vierecksarten bestehen.

2 Pair – Arbeite mit einem Partner.

a) Tausche dich mit einem Partner darüber aus, welche Beziehungen ihr zwischen den Vierecksarten erkannt habt.

b) Was bedeuten die Pfeile? Begründet.
„... ist kein ..." „... ist auch ..."

c) Warum sind die Vierecke verschiedenen Etagen zugeordnet?

3 Share – Diskutiert in der Gruppe.

a) Tauscht euch mit anderen Gruppen darüber aus, was ihr herausgefunden habt.

b) Stellt eure Ergebnisse auf einem Lernplakat dar und hängt es in der Klasse auf.

4 Welche Eigenschaften haben folgende Vierecke immer gemeinsam?

a) Rechteck und Parallelogramm

b) Quadrat und Raute

c) Parallelogramm, Quadrat, Rechteck und Raute

d) Quadrat, Raute und Drachenviereck

5 Vervollständige die Sätze und schreibe sie in dein Heft.

a) Mindestens zwei Seiten sind gleich lang bei ...

b) Alle gegenüberliegenden Winkel sind gleich groß bei ...

c) Mindestens ein Paar gegenüberliegender Seiten ist parallel bei ...

d) Die Diagonalen stehen senkrecht aufeinander bei ...

zu Aufgabe 1: Angebot in den Kopiervorlagen nutzen

Punktsymmetrie

1 Auf welchen Bildern erkennst du achsensymmetrische oder drehsymmetrische Figuren? Begründe.

Eine Figur ist **punktsymmetrisch**, wenn sie bei einer Drehung um 180° wieder mit sich selbst zur Deckung gebracht werden kann.
Der Symmetriepunkt kann innerhalb und außerhalb der Figur liegen.
Ausgangspunkt und gedrehter Punkt sind vom Symmetriepunkt gleich weit entfernt.

2 Zeichne ein Dreieck in dein Heft. Kennzeichne einen Symmetriepunkt Z. Zeichne schrittweise mit dem Geodreieck ein punktsymmetrisches Dreieck.

1 Zeichne von Punkt A eine Gerade durch Z. Markiere Punkt A' im gleichen Abstand zu Z.

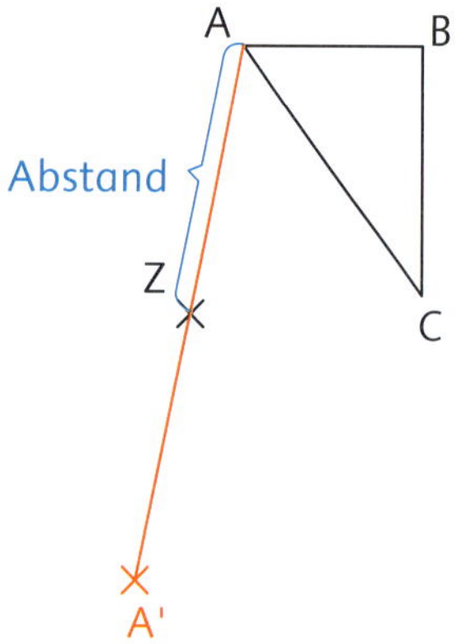

2 Spiegle nun auch die Punkte B und C an dem Symmetriepunkt Z.

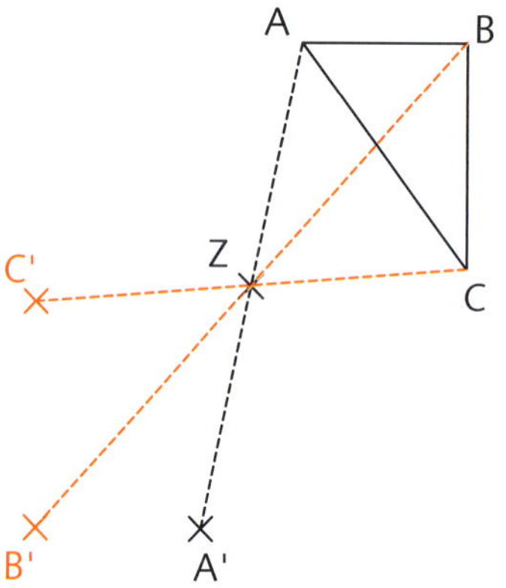

3 Verbinde die gespiegelten Punkte miteinander.

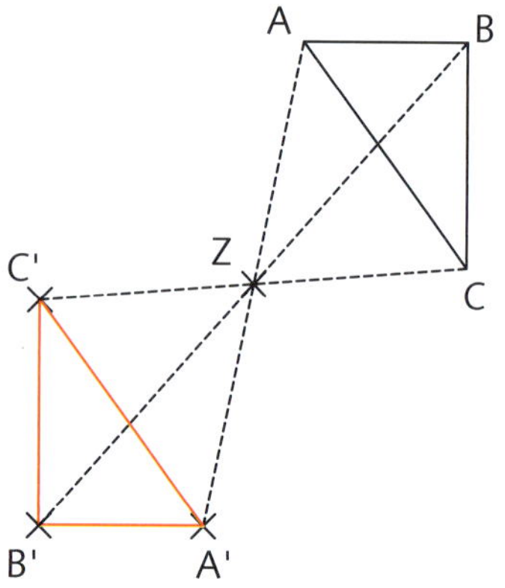

3 Übertrage die Figuren in dein Heft. Kennzeichne den Symmetriepunkt Z. Zeichne jeweils die punktsymmetrische Figur.

a)
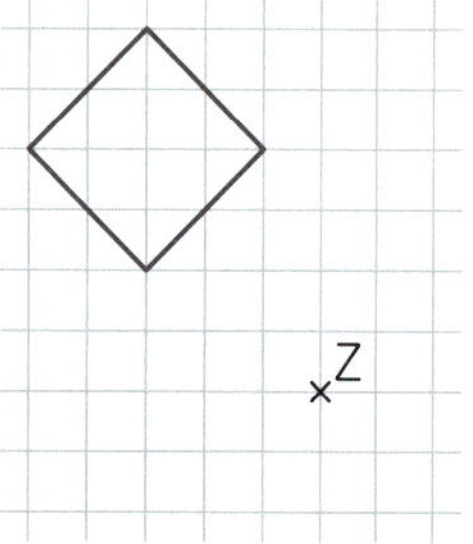

b)
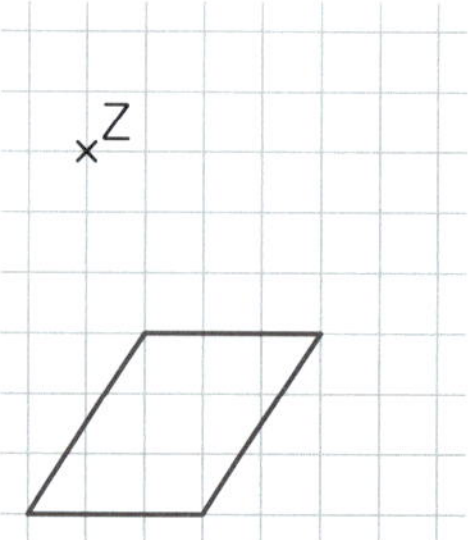

c)
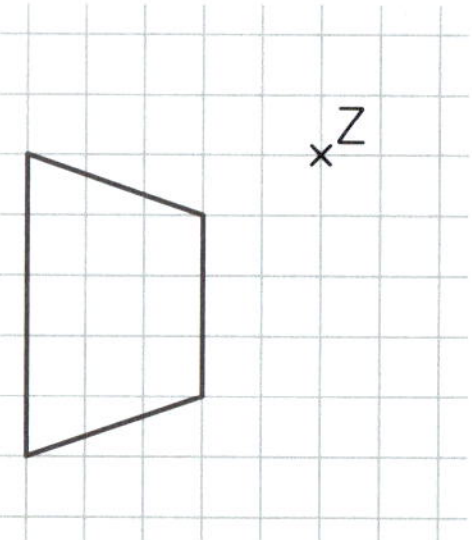

d)
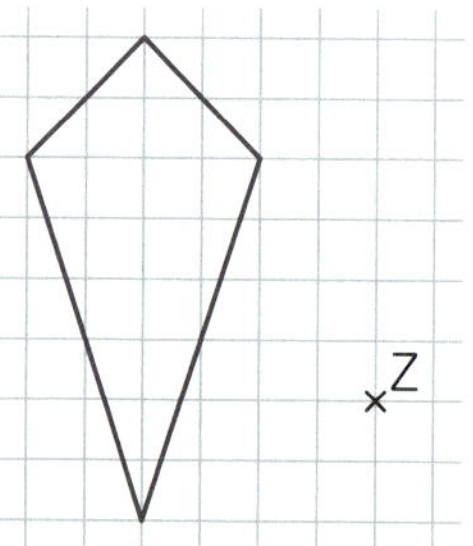

Spiegeln im Koordinatensystem

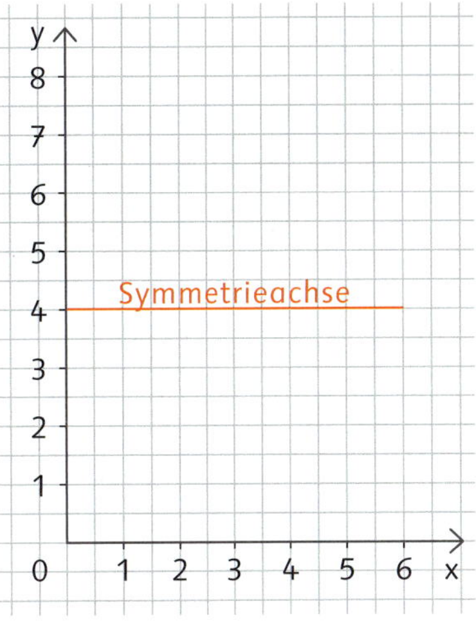

1 a) Übertrage das Koordinatensystem ins Heft. Trage die Punkte A (1|1), B (4|1), C (3|3) und D (1|4) ein und verbinde sie der Reihe nach.

b) Zeichne ins Koordinatensystem eine rote Symmetrieachse ein. Die Symmetrieachse beginnt bei Punkt (0|4) und verläuft parallel zur x-Achse.

c) Ergänze die achsensymmetrische Figur. Benenne die Punkte der Bildfigur mit A' bis D'.

d) Notiere die Koordinaten der Bildfigur.

2 a) Trage die Koordinaten A (2|7), B (0|5), C (2|2) und D (4|5) in ein Koordinatensystem ein. Verbinde die Punkte der Reihe nach.

b) Welche geometrische Figur ist entstanden?

c) Zeichne eine Symmetrieachse ein, die parallel zur y-Achse verläuft und bei Punkt (6|0) beginnt. Spiegle die Figur an dieser Symmetrieachse.

d) Notiere die Koordinaten der Bildfigur.

3 a) Denke dir eine Figur aus. Trage ihre Koordinaten in ein Koordinatensystem ein. Verbinde die Punkte miteinander. Lege eine Symmetrieachse fest.

b) Ein Partner spiegelt die Figur und notiert die Koordinaten der Bildfigur.

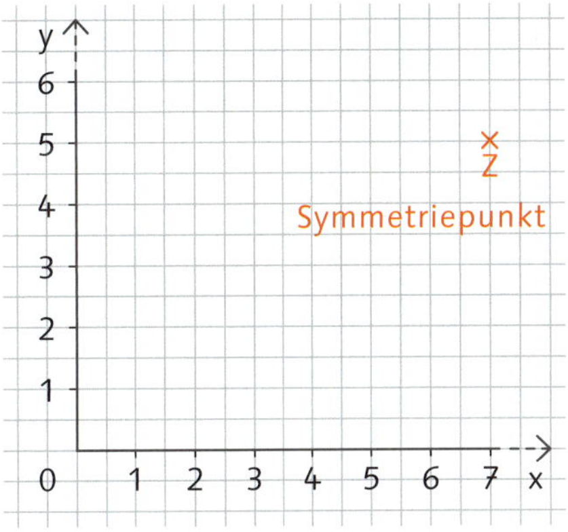

4 a) Übertrage das Koordinatensystem ins Heft und erweitere es jeweils bis 13. Trage die Punkte A (2|1), B (5|2), C (3|4) und D (1|3) ein und verbinde sie der Reihe nach.

b) Kennzeichne den Symmetriepunkt Z (7|5).

c) Konstruiere die punktsymmetrische Figur.

d) Notiere die Koordinaten der Bildfigur.

5 a) Denke dir eine Figur aus. Trage ihre Koordinaten in ein Koordinatensystem ein. Verbinde die Punkte miteinander. Lege einen Symmetriepunkt Z fest.

b) Ein Partner spiegelt die Figur und notiert die Koordinaten der Bildfigur.

6 Denke dir Koordinaten für eine Figur aus. Verbinde die Punkte miteinander. Spiegle die Figur an der x-Achse. Notiere die Koordinaten der Bildfigur.

Bist du fit?

Kontrolliere deine Lösungen und schätze deine Leistung ein.

1 Rechne schriftlich.

a) 245961 + 68502
1604 + 557008
37452 − 6941

b) 324,78 + 64,53
9412,6 − 86,3
73,445 − 8,271

c) 64,841 + 3,5
27,547 − 9,38
3,54 − 1,941

d) 5462 · 9
4812 · 14
6237 · 325

e) 3328 : 4
2820 : 5
4374 : 9

f) 45,14 · 3
7,954 · 8
8,922 : 6

2 Berechne.

a) 7^2, 4^2, 12^2, 25^2

b) $\sqrt{25}$, $\sqrt{81}$, $\sqrt{121}$, $\sqrt{256}$

c) 2^4, 3^3, 136^0, 555^1

3 Rechne mit dem Taschenrechner.

a) 9^4, 3^8

b) 16^2, 4^4

c) 25^5, 5^{10}

d) Welche Beobachtung hast du gemacht? Erkläre.

4 Ergänze …

a) zum nächsten Hunderttausender.
465 000
738 000
12 700
867 000

b) zu einer Million.
999 990
560 000
140 000
625 000

5 Um Kürbissuppe für vier Personen zu kochen, braucht man folgende Zutaten:

2 kg Kürbisfleisch, 500 g Möhren
1 kg Kartoffeln, 20 g Butter
2 l Gemüsebrühe, 160 ml Milch
2 Zwiebeln

Berechne das Rezept für sechs Personen.

6 Lisa möchte Prospekte austragen. Es sind Bezirke mit 110, 175, 250, 320, 380 und 470 Haushalten zu vergeben. Berechne den möglichen Lohn.

Anzahl Prospekte	110	175	250	■	■	■
Lohn in €	■	■	20,00	■	■	■

Übertrage hierzu die Tabelle in dein Heft.

7 Lisa hat für 175 Prospekte $1\frac{3}{4}$ Stunden gebraucht.

a) Wie lange braucht sie für 250 Prospekte?

b) Während einer Urlaubsvertretung soll Lisa 500 Prospekte austeilen. Drei Klassenkameraden helfen ihr dabei. Wie lange brauchen sie?

8 Ein Schüler der 9. Klasse hat im Durchschnitt 31 Stunden Unterricht pro Woche. Eine Unterrichtsstunde dauert eine $\frac{3}{4}$ Stunde. Wie viele Stunden sind das?

9 Rechne im Kopf.

a) $\frac{3}{10} + 0{,}5 = ■$ b) $\frac{1}{5} + 1{,}3 = ■$ c) $\frac{4}{20} + 2{,}2 = ■$ d) $\frac{8}{100} + 6{,}1 = ■$

10 Von den 20 Schülern der Klasse 9b jobben 12 Schüler in ihren Ferien. Wie viel Prozent der Schüler der Klasse 9b haben keinen Ferienjob?

11 Bestimme Grundwert und Prozentsatz. Berechne den Prozentwert. Von 80 befragten Kindern in der Altstadtschule gaben 5% an, Vegetarier zu sein. Wie viele Kinder ernähren sich vegetarisch?

12 Bestimme Grundwert und Prozentwert. Berechne den Prozentsatz. 12 von 52 Wochen im Jahr hat ein Schüler Ferien. Wie viel Prozent entspricht das? Runde sinnvoll.

13 Bestimme Prozentwert und Prozentsatz. Berechne den Grundwert. Juri hat sich ein gebrauchtes Mountainbike für 210€ gekauft. Es hat 30% vom Neupreis gekostet. Wie hoch war der Neupreis?

14 In der Hauptsaison sind die Preise für Ferienwohnungen um 15% erhöht. Der Wochenpreis für eine Ferienwohnung beträgt in der Hauptsaison 330€. Wie hoch ist der Preis für die Ferienwohnung in der Nebensaison?

15 Welche Vierecke sind abgebildet? Benenne sie.

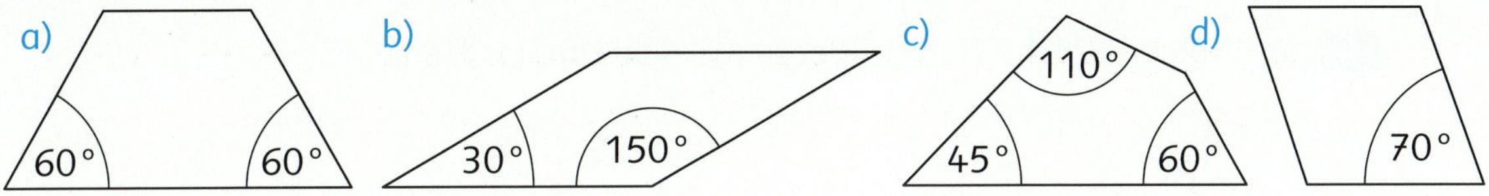

e) Berechne die fehlenden Winkel.

16 Der Winkel α eines Dreiecks ist 45° groß.

a) Wie groß könnten die Winkel β und γ sein? Nenne vier verschiedene Möglichkeiten.

b) Die Seite c ist 5 cm lang. Konstruiere in deinem Heft ein mögliches Dreieck. Fertige zuerst eine Planfigur an und beschreibe deine Konstruktion in einem Geometriediktat.

Wiederholung: Brüche vergleichen und ordnen

1 Die Schülerinnen und Schüler der 9. Klassen wurden zu ihren Wünschen hinsichtlich eines Ausbildungsberufs befragt.

Tipp: Wie ich Aufgaben zur Wiederholung bearbeite, kann ich auf Seite 20 im Buch nachschlagen.

Koch/ Köchin	Verkäufer/ Verkäuferin	Bäcker/ Bäckerin	Gärtner/ Gärtnerin	Friseur/ Friseurin	Fleischer/ Fleischerin	andere Berufe
IIII	卌 III	III	卌 I	III	II	■
$\frac{4}{28}$	■	■	■	■	■	■

a) Übertrage die Tabelle ins Heft. Ergänze die Ergebnisse.

b) Erstelle eine Rangliste der beliebtesten Ausbildungsberufe. Notiere jeweils die Anteile.

c) Wie viele Schülerinnen und Schüler haben andere Berufe angegeben?

d) Ergänze den Satz: „Um Brüche mit gleichem Nenner zu vergleichen, …"
Vergleiche mit einem Partner. Schreibe anschließend den Satz ins Heft.

2 Bei der Klassenarbeit zur Prozentrechnung haben $\frac{3}{8}$ der Klasse eine bessere Note als „ausreichend" erhalten. Bei der Arbeit zu Dreiecken haben das $\frac{3}{4}$ der Klasse geschafft.

Ich stelle mir die Brüche als Pizzastücke vor.

a) Zu welchem Thema wurden mehr Arbeiten besser als „ausreichend" bewertet?

b) Ergänze den Satz: „Um Brüche mit verschiedenen Nennern zu vergleichen, …"
Vergleiche mit einem Partner. Schreibe anschließend den Satz ins Heft.

3 Schreibe in dein Heft und setze ein: <, > oder =.

a) $\frac{3}{5}$ ● $\frac{1}{5}$; $\frac{9}{15}$ ● $\frac{3}{5}$

b) $\frac{5}{6}$ ● $\frac{9}{12}$; $\frac{7}{12}$ ● $\frac{2}{3}$

c) $\frac{7}{8}$ ● $\frac{3}{4}$; $\frac{4}{5}$ ● $\frac{20}{25}$

d) $\frac{2}{3}$ ● $\frac{7}{9}$; $\frac{31}{36}$ ● $\frac{5}{6}$

e) $\frac{3}{4}$ ● $\frac{6}{12}$; $\frac{3}{4}$ ● $\frac{15}{20}$

f) $\frac{18}{24}$ ● $\frac{6}{8}$; $\frac{4}{7}$ ● $\frac{12}{28}$

4 a) Welche Brüche sind größer als $\frac{1}{2}$? Schreibe ins Heft:

$\frac{2}{3}$ $\frac{1}{4}$ $\frac{3}{5}$ $\frac{4}{7}$ $\frac{4}{9}$ $\frac{5}{10}$ $\frac{2}{5}$ $\frac{1}{6}$ $\frac{3}{4}$ $\frac{1}{3}$ $\frac{5}{9}$ $\frac{5}{12}$ $\frac{6}{14}$ $\frac{9}{7}$

b) Finde mindestens drei weitere Brüche, die größer als $\frac{1}{2}$ sind. Bei welchen Brüchen kannst du ohne Rechnung erkennen, ob sie größer als $\frac{1}{2}$ sind? Erkläre.

5 Gib für x einen passenden Bruch an. a) $x < \frac{3}{4}$ b) $x > \frac{2}{5}$ c) $\frac{1}{3} > x$ d) $\frac{3}{7} = x$

6 Suche dir einen Partner. Jeder bekommt einen Würfel. Legt fest, wer von euch den Zähler und wer den Nenner würfelt. Würfelt vier Brüche und schreibt sie anschließend der Größe nach geordnet ins Heft.

Kopiervorlage zur Selbsteinschätzung beachten

Brüche addieren und subtrahieren

1 a) Welche Aufgaben passen zu den drei Abbildungen?

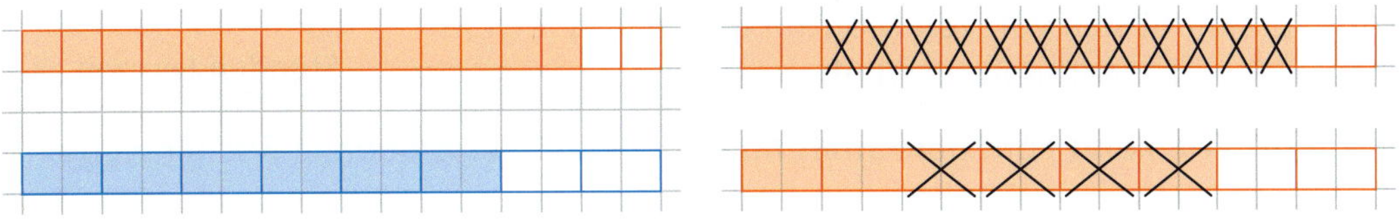

Schreibt die Aufgaben ins Heft. Berechnet jeweils das Ergebnis.

$\frac{14}{16} + \frac{6}{8} = \square$	$\frac{14}{16} - \frac{12}{16} = \square$	$\frac{6}{8} - \frac{4}{8} = \square$
$\frac{7}{8} + \frac{6}{8} = \square$	$\frac{14}{16} - \frac{6}{8} = \square$	$\frac{6}{8} - \frac{8}{16} = \square$
$\frac{14}{16} + \frac{12}{16} = \square$	$\frac{7}{8} - \frac{6}{8} = \square$	$\frac{12}{16} - \frac{8}{16} = \square$

b) Was stellt ihr bei euren Lösungen und Lösungswegen fest?

c) Findet weitere Aufgaben, die zu den Abbildungen passen.

d) Stellt eure Ergebnisse in einer Präsentation der Klasse vor.

Denke an das Kürzen und Erweitern.

2 Ergänze zuerst die Sätze. Suche dir danach einen Partner. Vergleicht eure Ergebnisse und einigt euch auf eine Formulierung. Schreibt diese ins Heft.

a) Gleichnamige Brüche werden addiert oder subtrahiert, indem …

b) Ungleichnamige Brüche werden addiert oder subtrahiert, indem …

3 Berechne. Achte auf das Kürzen und das Umwandeln in eine gemischte Zahl.

a)	b)	c)	d)	e)
$\frac{3}{4} + \frac{1}{4}$	$\frac{2}{5} + \frac{3}{10}$	$\frac{11}{12} - \frac{5}{6}$	$\frac{1}{2} + \frac{1}{3}$	$\frac{3}{4} - \frac{1}{3}$
$\frac{25}{36} + \frac{5}{36}$	$\frac{4}{9} + \frac{2}{3}$	$\frac{3}{4} - \frac{1}{8}$	$\frac{3}{4} + \frac{1}{6}$	$\frac{4}{5} - \frac{1}{3}$
$\frac{6}{7} - \frac{2}{7}$	$\frac{1}{4} + \frac{5}{12}$	$\frac{9}{10} - \frac{3}{5}$	$\frac{2}{3} + \frac{3}{4}$	$\frac{5}{6} - \frac{3}{4}$
$\frac{21}{27} - \frac{13}{27}$	$\frac{3}{7} + \frac{9}{14}$	$\frac{5}{6} - \frac{2}{3}$	$\frac{2}{5} + \frac{2}{3}$	$\frac{3}{5} - \frac{1}{2}$
$\frac{7}{9} - \frac{4}{9}$	$\frac{1}{6} + \frac{7}{18}$	$\frac{3}{4} - \frac{5}{12}$	$\frac{3}{7} + \frac{2}{3}$	$\frac{7}{8} - \frac{2}{5}$

4 Für Aufgaben mit gemischten Zahlen gibt es immer zwei verschiedene Lösungswege. Stelle beide Lösungswege in einer Skizze dar und berechne danach die Aufgaben mit beiden Lösungswegen.

a) $2\frac{1}{4} + 3\frac{2}{5}$ b) $4\frac{1}{3} + 3\frac{1}{2}$

c) $6\frac{3}{4} + 2\frac{1}{2}$ d) $5\frac{2}{5} + 8\frac{3}{4}$

Ich wandle zuerst in einen … um.

Ich addiere zuerst …

5 Vorsicht bei der Subtraktion mit gemischten Zahlen!
Erkläre, wie du folgende Aufgaben rechnen musst.

a) $5\frac{4}{7} - 3\frac{6}{7}$ b) $3\frac{3}{8} - 2\frac{5}{8}$ c) $3\frac{1}{2} - 1\frac{3}{4}$ d) $2\frac{3}{10} - 1\frac{4}{5}$

Brüche multiplizieren

1 Paul beginnt für die Abschlussarbeiten zu lernen. Er nimmt sich vor, von Montag bis Freitag jeweils $\frac{1}{2}$ Stunde Mathematik zu üben.

a) Wie kann Paul gerechnet haben? Findet verschiedene Rechenwege.

b) Welcher Rechenweg ist am einfachsten? Begründet.

c) Stellt eure Ergebnisse in einer Präsentation der Klasse vor.

2 Rechne aus und kontrolliere jeweils mit der Additionsaufgabe. Kürze das Ergebnis so weit wie möglich und wandle es um, falls möglich.

a) $6 \cdot \frac{1}{6}$ b) $5 \cdot \frac{2}{5}$ c) $4 \cdot \frac{3}{4}$ d) $4 \cdot \frac{1}{2}$ e) $8 \cdot \frac{3}{4}$ f) $12 \cdot \frac{2}{3}$

g) Was stellst du fest? Finde weitere Aufgaben dieser Art.

3 Erkläre, wie gekürzt wurde.

Oft ist es einfacher zu rechnen, wenn bereits vor dem Multiplizieren gekürzt wird. Man schreibt so: $3 \cdot \frac{2}{15} = \frac{\overset{1}{\cancel{3}} \cdot 2}{\underset{5}{\cancel{15}}} = \frac{1 \cdot 2}{5} = \frac{2}{5}$

4 a) $\frac{1}{3}$ von 15 m² einer Wand sind Fensterflächen. Wie viel m² der Wand sind das?

b) Nach einer Party bleiben 15 Flaschen mit jeweils $\frac{1}{3}$ l Inhalt übrig. Wie viele Liter sind das insgesamt?

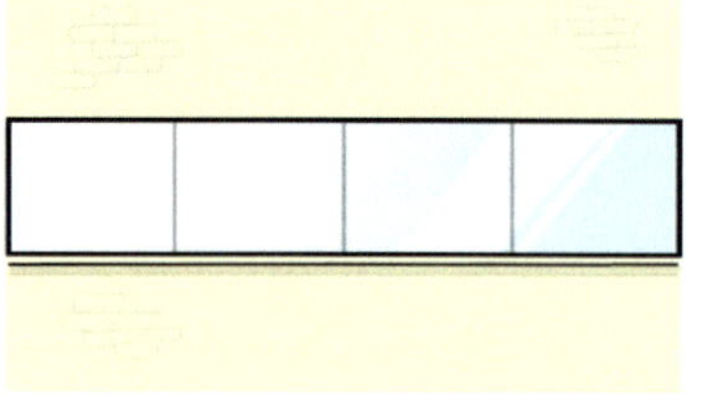

c) Was fällt dir bei den Aufgaben a) und b) auf? Erkläre.

5 Berechne. Suche dir danach einen Partner. Erklärt eure Lösungen anhand der Abbildungen. a) $5 \cdot \frac{2}{3}$ b) $\frac{3}{4}$ von 12 c) $\frac{2}{3}$ von 6

6 Rechne aus. Kürze vor dem Multiplizieren so weit wie möglich. Wandle das Ergebnis um, falls möglich.

a) $2 \cdot \frac{3}{8}$ b) $\frac{3}{35} \cdot 5$ c) $\frac{5}{6} \cdot 12$ d) $7 \cdot \frac{3}{21}$ e) $\frac{6}{12} \cdot 4$ f) $8 \cdot \frac{9}{24}$

$4 \cdot \frac{7}{16}$ $\frac{5}{18} \cdot 3$ $\frac{3}{5} \cdot 15$ $\frac{5}{16} \cdot 4$ $8 \cdot \frac{7}{8}$ $\frac{5}{36} \cdot 3$

$\frac{5}{12}$ $\frac{5}{6}$ $\frac{3}{7}$ $\frac{10}{21}$ $\frac{3}{4}$ 1 $1\frac{1}{4}$ $1\frac{3}{4}$ 2 3 7 9 10

7 Löst die Aufgabe mit der „Think-Pair-Share"-Methode.
Dana isst $\frac{1}{3}$ von einer halben Pizza.

a) Welchen Anteil von der ganzen Pizza hat sie gegessen? Erkläre mit Hilfe der Abbildung.

b) Suche dir einen Partner. Stellt euch eure Erklärungen gegenseitig vor. Findet heraus, wie ihr die Aufgabe durch Rechnen lösen könnt.

c) Sucht euch ein anderes Tandem. Stellt eure Lösungswege in einer Präsentation der Klasse vor. Erklärt, wie ihr gerechnet habt. Was fällt euch auf?

8 Eine Rennrad-Trinkflasche fasst $\frac{3}{4}$ l Flüssigkeit. Wie viel Flüssigkeit befindet sich in der Flasche, wenn sie halb voll ist?

$\frac{1}{2}$ von $\frac{3}{4}$ l

a) Erstelle eine Skizze, die die Situation darstellt.

b) Finde heraus, wie du die Aufgabe durch Rechnen lösen kannst.

c) Suche dir einen Partner. Vergleicht eure Ergebnisse und Lösungswege.

> Brüche werden mit Brüchen multipliziert, indem Zähler mit Zähler und Nenner mit Nenner multipliziert wird.
> $\frac{2}{3}$ von $\frac{4}{7}$ $\quad \frac{2}{3} \cdot \frac{4}{7} = \frac{2 \cdot 4}{3 \cdot 7} = \frac{8}{21}$
>
> Auf dem gemeinsamen Bruchstrich kann jede Zahl im Zähler mit jeder Zahl im Nenner gekürzt werden.
> $\frac{2}{9}$ von $\frac{3}{4}$ $\quad \frac{\cancel{2}^{1} \cdot \cancel{3}^{1}}{\cancel{9}_{3} \cdot \cancel{4}_{2}} = \frac{1 \cdot 1}{3 \cdot 2} = \frac{1}{6}$

9 Rechne aus. Kürze vor dem Multiplizieren so weit wie möglich.

a) $\frac{5}{6} \cdot \frac{6}{7}$ $\quad \frac{9}{10} \cdot \frac{5}{18}$

b) $\frac{4}{9} \cdot \frac{3}{4}$ $\quad \frac{12}{7} \cdot \frac{3}{4}$

c) $\frac{3}{4} \cdot \frac{8}{9}$ $\quad \frac{2}{3} \cdot \frac{3}{2}$

d) $\frac{4}{3} \cdot \frac{8}{9}$ $\quad \frac{2}{3} \cdot \frac{2}{3}$

e) $\frac{5}{15} \cdot \frac{3}{5}$ $\quad \frac{1}{3} \cdot \frac{5}{6}$

f) $\frac{2}{5} \cdot \frac{10}{12}$ $\quad \frac{1}{3} \cdot \frac{6}{5}$

10 Rechne.

a) $\frac{2}{3} \cdot 3\frac{1}{2}$ $\quad 1\frac{1}{2} \cdot \frac{2}{3}$

b) $\frac{4}{9} \cdot 3\frac{3}{5}$ $\quad 2\frac{2}{7} \cdot \frac{3}{8}$

Gemischte Zahlen müssen zuerst umgewandelt werden.

11 Berechne die Bruchteile. a) $\frac{1}{2}$ von $\frac{1}{4}$ kg b) $\frac{2}{3}$ von $\frac{3}{4}$ m c) $\frac{2}{5}$ von $\frac{1}{2}$ l

12 Ole soll von verschieden langen Holzleisten unterschiedlich große Anteile absägen.
A $\frac{1}{5}$ von einer $\frac{1}{2}$ m langen Leiste B $\frac{2}{3}$ von einer $2\frac{1}{4}$ m langen Leiste

a) Berechne, wie viele cm jeweils die abgesägten Stücke lang sind.

b) Für die Bearbeitung beider Aufgaben hat Ole $\frac{1}{2}$ Stunde Zeit.
Die Hälfte der Zeit benötigt er für die erste Aufgabe.
Wie viel Zeit bleibt ihm für die zweite Aufgabe? Schreibe den Rechenweg auf.

zu Aufgabe 7: siehe S. 58/59 im Buch

Brüche dividieren

1 In den Ferien arbeitet Juri im Garten- und Landschaftsbau. Eine $10\,m^2$ große Terrasse soll mit Betonplatten gepflastert werden. Eine Platte ist $\frac{1}{4}\,m^2$ groß.

Ich rechne $10 : \frac{1}{4} = 40$. Also brauche ich 40 Platten.

a) Stimmt Juris Lösung? Begründet eure Meinung.

b) Wie kann die Divisionsaufgabe gerechnet werden? Findet einen Rechenweg.

Tipp: Eine Skizze hilft.

c) Wie viele Betonplatten werden benötigt, wenn eine Platte $\frac{1}{2}\,m^2$ groß ist?

Man dividiert durch einen Bruch, indem mit dem Kehrwert des Bruchs multipliziert wird.

$$5 : \frac{1}{4} = \frac{5}{1} : \frac{1}{4} = \frac{5 \cdot 4}{1 \cdot 1} = \frac{20}{1} = 20$$

Der **Kehrwert** wird gebildet, indem Zähler und Nenner vertauscht werden:

$$\frac{1}{4} \longrightarrow \frac{4}{1}$$

2 Sechs Liter Saft werden in $\frac{3}{4}$-Liter-Flaschen gefüllt. Wie viele Flaschen werden gebraucht? Beschreibe den Rechenweg.

Der Kehrwert von $\frac{3}{4}$ ist $\frac{4}{3}$.

$$6\,l : \frac{3}{4}\,l = 6\,l \cdot \frac{4}{3}\,l = \frac{\overset{2}{\cancel{6}} \cdot 4}{1 \cdot \underset{1}{\cancel{3}}} = \frac{8}{1} = 8$$

Auf dem gemeinsamen Bruchstrich lasse ich die Einheiten weg.

3 a) Drei Äpfel werden in Viertel geschnitten. Wie viele Stücke erhält man?

b) $2\frac{1}{2}$ kg Teig werden für mehrere Kuchen in $\frac{1}{2}$ kg schwere Teile geteilt.

c) In wie viele Drittel lassen sich drei Pizzen teilen?

4 Rechne. Kürze vor dem Multiplizieren so weit wie möglich.

a) $4\,m : \frac{2}{3}\,m$ b) $24\,l : \frac{2}{4}\,l$ c) $6\,cm : \frac{3}{10}\,cm$ d) $25\,m^2 : \frac{5}{8}\,m^2$ e) $9\,kg : \frac{3}{5}\,kg$

f) Formuliere zu einer der Aufgaben eine Sachaufgabe.

6 10 15 20 40 48

5 $\frac{1}{2}$ Kuchen wird auf 4 Personen gerecht verteilt. Wie groß ist das Stück, das jeder bekommt?

Tipp: Wandle 4 in einen Bruch um.

a) Berechne. Schreibe deinen Rechenweg auf.

b) Suche dir einen Partner. Vergleicht eure Ergebnisse und Rechenwege.

6 Rechne.

a)	b)	c)	d)	e)
$\frac{4}{5} : 4$	$\frac{5}{7} : 10$	$5 : \frac{10}{11}$	$\frac{3}{4} : 3$	$12 : \frac{3}{4}$
$\frac{5}{12} : 20$	$\frac{5}{9} : 15$	$2\frac{1}{3} : 14$	$3 : 4\frac{1}{2}$	$\frac{3}{8} : 6$

7 Für ein Schulfest werden Getränke vorbereitet.
Saftpackungen mit $1\frac{1}{2}$ l Inhalt werden auf Krüge mit $\frac{3}{4}$ l Inhalt verteilt.

a) Wie kann die Divisionsaufgabe gerechnet werden?
Wie viele Krüge werden für das Umfüllen einer Saftpackung benötigt?

b) Suche dir einen Partner. Vergleicht eure Lösungen und Rechenwege.

c) Besprecht euer Vorgehen in der Klasse. Notiert einen Merksatz.

8 a) $3\frac{3}{4}$ kg Reis wird in Portionen zu $\frac{1}{8}$ kg eingeteilt. Wie viele Portionen erhält man?

b) Wie oft passt $\frac{1}{8}$ l in $1\frac{1}{2}$ l?

9 Ein Aquarium soll geleert werden. In ihm befinden sich insgesamt $68\frac{2}{5}$ l Wasser. Zum Entleeren stehen zwei Krüge zur Verfügung. Ein Krug fasst $1\frac{1}{5}$ l, der andere $\frac{3}{5}$ l.

a) Vermutet, mit welchem Krug das Abschöpfen schneller gehen wird? Begründet.

b) Wie oft muss mit dem $\frac{3}{5}$-l-Krug geschöpft werden?

c) Wie oft muss mit dem $1\frac{1}{5}$-l-Krug geschöpft werden?

10 Rechne. ★

a)	b)	c)	d)	e)
$\frac{3}{4} : \frac{6}{5}$	$\frac{8}{5} : \frac{3}{10}$	$\frac{4}{5} : \frac{2}{5}$	$\frac{7}{5} : \frac{14}{25}$	$\frac{3}{4} : \frac{8}{6}$
$\frac{12}{15} : \frac{4}{5}$	$1\frac{1}{2} : \frac{3}{8}$	$2\frac{1}{4} : 1\frac{1}{2}$	$4\frac{2}{3} : 2\frac{1}{3}$	$1\frac{1}{5} : \frac{3}{10}$

$\frac{9}{16}$ $\frac{5}{8}$ 1 $1\frac{1}{2}$ 2 2 $2\frac{1}{2}$ $3\frac{1}{2}$ 4 4 $5\frac{1}{3}$

11

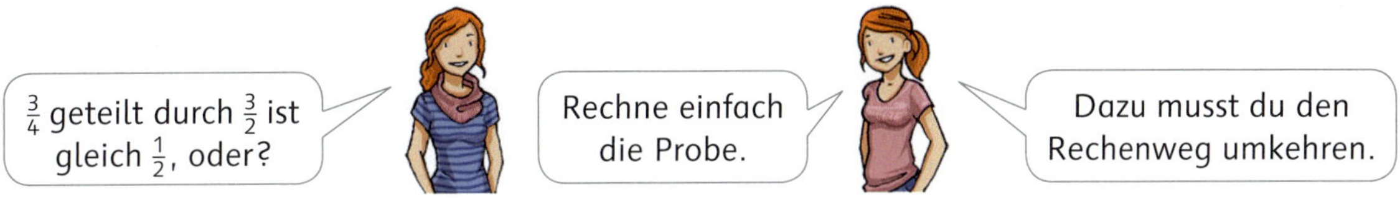

a) Wie lautet die Probe zu Lenas Aufgabe? Schreibt sie auf und rechnet sie aus.

b) Suche dir einen Partner. Vergleicht eure Probeaufgaben.

c) Sucht euch ein anderes Tandem. Erstellt gemeinsam eine Anleitung, in der ihr euer Vorgehen beschreibt. Stellt sie in der Klasse vor.

★ d) Denkt euch mindestens zwei weitere Aufgaben mit einer Probeaufgabe aus.

12 Rechne und kontrolliere mit der Probe. a) $\frac{3}{4} : \frac{1}{4}$ b) $\frac{1}{2} : \frac{2}{5}$ c) $\frac{2}{3} : \frac{1}{2}$ d) $1\frac{1}{3} : \frac{2}{3}$ e) $\frac{3}{5} : \frac{3}{10}$ f) $2\frac{1}{2} : 1\frac{1}{4}$

zu Aufgabe 7: siehe S. 58/59 im Buch

Das kannst du schon – Aufgaben für Profis

1 $\frac{1}{3}$ von einem $\frac{3}{4}$-kg-Netz Mandarinen ist verdorben.

a) Wie groß ist der Anteil nicht verdorbener Mandarinen? Wie viele kg sind das?

b) Mit welcher Rechnung kannst du deine Lösung kontrollieren?

2 Zum Streichen sollen $1\frac{1}{2}$ l Farbe mit $\frac{1}{4}$ l Wasser verdünnt werden.

a) Wie viel Liter streichfähige Farbe erhält man?

b) Es werden 2 l streichfähige Farbe benötigt. Wie viele Liter fehlen noch?

3

a) Bei welchem Angebot erhältst du die größte Menge Apfelsaft? Begründe.

b) Wie viel Liter beträgt der Unterschied zwischen den einzelnen Angeboten?

4 Mira trainiert für das Laufabzeichen. Montags läuft sie immer eine Stunde in einem langsamen Tempo, mittwochs läuft sie $\frac{1}{2}$ Stunde möglichst schnell und freitags läuft sie eine $\frac{3}{4}$ Stunde in einem mittleren Tempo. Wie viele Stunden pro Woche trainiert sie? Gib die Lösung als gemischte Zahl und in Minuten an.

5 Beim Kuchenbacken soll ein $2\frac{1}{4}$ kg schwerer Teig in drei gleich schwere Teile geteilt werden. Wie schwer ist jeder Teil?

6 Setze die passenden Zahlen ein.

a) $\frac{1}{4} + \frac{3}{x} = 1$ b) $\frac{5}{6} - \frac{x}{y} = \frac{1}{6}$ c) $\frac{3}{7} + \frac{x}{7} = \frac{6}{7}$ d) $\frac{2}{3} - \frac{x}{2} = \frac{1}{6}$

e) $\frac{x}{4} : \frac{3}{2} = \frac{1}{y}$ f) $\frac{2}{3} : \frac{x}{3} = \frac{2}{5}$ g) $\frac{6}{5} \cdot \frac{x}{3} = 4$ h) $\frac{3}{5} \cdot \frac{x}{2} = \frac{9}{y}$

7 Ben kauft sich eine neue 32-GB-Speicherkarte für sein Handy.

a) Er möchte die Hälfte seiner neuen Speicherkarte für Musik nutzen. Wie viel GB stehen ihm dann noch zur Verfügung? Schreibe deinen Rechenweg auf.

b) Auf Bens alter Speicherkarte sind $\frac{3}{4}$ von 16 GB mit Fotos und Apps belegt. Diese möchte er auf die neue Karte übertragen. Wie viel Speicherplatz ist dann noch auf der neuen Karte frei?

c) Ben meint, dass danach noch $\frac{1}{8}$ von der 32-GB-Speicherkarte frei ist. Stimmt das? Rechne nach und begründe.

8 Schreibe in dein Heft und setze ein: >, < oder = ?

a) $\frac{5}{9}m^2$ ● $\frac{7}{9}m^2$ b) $\frac{4}{5}$cm ● $\frac{7}{10}$cm c) $3\frac{1}{4}$h ● $2\frac{3}{4}$h d) $\frac{5}{7}$mm ● $\frac{15}{21}$mm

e) $\frac{2}{3}$kg ● $\frac{3}{4}$kg f) $2\frac{1}{3}$g ● $2\frac{2}{3}$g g) $\frac{2}{9}$t ● $\frac{3}{5}$t h) $2\frac{1}{2}$min ● $2\frac{1}{3}$min

9 a) Beim Eishockey stand Juri in den letzten beiden Spielen einmal $\frac{2}{3}$h und einmal $\frac{1}{3}$h auf dem Eis. Wie viele Stunden hat er insgesamt gespielt?

b) Für eine Orangensaftschorle werden $\frac{2}{5}$l Wasser und $\frac{3}{10}$l Orangensaft gemischt. Wie viel Liter Orangensaftschorle ergibt diese Mischung insgesamt?

c) Von den $3\frac{2}{3}$t der gelieferten Erde werden $2\frac{1}{2}$t für das Anlegen eines Gartenbeetes verwendet. Wie viel Tonnen Erde sind noch übrig?

10 Schreibe die einzelnen Aufgaben ins Heft. Rechne aus.

a)

·	$\frac{5}{6}$	$\frac{2}{3}$	$2\frac{1}{3}$
3	■	■	■
12	■	■	■

b)

·	$\frac{1}{2}$	$\frac{5}{12}$	$2\frac{6}{7}$
$\frac{4}{5}$	■	■	■
$\frac{3}{4}$	■	■	■

11 Für eine Feier werden drei Torten in Zwölftel geteilt. Wie viele Stücke erhält man?

12 Schreibe die einzelnen Aufgaben ins Heft. Rechne aus.

a)

	$:\frac{1}{2}$l	$:\frac{3}{4}$l	$:1\frac{1}{2}$l
2l	■	■	■
3l	■	■	■

b)

	: 4	$:\frac{2}{5}$	$:1\frac{1}{3}$
$\frac{2}{3}$kg	■	■	■
$\frac{8}{9}$kg	■	■	■

13 ★ In der Werken-AG werden kleine Druckertische gebaut. Die Kanten der Tischplatte werden durch einen Umleimer* geschützt. Die Tischfläche wird mit einer Folie bezogen. Der Tisch steht auf vier Beinen. Jedes Tischbein soll $\frac{3}{8}$m lang sein. Die Tischplatten sollen folgende Kantenlängen haben: $a = \frac{2}{3}$m und $b = \frac{1}{3}$m.

a) Wie viel Quadratmeter Folie wird pro Tisch benötigt? Reicht $\frac{1}{2}m^2$ Folie aus, um zwei Tischplatten zu beziehen?

b) Ein Meter des Umleimers kostet 3,50 €. Wie viel kostet der für die Herstellung eines Tisches benötigte Umleimer?

c) Die Tischbeine eines Tisches sollen aus einem Holzbalken hergestellt werden. Der Balken ist $1\frac{3}{4}$m lang. Reicht ein Balken für einen Tisch?

Prüfe dich

14 Konstruiere die Dreiecke und berechne jeweils den Flächeninhalt.

a) a = 3 cm, b = 4 cm, c = 5 cm b) c = 6 cm, b = 3,5 cm, α = 90° c) c = 7 cm, α = 45°, β = 90°

* Umleimer: Kantenschutz

Im Kopf und schriftlich mit Dezimalzahlen rechnen

1 Addiere und subtrahiere im Kopf.

a)	b)	c)	d)
2,5 + 3,2	0,4 + 13,2	5,0 − 2,3	55,7 − 33,3
7,8 + 5,1	54,3 + 6,7	25,7 − 4,2	99,9 − 47,6
40,6 + 10,2	651,8 + 48,2	30,9 − 27,6	873,5 − 152,4
26,4 + 16,3	263,3 + 31,5	65,4 − 26,2	361,8 − 112,6

2 Wie rechnest du? Erkläre.

a)	b)	c)
25 · 3	0,07 · 8	6,9 : 3
2,5 · 3	12,3 · 3	842,42 : 2
0,25 · 3	500,01 · 5	21,21 : 7

3 Schreibe stellengerecht untereinander. Achte auf fehlende Nullen.
Kontrolliere mit dem Überschlag.

a)	b)	c)	d)
9,786 − 4,37	129,27 + 0,934	56,42 − 9,257	65,784 + 0,654
0,78 + 0,872	83,633 − 4,54	26,8 + 654,231	3,74 − 1,387
4,9 + 3,237	90,07 + 6,9	32,19 − 0,5	55,687 + 68,3
8,324 − 6,113	286,389 − 9,08	53,26 + 16,84	68,907 − 16,097

4 Welche Regeln zur Multiplikation und Division mit Vielfachen von 10 kennst du?
Wende die Regeln beim Lösen der Aufgaben an.

a)	b)	c)	d)
35,148 · 10	4,9 · 100	35,492 : 10	3,741 : 100
42,873 · 100	56,7 · 10	840,74 : 100	7,904 : 10
51,346 · 1000	70,005 · 1000	6704,98 : 1000	9,423 : 1000

5 Rechne schriftlich. Überlege, an welche Stelle du das Komma setzen musst.
Kontrolliere mit dem Überschlag.

a)	b)	c)	d)
34,56 · 6	32,3 · 21,5	47,65 : 5	348,6 : 20
7,148 · 4	0,154 · 6,75	228,9 : 3	409,2 : 30
65,718 · 23	44,7 · 13,57	33,692 : 4	587,6 : 40
8,04 · 16	26,361 · 8,04	113,75 : 7	880,8 : 60

6 Die Ziffernfolge des Produkts ist bereits vorgegeben.
Überschlage das Ergebnis und überlege mit einem Partner,
an welche Stelle das Komma gesetzt werden muss.

a)	b)
72,52 · 0,45 = 32634	16,7 · 26,5 = 44255
27,44 · 10,1 = 277144	0,8 · 0,011 = 88
2,6 · 85,05 = 22113	0,42 · 0,7 = 294
3,25 · 0,94 = 3055	0,398 · 0,015 = 597

Info: Manchmal musst du vor oder nach dem Komma Nullen einfügen.

Kopiervorlage zur Selbsteinschätzung beachten

Mit dem Taschenrechner rechnen

1 Lisa und Lena kaufen Dana zu ihrem Geburtstag verschiedene Geschenke. Die Kosten wollen sie sich teilen. Lisa kauft ein Buch für 8,72 € und Blumen für 3,60 €. Lena besorgt eine CD für 8,95 €.

a) Wie viel muss Lena an Lisa zahlen? Erkläre, wie du rechnest.

b) Beschreibe, wie du mit dem Taschenrechner rechnest.

2 Rechne mit dem Taschenrechner nach, ob die Aufgabe $3 \cdot 5 + 6 : 3 = 17$ stimmt. Zeigt er das richtige Ergebnis an? Erkennt er die Regel „Punktrechnung vor Strichrechnung"? Prüfe. Wie musst du rechnen, wenn er die Regel nicht kennt? Rechne die folgenden Aufgaben mit deinem Taschenrechner.

a) $7 \cdot 3 + 8 : 2$
$35 : 5 - 18 : 3$
$2 + 8 \cdot 14 - 4 \cdot 15$

b) $2{,}5 - 7{,}5 \cdot 0{,}7$
$5{,}87 - 1{,}8 : 3{,}6$
$0{,}86 + 16{,}5 : 0{,}05$

c) $4{,}5 - 3{,}7 \cdot 0{,}7$
$13{,}7 \cdot 3{,}8 - 45{,}28$
$5{,}71 + 87{,}75 : 6{,}5$

3 Wie könnt ihr diese Aufgaben mit eurem Taschenrechner rechnen?

a) $76 - (24 + 19)$
$(76 - 24) + 19$
$90 : (6 \cdot 3)$
$(90 : 6) \cdot 3$

b) $96 : (35 - 18 : 6)$
★ $(125 - 104) \cdot 2 + 3$
$17 \cdot (17 + 15 : 5)$
$(35 - 28) \cdot (52 : 4 + 3)$

4 Rechne die Brüche mit dem Taschenrechner in eine Dezimalzahl um.

a) $\frac{6}{15}$
$\frac{9}{16}$
$\frac{7}{8}$
$\frac{8}{5}$

b) $\frac{27}{45}$
$\frac{17}{68}$
$\frac{65}{25}$
$\frac{348}{29}$

c) $1\frac{3}{8}$
$1\frac{6}{16}$
$2\frac{12}{40}$
$3\frac{3}{50}$

d) $2\frac{16}{80}$
$\frac{81}{18}$
$3\frac{9}{60}$
$16\frac{4}{25}$

Tipp:
Der Bruchstrich bedeutet „geteilt durch".

5 Was tippt Mira in den Taschenrechner ein? Überprüfe Miras Rechnung schriftlich. Löse danach die folgenden Aufgaben mit dem Taschenrechner.

a) $\frac{3}{4} + \frac{2}{8}$

b) $\frac{8}{10} - \frac{5}{15}$

c) $3 \cdot \frac{7}{9}$

d) $3\frac{1}{5} : 2$

e) $1\frac{1}{2} : \frac{1}{4}$

f) $3 \cdot \frac{3}{8} - \frac{1}{2}$

zu den Aufgaben 3 und 5: Angebot in den Kopiervorlagen nutzen

Das kannst du schon – Aufgaben für Profis

1 Ole möchte nicht mehr täglich mit dem Schulbus zur Schule fahren und plant daher, sich ein Mofa zu kaufen.

a) Recherchiere: Was muss Ole beachten, wenn er ein Mofa kaufen und fahren will?

b) Wie schnell darf man mit einem Mofa fahren?

c) Warum muss Ole einen Helm tragen?

2 Ein Mofa darf nur fahren, wer eine gültige Prüfbescheinigung erworben hat. Damit Ole die Prüfung ablegen kann, muss er zuvor eine praktische und eine theoretische Ausbildung absolvieren. Für den theoretischen Teil der Ausbildung muss er an sechs Unterrichtsstunden (Kosten: 10,50 € pro Stunde) teilnehmen. Für den praktischen Teil ist mindestens eine Doppelstunde (Kosten: 45 € pro Stunde) von 90 Minuten vorgesehen. Für die Theorieprüfung inklusive der Ausstellung der Prüfbescheinigung erhebt die Prüfstelle eine Gebühr von 22,02 €.
Wie viel Geld muss Ole für die Prüfbescheinigung einplanen?

3 ★ Ole hat sich ein Mofa ausgesucht, das beim Händler für 1 050 € angeboten wird. Er hat bereits 500 € gespart. Oles Eltern wollen den Restbetrag finanzieren. Der Händler bietet ihnen zwei Finanzierungsmöglichkeiten an:

Angebot A

Bei einer Laufzeit von 12 Monaten und einer Anzahlung von 500 € beträgt die monatliche Rate 47,53 €.

Angebot B

Bei einer Laufzeit von 24 Monaten und einer Anzahlung von 300 € beträgt die monatliche Rate 33,50 €.

Für welches Angebot sollten sich Oles Eltern entscheiden? Begründe.

4 Ole kann mit seinem neuen Mofa maximal 25 $\frac{km}{h}$ schnell fahren.
Die 4 km von zu Hause bis zur Schule legt er in 12 Minuten zurück.
Wie hoch ist seine durchschnittliche Geschwindigkeit?

5 Oles Mofa hat einen Tank mit einem Volumen von 5,5 l.
Wie viel kostet eine Tankfüllung, wenn ein Liter Benzin 1,67 € kostet?

6 Das Mofa hat einen Verbrauch von 3,3 Liter Benzin auf 100 Kilometer.

a) Wie weit etwa kann Ole mit einer Tankfüllung fahren?

b) Wie viel Liter Benzin verbraucht Oles Mofa täglich, wenn er immer nur zur Schule und wieder nach Hause fährt?

7 Das ist der Grundriss der Wohnung, in der Lisa und Lena mit ihren Eltern wohnen.

a) Wie groß sind die Zimmer von Lisa und Lena?

b) Wie viel Quadratmeter hat die gesamte Wohnung, ohne Balkon?

c) Wie hoch ist die Miete, wenn die Familie ohne Nebenkosten 7,50 € pro Quadratmeter bezahlen muss?

d) Die Nebenkostenpauschale beträgt 220 €. Wie hoch ist die Warmmiete?

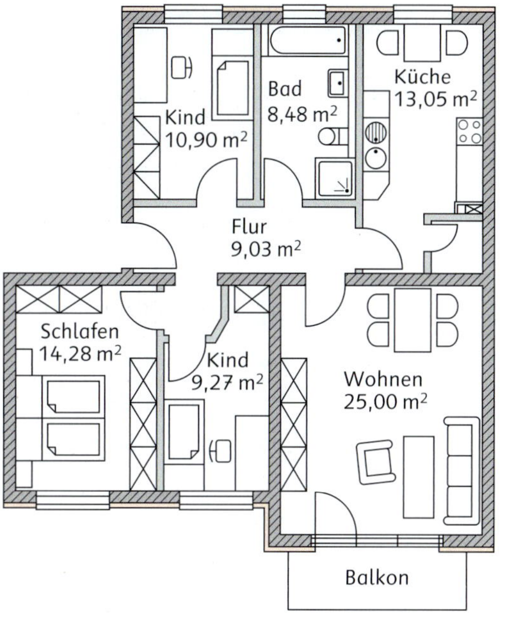

8 Zu den Mietkosten kommen noch die Kosten für Strom hinzu.

★ a) Schätze den täglichen Stromverbrauch folgender Geräte: Herd, Kühlschrank, Geschirrspüler und Waschmaschine. Recherchiere anschließend im Internet, ob du gut geschätzt hast.

b) Berechne den täglichen Stromverbrauch für die in der Tabelle aufgeführten Geräte. Denke daran, dass der Verbrauch in Kilowattstunden (kWh) abgerechnet wird. Das ist das Tausendfache einer Wattstunde.

Gerät	Leistung in Watt pro Stunde	geschätzte tägliche Laufzeit in h
Fernseher	60	7
Computer	70	6
Staubsauger	800	0,25
CD-Spieler	10	2
Sparlampe	15	5

c) Berechne die täglichen Stromkosten pro Gerät, wenn eine kWh 0,27 € kostet.

9 Die Gebühren für die Entsorgung des Hausmülls betragen 45,55 € pro Person im Jahr. Wie viel muss die Familie jährlich für die Müllentsorgung zahlen?

10 Pro Haushalt wird seit 2013 ein monatlicher Rundfunkbeitrag von 17,98 € erhoben. Wie hoch ist der Jahresbeitrag?

11 Der Vater von Lisa und Lena hat eine Zeitung abonniert. Das Abo kostet 218,20 € im Jahr. Der Betrag wird in vier Raten abgebucht. Wie hoch ist eine Rate?

12 Die Familie hat 2 234,67 € auf ihrem Konto. Zuerst wird die Miete abgebucht und dann die Stromrechnung von 59,67 €. Wie hoch ist anschließend der Kontostand?

Wiederholung: Daten und Diagramme

1 In dem Diagramm ist die Länge der Schulwege der Schülerinnen und Schüler der Klasse 9 b dargestellt.

Tipp: Wie ich Aufgaben zur Wiederholung bearbeite, kann ich auf Seite 20 im Buch nachschlagen.

Ich nehme den Selbsteinschätzungsbogen und schaue, was ich noch kann.

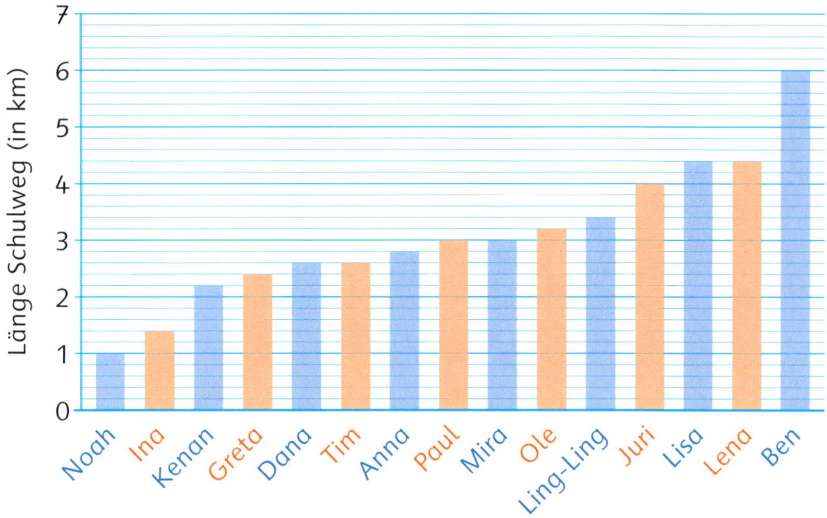

a) Bestimme für diese Daten das Maximum, das Minimum, die Spannweite, den Zentralwert und den Durchschnitt.

b) Ergänze die Sprechblasen.

2 In der Schule wurde eine Umfrage unter der Schülerinnen und Schülern durchgeführt. Der älteste Schüler ist zum Zeitpunkt der Umfrage 17, der jüngste 10 Jahre alt. Das Durchschnittsalter der insgesamt 25 befragten Schülerinnen und Schüler liegt bei 16,04 Jahren.

a) Ordne die Begriffe Maximum, Minimum, Durchschnitt den Angaben im Text zu.

b) Berechne die Spannweite.

c) Vergleiche den Durchschnitt mit dem Maximum und dem Minimum. Was fällt dir auf? Vermute: Wurden mehr ältere oder mehr jüngere Schülerinnen und Schüler befragt?

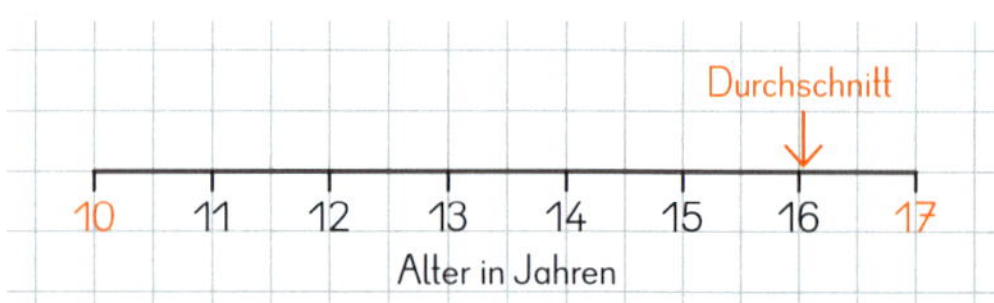

3 Von den 25 befragten Schülerinnen und Schülern verdienen sich fünf etwas Geld mit einem Schülerjob. Das sind 20 % der Befragten. Ordne zuerst den Zahlen im Text die Begriffe „relative Häufigkeit", „absolute Häufigkeit" und „Gesamtzahl" zu. Überprüfe anschließend durch Rechnen.

entsprechende Kopiervorlagen zur Selbsteinschätzung aus Band 8 verwenden (auch auf CD-ROM in Band 9 verfügbar)

4 Die 25 Schülerinnen und Schüler gaben an, welche Musikrichtung sie bevorzugen.

Musikrichtung	Strichliste	absolute Häufigkeit
Black Music	III	3
Dance & Electronic	卌 IIII	
Hip-Hop	II	
Pop	IIII	
Rock	卌 II	
Gesamtzahl:		25

a) Ermittle für jede Musikrichtung die absolute Häufigkeit.

b) Berechne jeweils aus der absoluten Häufigkeit die relative Häufigkeit in Prozent.

Black Music:
relative Häufigkeit $= \frac{3}{25} = 0{,}12 = \frac{12}{100} = 12\,\%$

c) Stelle die relativen Häufigkeiten in einem Diagramm dar.

5 Die 25 Schülerinnen und Schüler gaben auch an, wie viel Zeit sie täglich am PC verbringen.
Wie viele Schüler sind das jeweils?

Beschreibe, wie gerechnet werden kann.

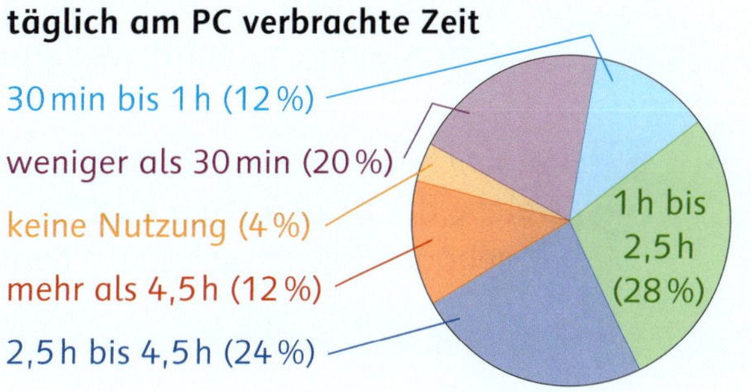

keine Nutzung:

gegeben: $G = 25$, $p\,\% = 4\,\%$

gesucht: $W = ?$

$W = \frac{G \cdot p}{100}$

$W = \frac{25 \cdot 4}{100}$

$W = $ ▢

6 Zehn Schülerinnen und Schüler gaben an, wie viele Freunde sie jeweils haben.

Anzahl Freunde	2	3	4	5	7	8	9	12	14	120

a) Ermittle das Minimum, das Maximum und den Zentralwert.
Berechne die Spannweite und den Durchschnitt.

b) Welchen Wert hältst du für aussagekräftiger, den Durchschnitt oder den Zentralwert? Begründe.

c) Der Schüler, der 120 Freunde angegeben hat, dachte, dass auch Freunde in sozialen Netzwerken genannt werden dürfen. Er korrigierte seine Angabe nachträglich auf acht Freunde. Wie verändern sich dadurch die Spannweite, der Durchschnitt und der Zentralwert? Vermute zuerst und rechne anschließend.

7 Betrachte die Spannweiten und die geordneten Daten in Aufgabe **6**.
Woran kannst du jeweils erkennen, ob der Zentralwert oder der Durchschnitt der aussagekräftigere Wert ist?

Tabellenkalkulation: 099–4

Projekt: Eine Umfrage durchführen

geeignete Zielgruppe auswählen, Fragebogen entwickeln, Daten erheben

1 Die Mitglieder der Computer-AG der Kant-Schule werden befragt, wie viel Zeit sie täglich am Computer verbringen.

a) Warum werden die Antworten der AG-Teilnehmer vermutlich nicht repräsentativ für alle Schülerinnen und Schüler dieser Schule sein?

b) Wen sollte man stattdessen befragen?

c) Wo und wann sollte eine solche Umfrage durchgeführt werden? Begründe.

Tipps:

1. Überlegt euch ein Thema.
2. Überlegt euch, welche Zielgruppe (Schüler, Eltern, Lehrer …) ihr befragen wollt.
3. Überlegt euch, wo und wann ihr eure Umfrage durchführen wollt.

2 Vergleiche beide Fragen miteinander. Welche der beiden Fragen ist für einen Fragebogen besser geeignet? Begründe.

Hältst du Hausaufgaben für notwendig?
ja ◯ nein ◯

Hältst du Hausaufgaben bei der sehr knappen Freizeit von Jugendlichen für notwendig?
ja ◯ nein ◯

Tipps: Die Fragen müssen …

- zu beantworten sein,
- bei vorgegebenen Antworten Ankreuzmöglichkeiten haben,
- so formuliert werden, dass deutlich wird, wann mehr als eine Antwort gegeben werden kann.
- neutral formuliert werden.

3 Eine Lehrergruppe möchte mit dem abgebildeten Fragebogen erreichen, dass sich möglichst viele Schülerinnen und Schüler für die Einführung von Schuluniformen aussprechen.

a) Warum würden viele die Fragen 1 bis 3 mit „ja" beantworten?

b) Weshalb entsteht der Eindruck, dass die Einführung von Schuluniformen eine Lösung für die angesprochenen Probleme wäre?

1. Fragst du dich morgens vor der Schule häufiger, was du anziehen sollst?
   ja ◯ nein ◯
2. Hast du schon einmal beobachtet, dass jemand geärgert wurde, weil er keine Markenkleidung trägt?
   ja ◯ nein ◯
3. Bist du schon einmal wegen deiner Kleidung geärgert worden?
   ja ◯ nein ◯
4. Sollten wir in der Schule modische Schuluniformen einführen?
   ja ◯ nein ◯

4 Legt ein geeignetes Thema für eine Umfrage fest. Überlegt, wen ihr befragen wollt. Entwerft einen Fragebogen und führt eine Umfrage durch.

Tipp:
Denkt daran, euren Fragebogen übersichtlich zu gestalten.

Kopiervorlage zur Selbsteinschätzung beachten

Daten auswerten, darstellen und interpretieren

5 Wertet eure Fragebögen aus.
Ein Tabellenkalkulationsprogramm kann euch die Auswertung erleichtern.

a) Erfasse die Ergebnisse der Umfrage in einer Strichliste. Übertrage die absoluten Häufigkeiten in eine Tabelle.

b) Erstelle nun ein Säulendiagramm:

1. Markiere zuerst die Zellen, die im Diagramm dargestellt werden sollen.
2. Klicke danach unter „Einfügen" auf den Diagrammtyp „Säule" und wähle das gewünschte Diagramm aus.
3. Klicke das erstellte Diagramm an. Klicke auf „Layout" und beschrifte nach Anklicken der Tasten „Diagrammtitel" und „Achsentitel" dein Säulendiagramm.

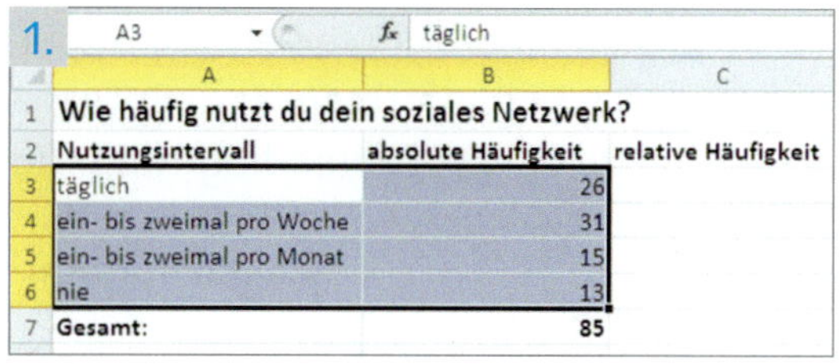
1.

	A	B	C
1	Wie häufig nutzt du dein soziales Netzwerk?		
2	Nutzungsintervall	absolute Häufigkeit	relative Häufigkeit
3	täglich	26	
4	ein- bis zweimal pro Woche	31	
5	ein- bis zweimal pro Monat	15	
6	nie	13	
7	Gesamt:	85	

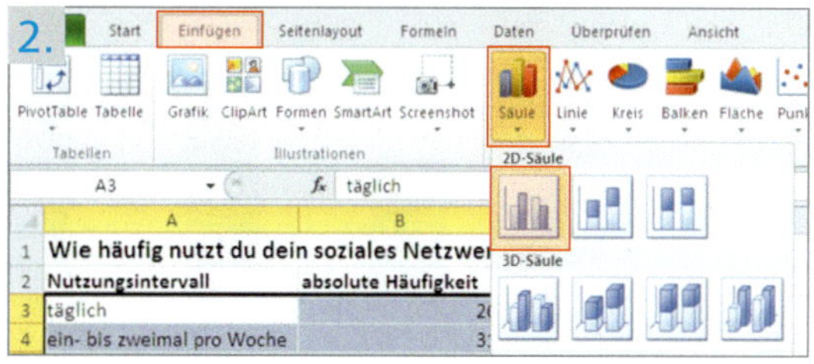

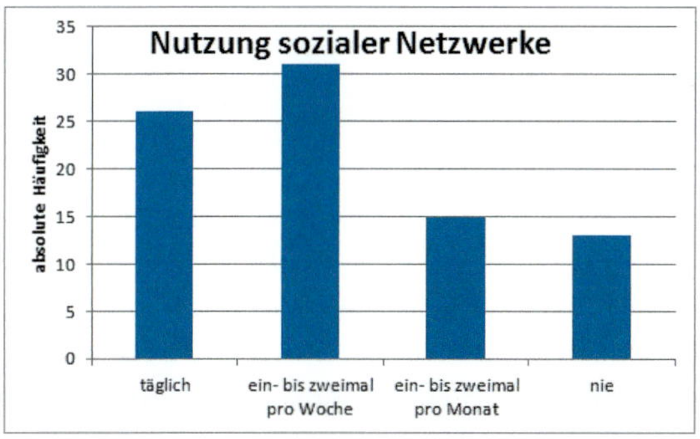

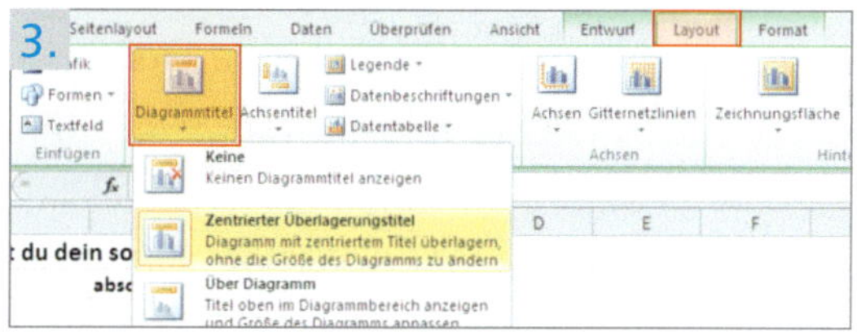

6 Berechne mit dem Tabellenkalkulationsprogramm die relativen Häufigkeiten.

a) In der Abbildung ist zu sehen, wie sich die relativen Häufigkeiten mit Hilfe einer Formel berechnen lassen.
Warum wird immer durch B7 geteilt?

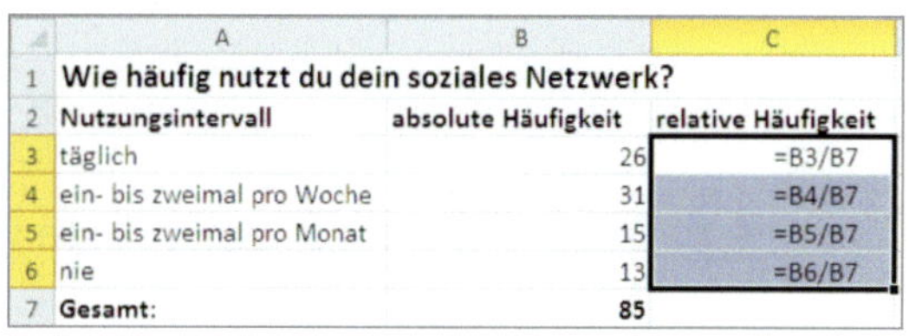

	A	B	C
1	Wie häufig nutzt du dein soziales Netzwerk?		
2	Nutzungsintervall	absolute Häufigkeit	relative Häufigkeit
3	täglich	26	=B3/B7
4	ein- bis zweimal pro Woche	31	=B4/B7
5	ein- bis zweimal pro Monat	15	=B5/B7
6	nie	13	=B6/B7
7	Gesamt:	85	

b) Damit die relativen Häufigkeiten in Prozent angezeigt werden, markierst du zuerst die entsprechenden Zellen. Danach klickst du unter „Start" auf die Taste „Prozentformat" %.
Die Werte werden nun in Prozent angezeigt.

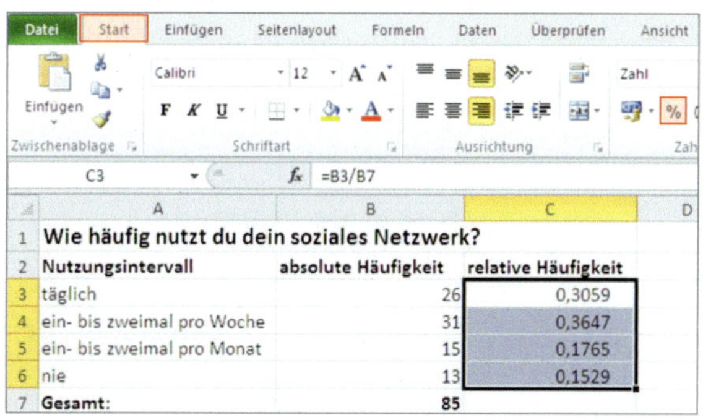

	A	B	C
1	Wie häufig nutzt du dein soziales Netzwerk?		
2	Nutzungsintervall	absolute Häufigkeit	relative Häufigkeit
3	täglich	26	0,3059
4	ein- bis zweimal pro Woche	31	0,3647
5	ein- bis zweimal pro Monat	15	0,1765
6	nie	13	0,1529
7	Gesamt:	85	

Tabellenkalkulation: 101–5; Angebot in den Kopiervorlagen nutzen

Diagramme kritisch miteinander vergleichen

1 In einer Schülerzeitung äußern sich Befürworter und Gegner der Einführung von Schuluniformen. Jede Interessengruppe stellt die Umfrageergebnisse der letzten Jahre in einem Säulendiagramm dar.

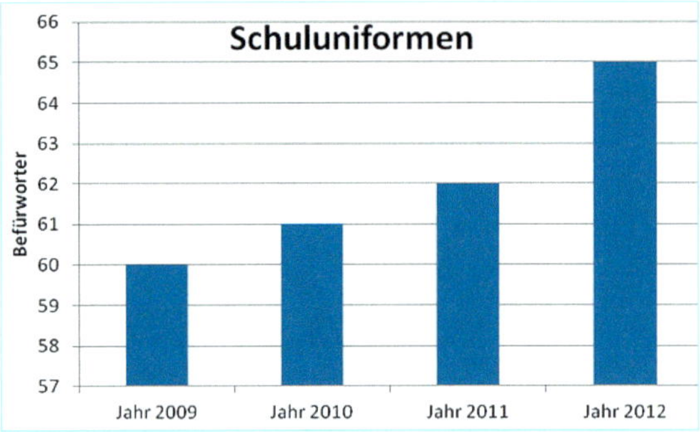

„Starker Anstieg der Befürwortung von Schuluniformen seit 2009"

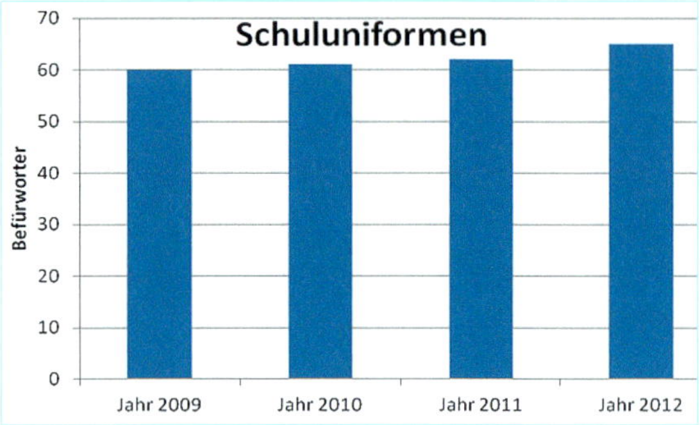

„Anzahl der Befürworter hat sich seit 2009 kaum verändert."

a) Schätze. Haben beide Interessengruppen die gleichen Umfragewerte genutzt?

b) Vergleiche beide Darstellungen miteinander. Welche Unterschiede fallen dir auf?

c) Überlegt gemeinsam, warum die Ergebnisse unterschiedlich dargestellt wurden.

Diagramme und Schaubilder werden häufig genutzt, um die Meinung eines Betrachters zu einem Thema in eine gewünschte Richtung zu lenken. Dabei wird oft eine geringe Veränderung **überdeutlich** oder eine deutliche Veränderung **abgeschwächt** dargestellt. Hierfür werden häufig zwei Tricks miteinander kombiniert:

1. Es wird eine feine oder gröbere Achseneinteilung gewählt.
2. Es werden abgeschnittene oder ganze Achsenstücke dargestellt.

2 Das Mensa-Team der Schule wirbt mit folgenden Daten und der Aussage:

„Starker Anstieg der Zufriedenheit mit dem Mensa-Essen seit 2009"

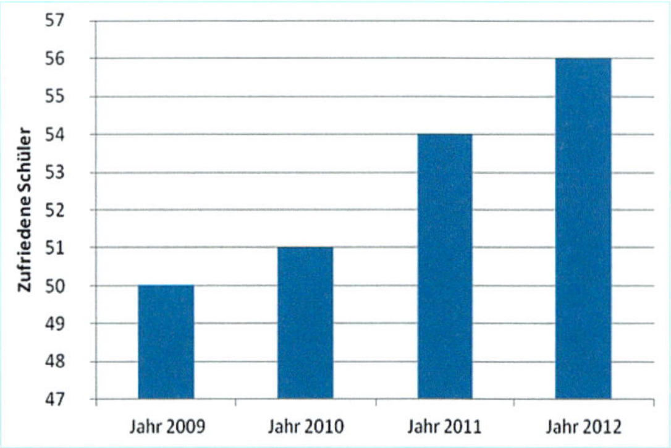

a) Lies die Werte aus dem Diagramm ab. Hat die Zufriedenheit tatsächlich so stark zugenommen?

b) Stelle die Daten in einem Diagramm dar, in dem die Unterschiede angemessen dargestellt werden.

3 Folgende Darstellung zu Schulabschlüssen ist in einem Schuljahresbericht mit folgendem Kommentar abgebildet:

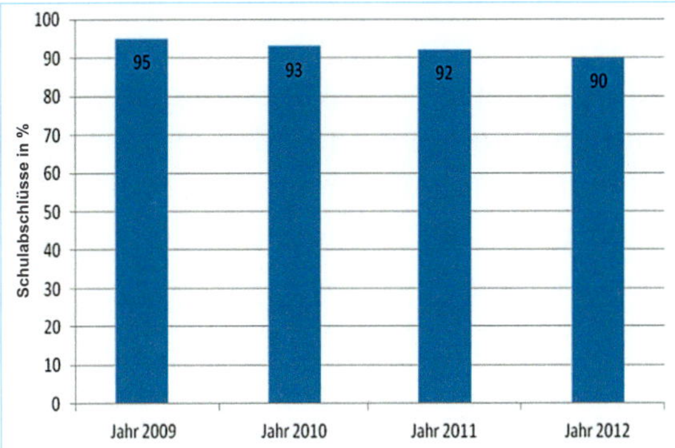

„Die Zahl der Schulabschlüsse an unserer Schule ist in etwa gleich geblieben."

a) Welches Ziel hat die Art der gewählten Darstellung? Beschreibe den verwendeten Trick.

b) Stelle die Daten in einem Diagramm dar, in dem die Unterschiede deutlich hervorgehoben sind.

4 Ein Landkreis veröffentlicht eine Statistik über die Beteiligung von Jugendlichen an Verkehrsunfällen.
Stelle die Daten für den Landkreis in einem abgeschwächten und für die Presse in einem überdeutlichen Diagramm dar.

Jahr	2008	2009	2010	2011	2012
Anzahl	180	190	210	220	230

5 Das soziale Netzwerk „Kuddeldidu" für Kinder und Jugendliche veröffentlicht eine Statistik über seinen Mitgliederzuwachs in diesem Jahr im Vergleich zu zwei anderen sozialen Netzwerken.
„Kuddeldidu" stellt seinen Mitgliederzuwachs in folgender Grafik dar:

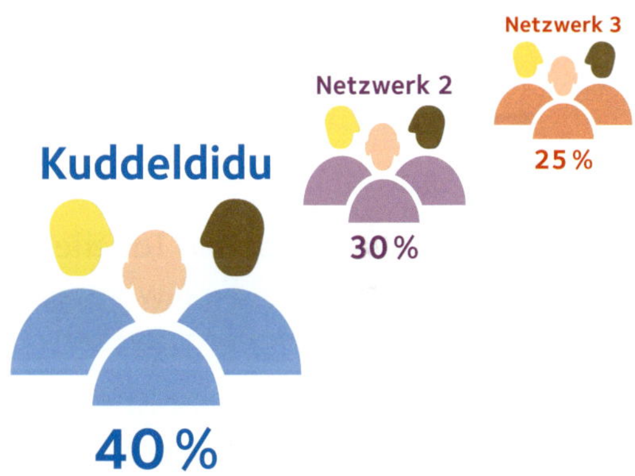

a) Stelle den Mitgliederzuwachs der drei sozialen Netzwerke in einem Säulendiagramm dar.
Ein Mitgliederzuwachs von 10 % soll 1 cm auf der y-Achse entsprechen.

b) Welche der beiden Darstellungen hältst du für angemessen? Begründe.

c) „Kuddeldidu" verzeichnet einen Mitgliederzuwachs von 40 %. Ist es somit auch zwangsläufig das größte soziale Netzwerk für Kinder und Jugendliche?

6 Stellt die Daten eurer Umfrage von Aufgabe **4** auf Seite 100 einmal überdeutlich und einmal abgeschwächt in einem Diagramm dar.

a) Präsentiert die beiden Ergebnisse eurer Auswertung auf einem Plakat.

b) Beschriftet jedes Diagramm mit einer passenden Aussage.

Beruf aktuell: Fachkraft für Automatenservice

Fachkräfte für Automatenservice sorgen dafür, dass Getränke-, Geld-, Zeiterfassungs- und Glücksspielautomaten einwandfrei funktionieren. Außerdem beraten sie Kunden bei der Auswahl geeigneter Automaten, stellen diese bei ihnen auf und weisen die Kunden in die sachgerechte Bedienung ein. Im laufenden Betrieb übernimmt die Fachkraft für Automatenservice auch die Wartungs-, Befüllungs- und Reinigungsarbeiten.

Zusätzlich erstellt sie für jeden Automaten Abrechnungen und Kassenabschlüsse. Ein bestimmter Schulabschluss ist für eine Ausbildung zur Fachkraft für Automatenservice nicht erforderlich. In der Praxis haben die meisten Auszubildenden jedoch einen Hauptschulabschluss.

1 Juri interessiert sich für diesen Beruf und möchte gerne eine Ausbildung zur Fachkraft für Automatenservice beginnen. Recherchiere zu folgenden Fragen:

a) In welchen Branchen arbeiten Fachkräfte für Automatenservice?

b) Da Juri unter 18 Jahre alt ist, muss er eine „weitere Ausbildungsvoraussetzung" erfüllen, um eine Ausbildung beginnen zu können. Welche ist das?

c) Welche Kompetenzen sollte Juri als Fachkraft für Automatenservice haben?

d) Welche mathematischen Kenntnisse benötigt Juri für diesen Beruf?

2 Juri hat einen Praktikumsplatz als Fachkraft für Automatenservice bekommen. Er darf für einen Tag das Fahrtenbuch führen.

a) Beschreibe die Tabelle. Berechne die jeweils zurückgelegten Wegstrecken.

b) Der Chef benötigt für die Statistik die durchschnittlich gefahrenen Kilometer. Berechne.

c) Wie viel Zeit hat Juri an diesem Vormittag mit seinem Praktikumsbetreuer im Auto verbracht?

d) ★ Berechne die Zeit, die Juri und sein Praktikumsbetreuer durchschnittlich bei einem Kunden verbracht haben. Berechne hierfür zunächst die Einzelzeiten.

Fahrtenbuch

Name des Fahrers: G. Siemers   Autokennzeichen: OL-HK 437   Abgabedatum:

Datum	Abfahrtszeit	Ankunftszeit	Wegstrecke	Reisezweck	km-Stand am Zielort	Unterschrift
15.03.	07:30	07:54	20 km	Snackautomaten am Hbf. auffüllen	89 512	Juri
15.03.	08:30	08:50		Reinigung Kaffeeautomat Polizei	89 527	Juri
15.03.	09:12	09:27		Wartung Spielautomat Müllers Eck	89 536	Juri
15.03.	10:00	10:35		Automaten bei Automaten-Schmidt verladen und abgeholt	89 580	Juri
15.03.	10:55	11:30		Snackautomaten bei der Sicherversicherung aufgestellt	89 615	Juri
15.03.	12:15	…	…	…	…	…

zu Aufgabe 2: Angebot in den Kopiervorlagen nutzen

3 Am Bahnhof werden in einem Monat 683 Flaschen Softgetränke aus dem dort aufgestellten Getränkeautomaten gezogen.

a) Im Einkauf zahlt Juris Firma pro Flasche 45 ct. Am Automaten zahlt der Kunde für eine Flasche 1,10 €. Berechne den Gewinn pro Flasche.

b) Berechne, wie viele Flaschen durchschnittlich pro Tag verkauft werden.

★ c) Der Getränkeautomat fasst 90 Flaschen. In welchen Zeitabständen muss der Automat aufgefüllt werden, damit der Verkauf nicht unterbrochen wird?

4 Ein Unternehmen möchte einen Süßigkeitenautomaten bei sich aufstellen. Man ist sich noch nicht sicher, ob das Angebot bei der Belegschaft gut ankommt. Das Unternehmen erhält zwei Angebote:

Angebot 1

Kaufpreis:	3 500 €
Transport:	110 €
Wartungspauschale:	150 € pro Jahr

– 1 Jahr Garantie

Angebot 2

Miete pro Monat:	187,50 €
Transport:	0 €
Wartungspauschale:	150 € pro Jahr

– Vertrag monatlich kündbar
– nach 2 Jahren Tausch gegen ein Neugerät

a) Berechne die Gesamtkosten für Angebot 1 und 2 nach zwei Jahren.

★ b) Nach wie vielen Monaten ist Angebot 2 teurer als Angebot 1?

c) In der Praxis entscheiden sich sehr viele Firmen für das Angebot 2. Nenne Gründe, die dafür sprechen, dieses Angebot zu nutzen.

5 In einer Spielhalle ist ein Spielautomat des Typs „Einarmiger Bandit" kaputt und wird von Juri und seinem Praktikumsbetreuer repariert.

a) Berechne die Mehrwertsteuer und den Bruttopreis für die Ersatzteile.

b) Juri und sein Begleiter benötigen eine halbe Stunde für die Reparatur des Automaten.
Berechne, wie viel der Betreiber der Spielhalle insgesamt bezahlen muss.

Preisliste	Nettopreis:
Hebel Mark. 5	189 €
Walze „Kirsch"	59 €
Befestigungsmaterial	5 €
+ 19 % MwSt.	______
Bruttopreis:	______

Anfahrtspauschale: 15 €
Stundensatz: 38,50 €

6 Recherchiere, welche Firmen in deiner näheren Umgebung Fachkräfte für Automatenservice beschäftigen.
Welche dieser Firmen bilden auch aus?

Wiederholung

1 a) Negative Zahlen im Alltag: Welche Informationen kannst du den Beispielen entnehmen?

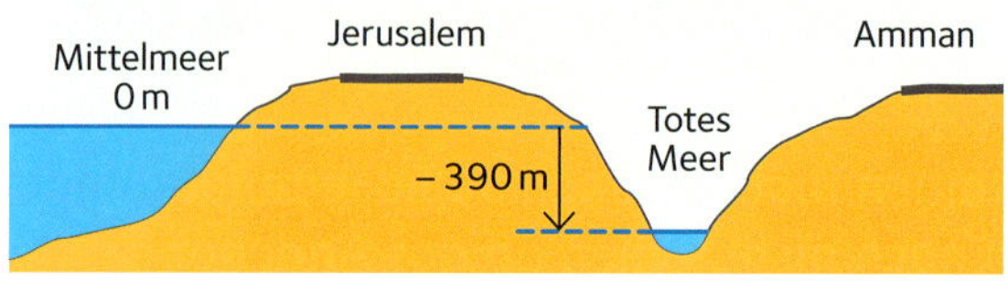

Rekordkälte in Berlin und Brandenburg. Der Brandenburger Rekord lag den Angaben zufolge in Forst bei minus 25 °. Der Berliner Rekord wurde mit 24 Grad unter null registriert.

(Berliner Zeitung, 6.2.2012, gekürzt)

b) Wo findet ihr weitere Beispiele für negative Zahlen im Alltag? Sucht Texte, Fotos, Abbildungen usw. und ordnet diese den unterschiedlichen Bereichen des Alltags zu. Gestaltet auf einem Plakat ein Mindmap mit euren Fotos, Texten …

Erdkunde

Konto

Wetter

2 a) Ergänze den Merksatz und schreibe ihn auf.
Negative Zahlen sind … als null. Sie werden mit einem … gekennzeichnet.

b) Nenne fünf Beispiele für negative Zahlen.

Prüfe im Mathe-Lexikon.

c) Ergänze den Merksatz und schreibe ihn auf.
Die Zahlen … –5, –4, –3, –2, –1, 0, 1, 2, 3, 4, 5 … heißen ▒.
Das Zeichen dafür ist: ▒

d) Nenne fünf weitere Beispiele für ganze Zahlen.

3 Wie heißen die markierten Zahlen? Sprich die Zahlen und schreibe sie auf.

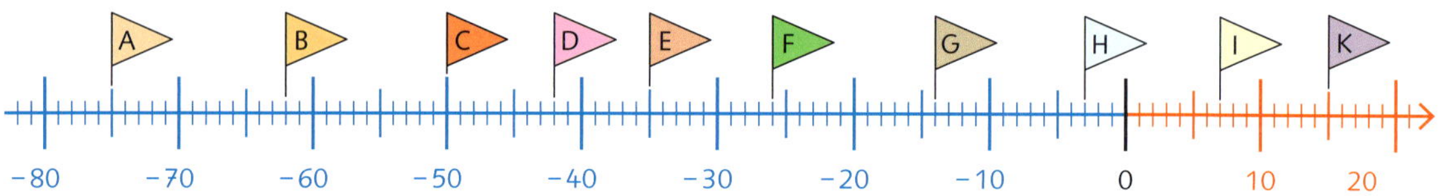

4 Vergleiche. >, < oder =?

a)	b)	c)	d)
–30 ● –20	4 ● – 4	–100 ● –80	–41 ● 19
–50 ● –59	–77 ● –27	–250 ● –300	–17,5 ● –11,5
–70 ● –77	–25 ● –20	–180 ● –100	– 5,5 ● – $5\frac{1}{2}$

5 Ordne der Größe nach. Beginne mit der kleinsten Zahl.

a) –80 | –50 | –8 | 80 | –5

b) –11 | –23 | 37 | –6 | –44

c) –7 | 77 | –7,7 | 7 | –0,7

d) –3,8 | 8,3 | –0,5 | –5 | –5,5

Kopiervorlage zur Selbsteinschätzung beachten

Das erweiterte Koordinatensystem

1 a) Beschreibe das Koordinatensystem. Verwende die Begriffe x-Achse, y-Achse, Nullpunkt und Koordinaten.

b) Welchen Punkt zeichnet Noah gerade ein: A (2|3) oder A (3|2)? Begründe.

c) In welche Richtungen wird das Koordinatensystem erweitert, wenn die negativen Zahlen auf der x-Achse und der y-Achse ergänzt werden?

Das **erweiterte Koordinatensystem** wird durch die Achsen in die vier **Quadranten** I, II, III und IV eingeteilt. Der Schnittpunkt der beiden Achsen S (0|0) heißt **Nullpunkt**.
Punkt A hat die Koordinaten x = −2
y = 1
Man schreibt kurz: A (−2|1).
Punkt A liegt im II. Quadranten.

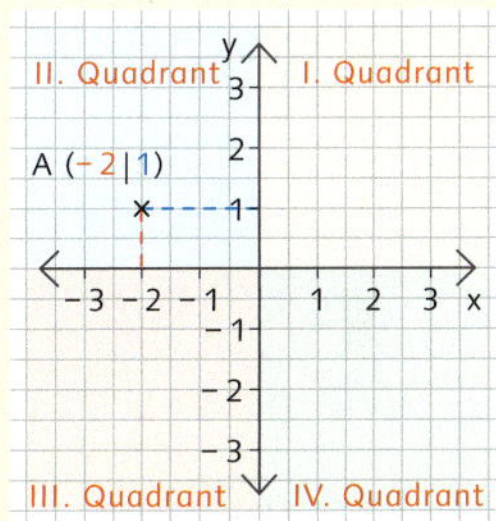

2 a) Zeichne ein erweitertes Koordinatensystem. Trage folgende Punkte ein: A (−4|2), B (4|2), C (−4|−2), D (4|−2). Welcher Punkt liegt in welchem Quadranten?

b) Untersuche das erweiterte Koordinatensystem. Übertrage die Tabelle ins Heft und ergänze.

Quadrant	x-Koordinate	y-Koordinate
I	■	■
II	negativ	positiv
III	■	■
IV	■	■

c) In welchem Quadranten liegen die Punkte? Begründe.
H (3|5), J (−7|6), K (4|−8), L (−5|−9), M (1|−2), N (−9|7), O (8|2), P (−3|−1)

3 Bestimme die Koordinaten der Punkte A bis J. In welchem Quadranten liegen die Punkte? Schreibe auf.

A (− 2 | 3) II. Quadrant

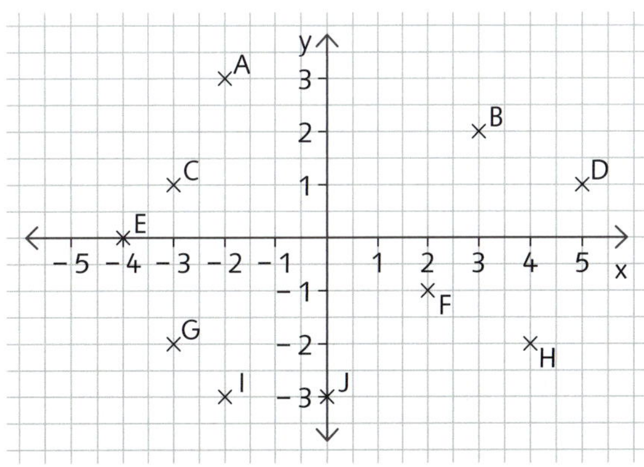

Kontobewegungen, Guthaben und Schulden

1 a) Wofür benötigt man einen Kontoauszug?

b) Ergänze die Sätze.
Ein Saldo von − 50 € bedeutet ▢.
Ein Saldo von + 50 € bedeutet ▢.

2 a) Wer ist der Kontoinhaber?

b) Bei welcher Bank wird dieses Konto geführt?

c) Recherchiere, was die Abkürzung IBAN bedeutet.

d) Wie lautet die IBAN-Nummer? Unterscheide nach: Länderkennzeichen mit Prüfziffer, Bankleitzahl und Kontonummer.

e) Wie hoch war der alte Kontostand? Wie hoch ist der aktuelle Kontostand?

f) Wann wurde der Kontoauszug erstellt? Welche Buchungen wurden vorgenommen? Ordne die Buchungen nach Gutschriften und Abbuchungen.

Doku-Bank Dortmund — Jan Jobst
IBAN DE83 10055500 1352468046 — Auszug Nr. 26

Datum	Buchungstext	Betrag
alter Kontostand lt. Auszug v. 16.07.2013		+985,27 €
17.07.2013	Einkauf Möbelcenter	-138,97 €
19.07.2013	Gutschrift Oma Jobst	+50,00 €
23.07.2013	Frischecenter Supermarkt	-25,68 €
03.08.2013	Lohn 07/13 Maler-Kraus GmbH	+1263,56 €
Hamburg, den 03.08.2013 14:28Uhr	Saldo	+2134,18 €

3 Arbeite mit Kontoauszügen verschiedener Banken:

a) Ermittle die Kenndaten des Kontos: Kontoinhaber, Name des Geldinstituts, Länderkennzeichen mit Prüfnummer, Bankleitzahl, Kontonummer.

b) Wann wurde der Kontoauszug erstellt? Welche Buchungen wurden vorgenommen? Ordne nach Gutschriften und Abbuchungen.

c) Welche weiteren Informationen kannst du dem Kontoauszug entnehmen?

d) Vergleicht verschiedene Kontoauszüge miteinander.

4 Ordne den Begriffen die passenden Erklärungen zu. Schreibe ins Heft.

Kontostand im Soll — Kontostand im Haben — Buchungstag

Gutschrift — Lastschrift — Habenzinsen — Sollzinsen

- Zinsen für ein Konto mit Guthaben
- Buchung, bei der etwas auf das Konto eingezahlt wurde
- Buchung, bei der von dem Konto etwas auf ein anderes Konto überwiesen wurde
- Zinsen für ein Konto mit Schulden
- Geldbetrag, um den das Konto überzogen wurde
- Tag, an dem eine Buchung durchgeführt wurde
- Geldbetrag, der auf dem Konto zur Verfügung steht

zu Aufgabe 3: Angebot in den Kopiervorlagen nutzen

5 Vergleiche die Kontostände. >, < oder =? Schreibe ins Heft.

a) −350 € ● −740 €
−180 € ● +90 €
+430 € ● −500 €

b) −260 € ● −950 €
+370 € ● +60 €
−750 € ● +750 €

c) −236 € ● −236 €
+299 € ● −899 €
+245 € ● +425 €

6 Wer hat das Konto mit dem höchsten Kontostand, wer das Konto mit dem niedrigsten Kontostand?

Frau Petrov	Herr Kowalski	Herr Chen	Frau Akgün	Herr Meier
−257 €	−98 €	+127 €	−509 €	+381 €

7 Ordne die Kontostände. Beginne mit dem niedrigsten Kontostand.

a) −256 € 103 € −98 € −72 € 61 €

b) 87 € −45 € −403 € −184 € 181 €

8 a)

Erkläre, wie man den neuen Kontostand berechnet.

b) Formuliere eine Aufgabe wie in Aufgabe a). Rechne.
Wie kannst du dein Ergebnis überprüfen? Kontrolliere mit einem Partner.

Vor dem Rechnen überlege ich, ob der neue Kontostand höher oder niedriger als der alte Kontostand sein wird. Nach dem Rechnen vergleiche ich beide Kontostände.

9 Zeichne zu jeder Buchung ein Pfeilbild und berechne den neuen Kontostand.

a)

alter Kontostand	Gutschrift oder Lastschrift
−30 €	+50 €
−70 €	−20 €
−90 €	+40 €
−20 €	−80 €

b)

alter Kontostand	Gutschrift oder Lastschrift
−20 €	+40 €
+40 €	−30 €
−60 €	+80 €
+30 €	−60 €

Prüfe dich

10 Herr Fischer arbeitet im Außendienst. Er notiert täglich die gefahrenen Kilometer:
36,5 km, 89,7 km, 13,9 km, 114,2 km, 64,8 km, 59,6 km.
Bestimme den Mittelwert und den Zentralwert.

Rechnen mit ganzen Zahlen

1 Welches Thermometer passt? Ordne zu.
Schreibe jeweils die Aufgabe und die Gleichung in dein Heft. Ergänze die Lösung.

a) Thermometer Nr.: ▒   – 4 – 9 = ▒

a) Mittags sind es –4 °C. Bis zum Abend fällt die Temperatur um 9 °C.

b) Um 14 Uhr sind es 3 °C. Bis Mitternacht sinkt die Temperatur um 10 °C.

c) Am Morgen sind es –4 °C. Bis 12 Uhr steigt die Temperatur um 9 °C.

d) Um 6 Uhr sind es 3 °C. Bis Mittag steigt die Temperatur um 10 °C.

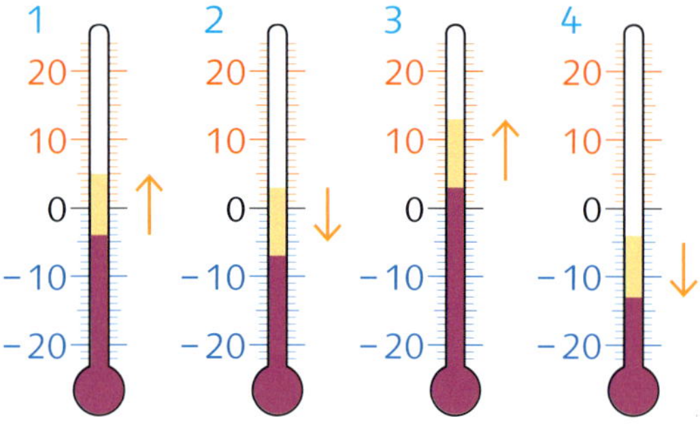

2 Schreibe zu jeder Abbildung die passende Gleichung auf. Rechne aus.

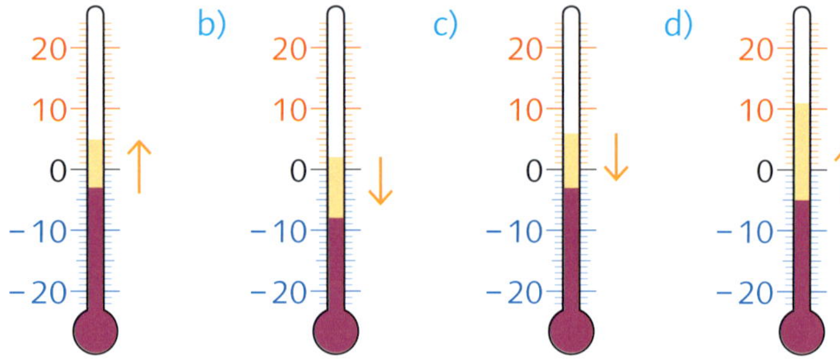

3 Berechne die Temperaturdifferenzen zwischen …

a) Oslo und Minsk.

b) Moskau und Warschau.

c) London und Berlin.

d) Madrid und Wolgograd.

e) Wien und Warschau.

f) Dublin und Moskau.

4 ★ Auf der Insel Rügen wurden um 6 Uhr morgens folgende Temperaturen gemessen:

Montag: –5 °C   Donnerstag: –7 °C   Samstag: –5 °C
Dienstag: –4 °C   Freitag: –3 °C   Sonntag: –5 °C
Mittwoch: –6 °C

Berechne die Durchschnittstemperatur für diese Woche.

Wenn alle Temperaturen unter 0 °C waren, muss die Durchschnittstemperatur auch …

5 Frau Hartmann hat auf dem Girokonto einen Kontostand von −250 €. Dann wird ihr Gehalt in Höhe von 1 560 € gutgeschrieben. Berechne den neuen Kontostand.

6 Kenans großer Bruder Mert macht eine Ausbildung zum Bäcker.
Seine Freundin Jasmin lernt in einem Friseursalon.
Berechne für beide den monatlichen Kontostand nach Eingang des Lohnes.

a) Jasmins Konto

Kontostand am Ende des Monats	
Januar	−100 €
Februar	−25 €
März	+10 €

b) Merts Konto

Kontostand am Ende des Monats	
September	+70 €
Oktober	−20 €
November	−50 €

7 Schreibe zu jedem Pfeilbild die passende Aufgabe. Rechne aus.

a) 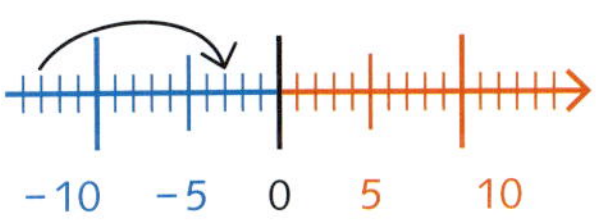

b) 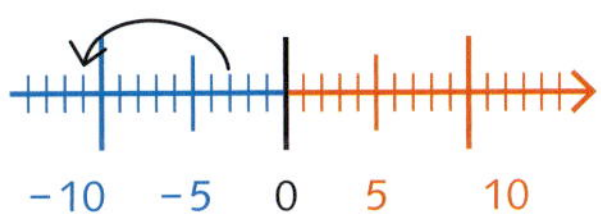

c) 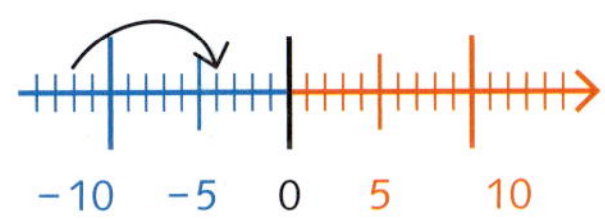

d) 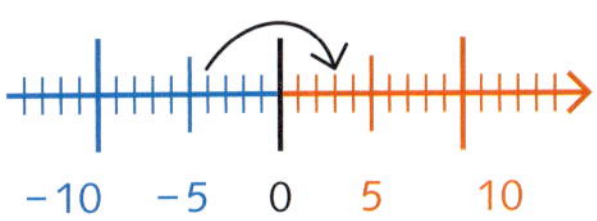

e) 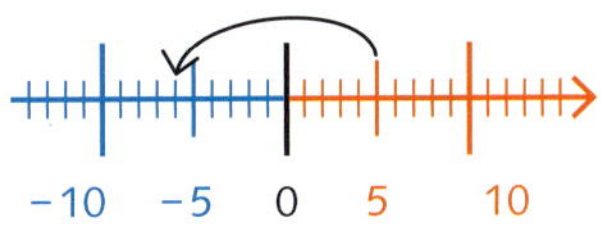

f) 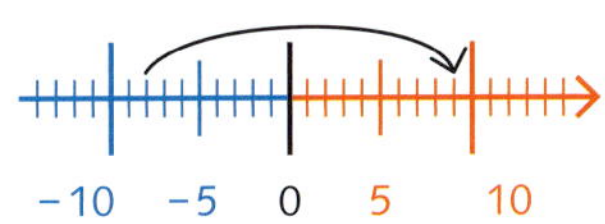

8 Zeichne zu jeder Aufgabe das Pfeilbild. Rechne aus.

a) −8 + 4 b) 9 − 15 c) −12 + 4 d) −6 − 5 e) −7 + 10

9 Rechne im Kopf. Überlege vor dem Rechnen, ob der Rechenpfeil auf der Zahlengeraden nach links oder nach rechts zeigt.

a)
−7 + 3
−5 − 2
9 − 14
−1 + 8

b)
6 − 10
−11 − 3
−8 + 7
2 − 13

Beim Addieren bewegt man sich auf der Zahlengeraden nach rechts, beim Subtrahieren nach links.

Ich denke immer an ein Konto. Dann weiß ich, wie ich rechnen muss.

10 Überschlage zuerst und rechne dann halbschriftlich.

a)
−970 + 560
−480 + 250
−630 + 410
−850 + 360

b)
−310 − 240
−170 − 810
−430 − 520
−160 − 130

c)
−390 + 180
−220 − 750
−410 − 270
−860 + 530

Ü: −1000 + 600 = −400

R: −970 + 560 =
−970 + 500 = −470
−470 + 60 = −410

11 a) Kleopatra lebte von 69 v. Chr. bis 30 v. Chr. Wie alt ist sie geworden?

b) Sie regierte von 51 v. Chr. bis 30 v. Chr. Wie lange dauerte ihre Regierungszeit?

Rationale Zahlen

1 a) Erklärt euch gegenseitig die Begriffe „natürliche Zahlen“ und „ganze Zahlen“. Ordnet die Zeichen ℤ und ℕ zu. Findet Beispiele.

b) Erklärt euch gegenseitig die Begriffe „positive Zahlen“ und „negative Zahlen“. Findet Beispiele für Zahlen, die nicht zu den „ganzen Zahlen“ gehören.

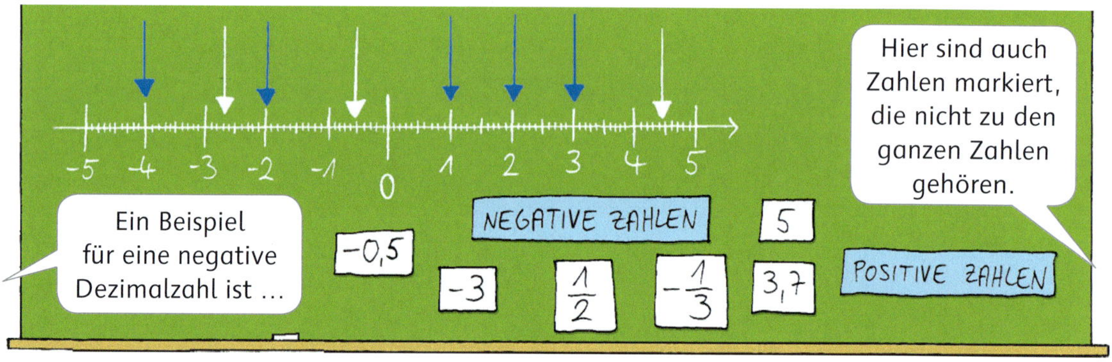

Alle Zahlen, die sich als Bruch darstellen lassen, heißen **rationale Zahlen**. Dazu gehören die ganzen Zahlen, die Brüche und die Dezimalzahlen. Das Zeichen dafür ist: ℚ. Die rationalen Zahlen werden auch Bruchzahlen genannt.

2 a) Übertrage die Tabelle ins Heft und ergänze.

	natürliche Zahl	ganze Zahl	rationale Zahl
89	x	x	x
−3,345	–	–	x
6,4	▒	▒	▒
−73	▒	▒	▒
$\frac{1}{2}$	▒	▒	▒

b) Erkläre die Abbildung.

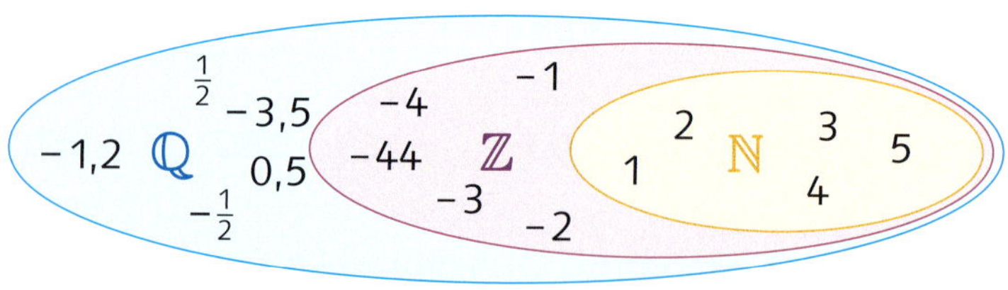

c) Recherchiere: Welche Zahlen sind keine rationalen Zahlen? Finde Beispiele.

3 Welche zwei Aussagen sind falsch? Begründet eure Entscheidung.
Schreibt die richtigen Aussagen als Merksätze in eure Hefte.

Es gibt rationale Zahlen, die keine ganzen Zahlen sind.	Jede natürliche Zahl ist eine ganze Zahl.	Es gibt natürliche Zahlen, die keine ganzen Zahlen sind.
Jede rationale Zahl ist eine ganze Zahl.	Jede ganze Zahl ist eine rationale Zahl.	Jeder Bruch und jeder Dezimalbruch ist eine rationale Zahl.

4 Vergleiche. >, < oder =?

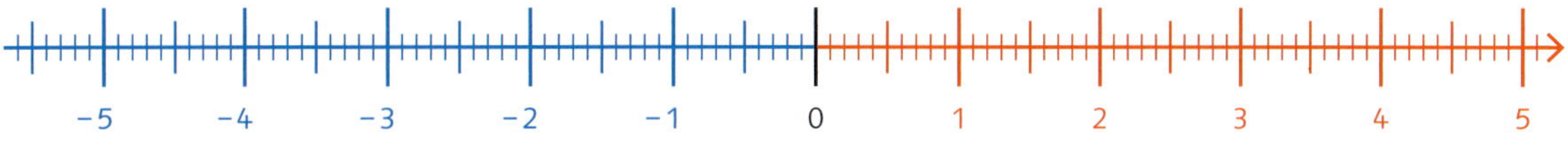

a)			b)			c)			d)		
−2,5	●	−5,6	2,6	●	2,7	−2,4	●	−4,2	−3	●	−3,0
−3,14	●	−4,13	−3,5	●	−2,5	−3	●	−3,3	−2,61	●	−0,261
−2,8	●	2,80	−2,1	●	2	−2,673	●	−2,679	−3,04	●	−3,004
−3	●	−2,90	−2,98	●	−2,89	−2,9	●	−2,900	2,5	●	2,3

5 Ordne der Größe nach. Beginne …

a) mit der kleinsten Zahl.

−3,8 | −3,6 | −3,7 | −3,1 | −3,9

b) mit der größten Zahl.

−3,2 | −3 | −3,5 | −3,9 | −3,4

6 Schreibe zu jedem Pfeilbild die passende Aufgabe. Rechne aus.

A
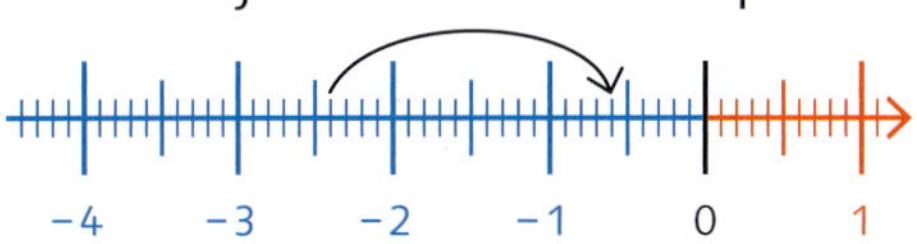

B
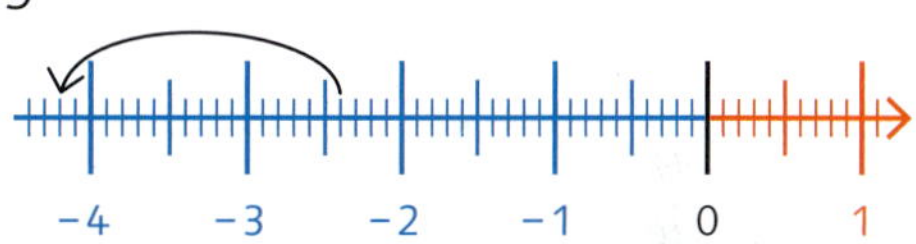

C
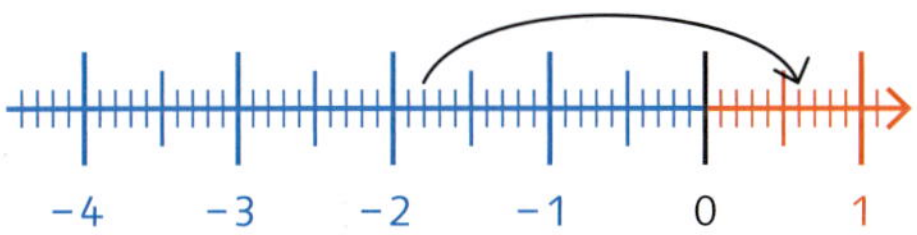

D
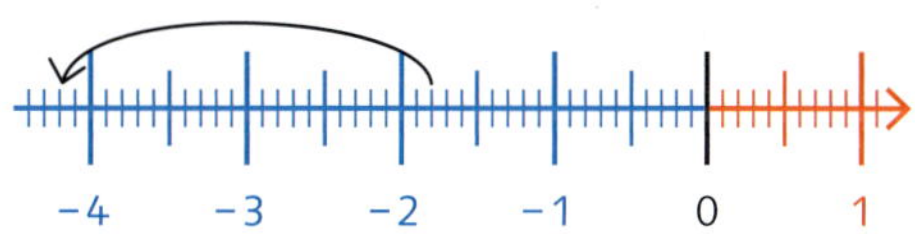

1 −2,4 − 1,8 2 −1,8 − 2,4 3 −1,8 + 2,4 4 −2,4 + 1,8

7 Rechne im Kopf. Überlege vor dem Rechnen, ob der Rechenpfeil auf der Zahlengeraden nach links oder nach rechts zeigt.

a)	b)	c)	d)
−7,5 + 2,1	−2,3 − 4,8	−7,3 − 1,6	−25,4 + 10,1
−4,8 + 1,7	−1,7 − 8,1	−8,9 + 7,5	−16,5 + 7,3
−6,9 + 3,5	−3,6 − 5,2	−9,4 + 2,3	−12,3 − 6,5
−5,6 + 4,2	−5,4 − 2,4	−1,1 − 6,7	−23,2 − 4,7

8 Herr Kowalski hat auf dem Girokonto ein Guthaben von 250,50 €. Davon wird die Miete in Höhe von 870,90 € abgebucht. Berechne den neuen Kontostand.

> Ich berechne die Differenz bis zum Kontostand 0 €. Dann weiß ich, wie viel für die Miete noch fehlt.

Mathe mit Methode: Fachsprache verwenden

Jedes Fachgebiet hat eine eigene Sprache. Es gibt somit verschiedene Fachsprachen, zum Beispiel in der Mathematik, in der Medizin, in der Musik oder in der Informatik. In jeder Fachsprache gibt es eigene Fachbegriffe, Symbole, Zeichen und Regeln.

Mit meinen Freunden rede ich anders als mit meiner Lehrerin.

1 a) Welche wichtigen Fachbegriffe und Symbole aus der Fachsprache der Mathematik kennst du?

b) Übertrage die Tabelle in dein Heft. Ergänze die fehlenden Angaben. Trage weitere Fachbegriffe und Symbole ein. Nicht für jeden Fachbegriff gibt es ein Symbol.

c) Tragt eure Ergebnisse in der Klasse zusammen und erstellt gemeinsam ein Lernplakat.

Fachbegriff	Symbol	Bedeutung
Addieren	■	plus, zusammenzählen
■	∟ (mit Punkt)	90-Grad-Winkel
Nenner	2/■	Der Nenner gibt an, in wie viele gleich große Teile ein Ganzes geteilt wird.
Prozent	■	von hundert
■	■	■

2 a) Recherchiere folgende Begriffe und bilde jeweils passende Sätze.

Minuend Faktor Produkt Differenz Summe Quotient Divisor Dividend Subtrahend Variable Summand Multiplikation Division Addition Subtraktion

b) Was fällt dir auf, wenn du die Sätze zur Multiplikation und Addition mit den Sätzen zur Division und Subtraktion vergleichst? Welche Begründung kann es dafür geben?

Wenn Fachsprache und Alltagssprache miteinander vermischt werden, kann es leicht zu Missverständnissen kommen.

3 a) Beschreibe, welche Missverständnisse in den drei Beispielen auftreten.

1
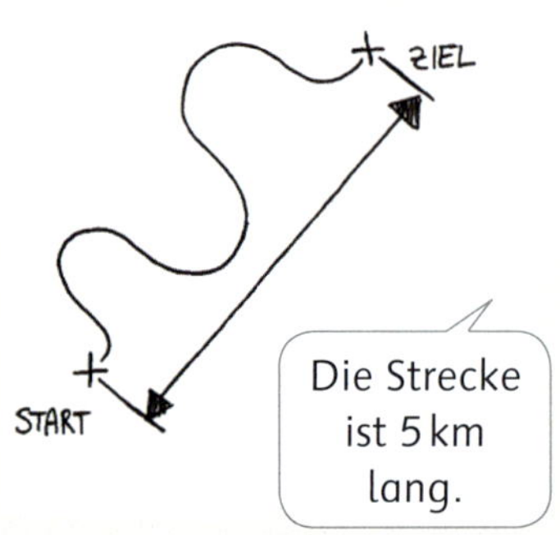

2

3

b) Wie lassen sich solche Missverständnisse in der Mathematik vermeiden?

Terme aufstellen und vereinfachen

1 Die Terme beschreiben den Umfang von Figuren. Ordne zu und begründe.

- $2 \cdot a + 2 \cdot b$
- $a + b + c$
- $4 \cdot a$
- $2a + 2b + 2c + 2d$
- $a + b + c + d$

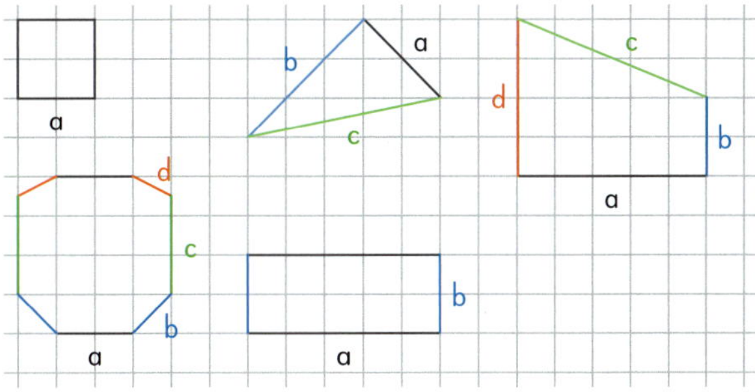

Bei Vielfachen von Variablen, wie $2 \cdot a$, kann ich den Malpunkt weglassen. Ich schreibe: $2a$.

2 Für den Term $a + a + a + a + 2$ kann man auch diese Terme schreiben. Begründe.

$4 \cdot a + 2$ $2 + 4 \cdot a$ $4a + 2$ $2 + 4a$ $3a + a + 2$ $2a + 2a + 2$

Wenn in einem Term die gleiche Variable mehrmals vorkommt, lässt sich der Term vereinfachen.

1. Ich markiere die gleichen Variablen farbig.
2. Ich ordne.
3. Ich fasse zusammen.

Beispiel:
$a + b + a + b + 4$

$a + b + a + b + 4$
$= a + a + b + b + 4$
$= 2a + 2b + 4$

3 Vereinfache die Terme.

a) $x + x + x + 2$
$10 + 3k - k$
$11b + 5 - 3b$

b) $3m + 8 + 4m - 3$
$5a + 2a$
$12k + 3 \cdot 4m - 5k$

c) $x + 3y + z - x + 4y - z + 7x - 4y$
★ $\frac{1}{2}a + 7b + \frac{3}{4}a$
$3 - 4a + a$

4 Bilde die passenden Terme. Schreibe sie in dein Heft.
Ich denke mir eine Zahl x aus.

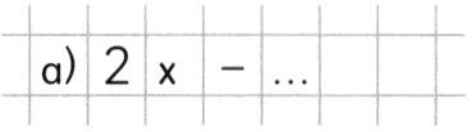

a) Ich verdopple diese Zahl und subtrahiere 3.

b) Ich multipliziere diese Zahl mit 5 und addiere 12.

c) Ich addiere diese Zahl zu 3 und subtrahiere 1.

d) Formuliere weitere Aufgaben, in denen du Terme in einem Satz beschreibst.
Tausche mit einem Partner die Aufgaben aus. Findet die passenden Terme.

5 Bei einem Ferienjob erhält Juri einen festen Lohn von 60 € pro Woche.
Wenn er zusätzliche Stunden arbeitet, bekommt er 7 € pro Stunde dazu.

a) Gib einen Term für den Verdienst in einer Woche an.

b) Gib einen Term für den Verdienst an, wenn er mehrere Wochen arbeitet.

c) Berechne seinen Verdienst für drei Wochen und fünf zusätzliche Stunden.

Kopiervorlage zur Selbsteinschätzung beachten

Gleichungen durch Probieren lösen

1 a) Notiere einen zu dem Umfang der Figur passenden Term.

b) Bestimme den Umfang der Figur mit den Maßen:
$a = 4\,cm$, $b = 1\,cm$, $c = 3\,cm$, $d = 2\,cm$.

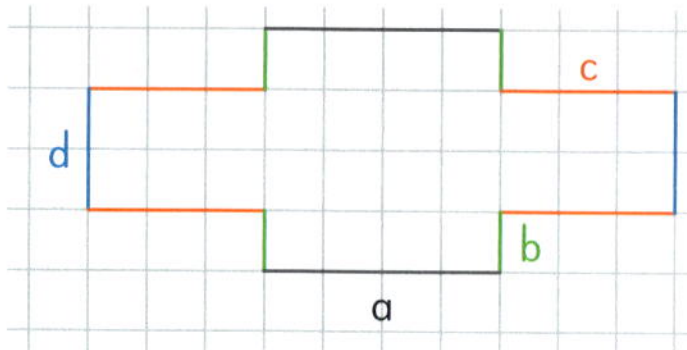

Wenn zwei Terme mit einem Gleichheitszeichen verbunden werden, erhält man eine Gleichung. Wenn beide Terme denselben Wert haben, ist die Aussage der Gleichung wahr.

$2a + 2b$ ist ein Term.

Aber: $u_{\square} = 2a + 2b$ ist eine Gleichung.

2 Bestimme das Gewicht des Kastens x.

a) Stelle eine passende Gleichung auf.

b) Überlege dir, wie du das Gewicht des Kastens x bestimmen kannst.

c) Suche dir einen Partner. Vergleicht eure Lösungen. Erklärt euer Vorgehen mit Hilfe der Abbildung und stellt es der Klasse vor.

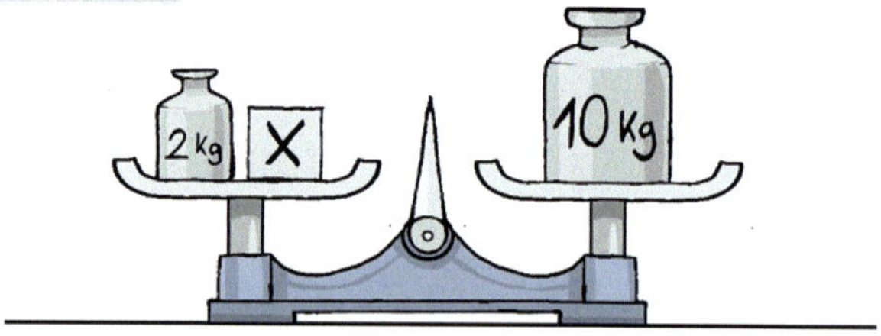

Du kannst dir eine Gleichung als Waage vorstellen. Wenn die Waage im Gleichgewicht ist, sind beide Seiten gleich schwer. Die Gleichung ist wahr.

Eine Gleichung lässt sich durch systematisches Probieren lösen.
Für die Variablen werden verschiedene Zahlen eingesetzt. Eine Tabelle hilft dabei.

3 a) Beschreibe die Tabelle.

b) Finde heraus, welchen Wert du für die Variable a einsetzen musst, damit die Aussage der Gleichung wahr wird. Übertrage die Tabelle ins Heft und setze sie fort.

$2 \cdot (a + 1) = 14$

a = ▢	Term	Wert des Terms	Aussage: wahr/falsch
1	$2 \cdot (\mathbf{1} + 1)$	4	falsch
2	$2 \cdot (\mathbf{2} + 1)$	6	falsch
3	$2 \cdot (\mathbf{3} + 1)$	▢	▢
▢	▢	▢	▢

c) Welche Situation passt zu dieser Gleichung? Begründe.

A Im Angebot kauft Ole zwei Packungen Sticker. Jede Packung enthält einen Sticker mehr als sonst. Insgesamt bekommt er 14 Sticker.

B Ole kauft zwei Packungen Sticker. An der Kasse bekommt er noch einen Sticker geschenkt. Insgesamt hat er 14 Sticker bekommen.

4 Löse die Gleichungen durch Probieren. Erstelle hierfür jeweils passende Tabellen.

a) $4z = 20$
$12 = 2c$

b) $6x - 2 = 28$
$37 = 10b - 3$

c) $15 = 18 - a + 3$
$2 + m + 2 + 2m = 19$

d) $5a - 2{,}5 = 12{,}5$
★ $\frac{1}{2}z + 1 = 5$

Gleichungen durch Umformen lösen

1 a) Beschreibe die Abbildung.

b) Vermute: Wie viele Kugeln sind so schwer wie die Kiste a?

c) Wie gehst du vor, um das Gewicht der Kiste a zu bestimmen? Beschreibe.

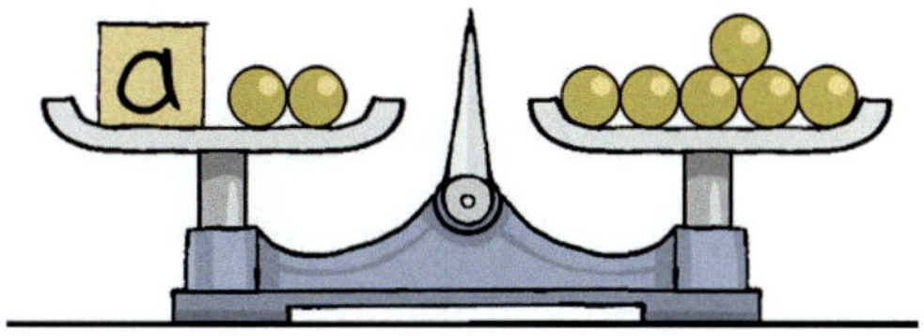

> Will man eine Gleichung mit einer Variable lösen, muss man sie so umformen, dass die Variable allein auf einer Seite des Gleichheitszeichens steht.
> Dazu können verschiedene Rechenschritte genutzt werden.
> Wichtig ist, dass auf beiden Seiten der Gleichung immer die gleichen Rechenschritte durchgeführt werden.

Wenn ich auf der einen Seite 2 subtrahiere, muss ich auf der anderen Seite …

2 Beschreibe das Umformen der Gleichung mit eigenen Worten.

Damit die Waage im Gleichgewicht bleibt, muss ich auf beiden Seiten immer das Gleiche machen.

Damit die Gleichung wahr bleibt, muss ich auf beiden Seiten der Gleichung die gleichen Rechenschritte durchführen.

$x + 3 = 11$

Zuerst stelle ich die Gleichung auf.

Danach überlege ich, was zu tun ist, damit die Variable allein steht.

$x + 3 - 3 = 11 - 3$

Hierzu muss ich auf beiden Seiten der Gleichung die gleichen Rechenschritte durchführen.

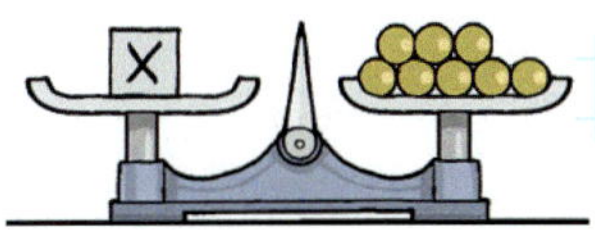

$x = 8$

Jetzt weiß ich, welchen Wert die Variable hat.

3 Löse die Gleichung $a + 2 = 4$ durch Umformen. Gehe vor wie in Aufgabe **2**.

a) Zeichne zuerst eine Waage, die zu dieser Gleichung passt.

★ b) Zeichne zu den einzelnen Schritten der Umformung je eine passende Waage.

c) Schreibe zu jeder Abbildung die passende Gleichung.

interaktive Übung: 117–1

4 a) Finde heraus, welches Gewicht die Kisten in A und B haben.
Zeichne jeweils zuerst die Waagebilder zu den einzelnen Schritten der Umformung.

b) Schreibe danach zu jeder Abbildung die passende Gleichung auf.

c) Suche dir einen Partner.
Vergleicht eure Lösungswege.

A

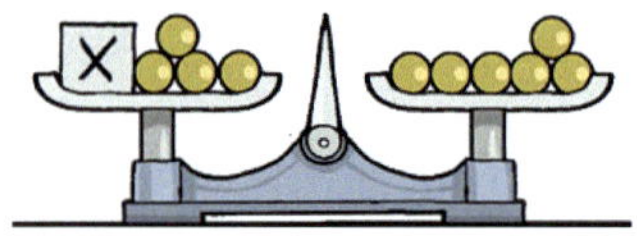

B

5 Anna war mit einer Freundin einkaufen. Insgesamt hat sie 19 € ausgegeben. Anna überlegt: „Ich habe eine Kette für 6 € und Ohrringe für 8 € gekauft. Dann waren wir noch Eis essen.“ Wie teuer war das Eis? Stelle die Gleichung auf und löse sie durch Umformen.

6 Löse die Gleichungen durch Umformen.

a)		b)		c)	
	$5 + z = 13$		$14 + y = 20$		$a - 2 = 8$
	$7 = m + 3$		$11 = x + 5$	★	$12 = b - 8$
	$8 + x = 15$		$21 = z + 17$		$c - 9 = 4$

Dabei stelle ich mir einen Kasten auf der Waage vor, der sein Gewicht um 2 verringert.

Bei der **Probe** wird der Wert für die Variable in die Gleichung eingesetzt.

1. Gleichung lösen:
   $x + 4 = 12$
   $x + 4 - 4 = 12 - 4$
   $x = 8$
2. Lösung in die Gleichung einsetzen: $x = 8$
   $\mathbf{8} + 4 = 12$
   $12 = 12$
   Die Aussage ist wahr.

7 Kontrolliere deine Lösungen aus Aufgabe **6** mit der Probe.

a) Probe: $z = 8$ $\quad 5 + z = 13$
$5 + 8 =$

8 Löse die Gleichungen durch Umformen. Kontrolliere mit der Probe.

a)	b)	c)	d)
$a + 12 = 15$	$24 = k + 17$	$3 + b - 2 = 8$	$6 + y = 2y$
$11 = x + 2$	$54 = z + 28$	$2 = 9 + c - 7$	★ $d + 2 = 2d + 1$
$7 = u + 6$	$c + 72 = 121$	$4 + a - 3 = 1$	$1 + x + 6 = 2x + 3$

9 a) Was ist das Besondere bei dieser Gleichung?
Erkläre, wie die Gleichung hier umgeformt wurde.

b) Kontrolliere die Lösung mit der Probe.

$2y - 4 = 8$
$2y - 4 + 4 = 8 + 4$
$2y = 12$
$2y : 2 = 12 : 2$
$y = 6$

Umformen mit Multiplikation und Division

1 Beschreibe das Umformen der Gleichung mit eigenen Worten.

$3a + 2 = 11$

Zuerst stelle ich die Gleichung auf.

Danach überlege ich, was zu tun ist, damit die Variable allein steht.

$3a + 2 - 2 = 11 - 2$

Wenn es möglich ist, forme ich um, indem ich subtrahiere oder addiere.

$3a : 3 = 9 : 3$

Dann dividiere ich beide Seiten durch den Faktor der Variablen.

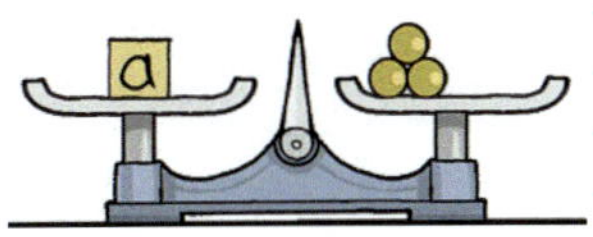

$a = 3$

Jetzt habe ich die Lösung.

$3a + 2 = 11$

$3 \cdot 3 + 2 = 11$

$11 = 11$

Ich kontrolliere mit der Probe.

2 Löse die Gleichungen durch Umformen. Kontrolliere mit der Probe.

a) $4z = 16$
$25 = 5b$
$8x = 64$

b) $8k + 7 = 23$
$19 = 3z + 4$
$3n + 4 = 10$

c) $12 = 6b - 6$
$30 = 9z - 6$
$7a - 3 = 46$

d) $3 + c = 3c + 1$
★ $25 + x = 4x + 4$
$20 + 2b = 5 + 7b$

3 Anna möchte die Gleichung $\frac{1}{2}x = 3$ lösen. Beschreibe, wie sie vorgehen kann.

★

Ich rechne so, wie ich es geübt habe: Ich dividiere durch den Faktor der Variablen.

Also rechne ich auf beiden Seiten $: \frac{1}{2}$.

Aus der Bruchrechnung weiß ich: $: \frac{1}{2}$ ist das Gleiche wie $\cdot \frac{2}{1}$.

$\frac{1}{2}x = 3$

$\frac{1}{2}x : \frac{1}{2} = 3 : \frac{1}{2}$

$\frac{1 \cdot 2}{2 \cdot 1}x = \frac{3 \cdot 2}{1 \cdot 1}$

$x = \square$

4 Löse die Gleichungen durch Umformen. Kontrolliere mit der Probe.

★ a) $\frac{1}{4}z = 2$ b) $3 = \frac{1}{5}b$ c) $\frac{1}{2}y + 2 = 4$ d) $1 = \frac{1}{5}u - 2$

Umgang mit Sachaufgaben 2: Formeln richtig verwenden

1 a) Schlage auf einer passenden Karteikarte die gesuchte Formel nach. Berechne den Flächeninhalt.

b) Recherchiert in der Formelsammlung im Arbeitsheft: Welche Formeln findet ihr dort? Sucht euch eine Formel aus. Erklärt mit Hilfe einer Skizze, was die verschiedenen Variablen bedeuten. Ordnet jeder Variablen eine passende Maßeinheit zu.

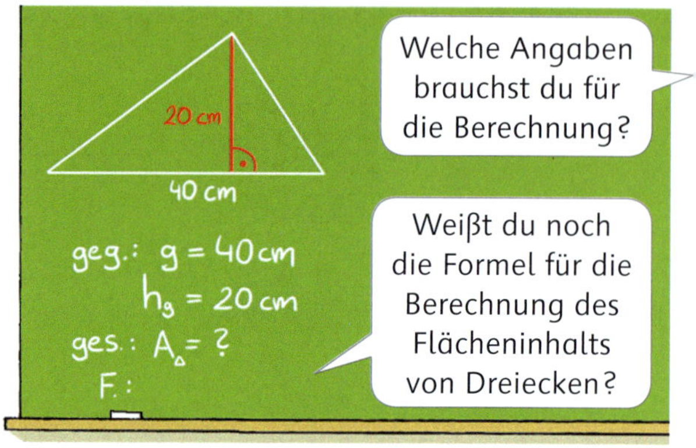

2 Für den Neubau der Gebrüder-Grimm-Schule einschließlich Keller muss eine Baugrube von 25 m Länge und 20 m Breite ausgehoben werden. Insgesamt werden 1 000 m^3 Erde ausgehoben. Wie tief ist die Baugrube?

1. Ich wähle die richtige Formel aus.

geg.: a = 25 m
b = 20 m
V = 1000 m^3

Quader:

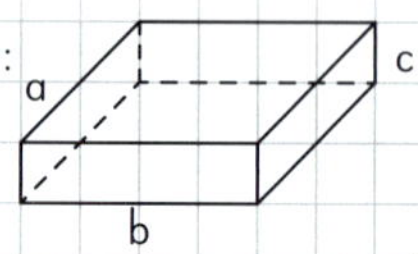

2. Ich setze die bekannten Werte ein.

ges.: c

F.: $V = a \cdot b \cdot c$

3. Wenn nötig, forme ich nach dem gesuchten Wert um.

R.: $1000\,m^3 = 25\,m \cdot 20\,m \cdot c$

$1000\,m^3 = 500\,m^2 \cdot c$

$1000\,m^3 : 500\,m^2 = c$

4. Ich rechne aus. Ich achte auf die richtige Maßeinheit.

$2\,m = c$

$c = 2\,m$

Tipp: Wie man eine Gleichung umformt, schlage ich auf den Seiten 117–119 nach.

3 Berechne nach der Anleitung in Aufgabe **2** …

a) … den Umfang der Raute.

b) … das Volumen des Quaders.

c) … die Oberfläche des Würfels.

d) … die fehlende Seite des Rechtecks.

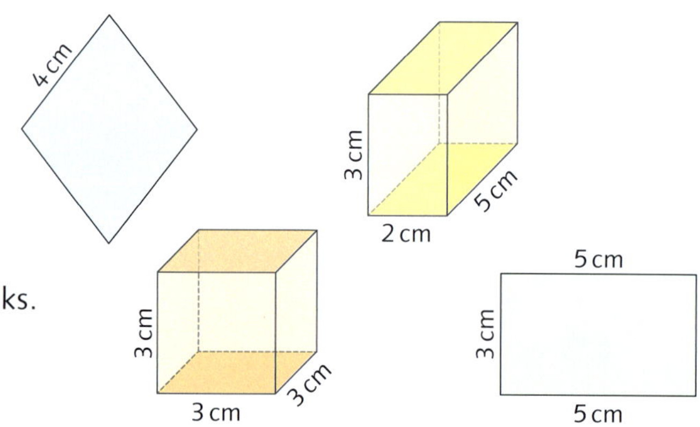

Kopiervorlage zur Selbsteinschätzung beachten

Flächeninhalte von Vierecken und Dreiecken

1 Ein Patchwork*-Teppich besteht aus zusammengesetzten Flicken. Bei diesem Teppich hat jeder Flicken die Maße 30 cm · 30 cm.

a) Bestimme den Flächeninhalt und den Umfang des gesamten Teppichs.

b) Flicken gleicher Farbe bilden zusammenhängende Flickenfelder. Welche Maße haben diese einfarbigen Felder?

b) dunkelrotes Quadrat: 60 cm · 60 cm

c) Berechne für jedes dieser Felder den Umfang und den Flächeninhalt.

d) Wie kannst du kontrollieren, ob du alle Flächeninhalte richtig berechnet hast? Prüfe deine Ergebnisse.

★ e) Kannst du auch die von dir berechneten Umfänge kontrollieren? Erkläre.

2 Erinnert euch, wie sich die Flächeninhalte der Figuren berechnen lassen. Legt zuvor fest, welche Gruppe die jeweilige Formel zur Berechnung des Flächeninhalts erarbeitet.

Rechteck:

Quadrat:

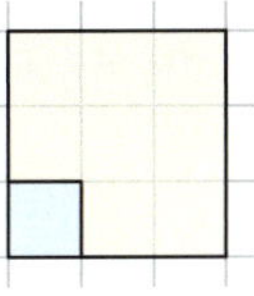

Parallelogramm:

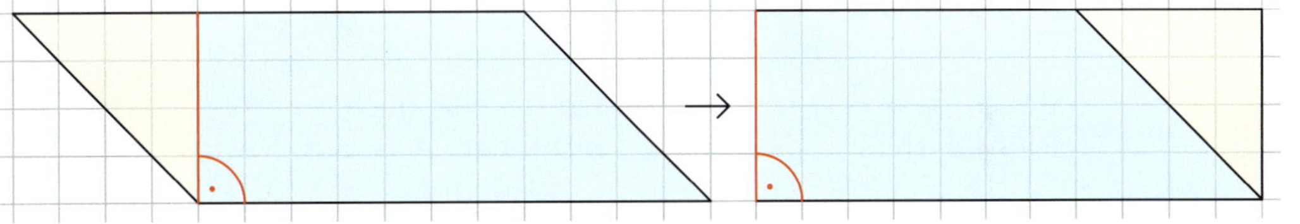

Dreieck:

Trapez:

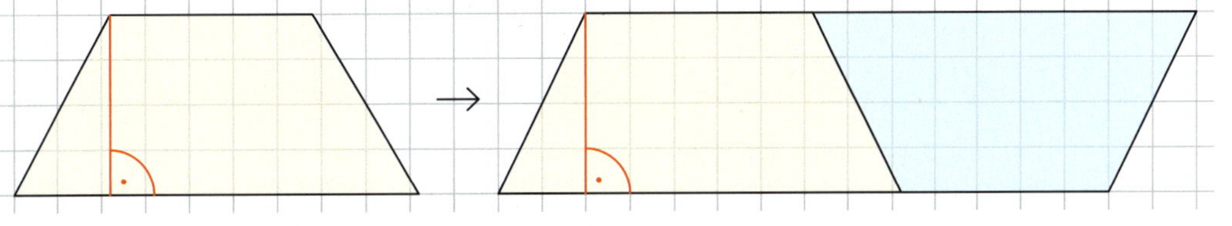

a) Erstellt jeweils eine Präsentation, in der ihr eure Ergebnisse der Klasse vorstellt. Denkt an die Regeln, die bei einer Präsentation zu beachten sind.

b) Lasst euch von der Klasse eine Rückmeldung zu eurer Präsentation geben. Was war gelungen, was könnt ihr noch verbessern?

* engl. patch – Flicken, work – Arbeit

3 Übertrage die Figuren auf Kästchenpapier. Markiere jeweils die Grundseite und die zugehörige Höhe. Berechne anschließend den Flächeninhalt und den Umfang.

a) geg.: $g = 3\,cm$
$h_g = 2\,cm$

ges.: $A_{▱} = ?$

F.: $A_{▱} = g \cdot h_g$

R.: $A_{▱} = 3\,cm \cdot 2\,cm$

$A_{▱} = \square\,cm^2$

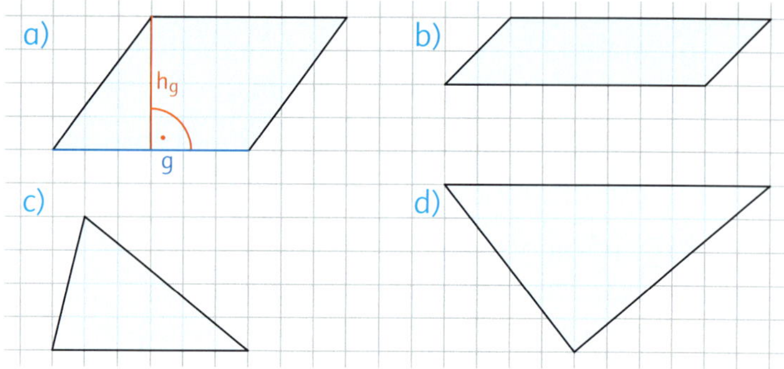

4 Berechne den Flächeninhalt der Parallelogramme.

a) $g = 8\,mm$; $h_g = 6\,mm$
$g = 7\,m$; $h_g = 4\,m$

b) $g = 5\,dm$; $h_g = 3{,}4\,dm$
$g = 27\,cm$; $h_g = 12{,}8\,cm$

c) $g = 4\,m$; $h_g = 200\,cm$
$g = 850\,cm$; $h_g = 6\,m$

5 Berechne den Flächeninhalt der Dreiecke.

a) $g = 7\,m$; $h_g = 4\,m$
$g = 9\,cm$; $h_g = 6\,cm$

b) $g = 12\,mm$; $h_g = 7{,}5\,mm$
$g = 13\,dm$; $h_g = 9\,dm$

c) $g = 8\,cm$; $h_g = 6\,mm$
$g = 6\,m$; $h_g = 400\,cm$

6 Begründe.

7 Übertrage die Figuren auf Kästchenpapier. Markiere die Strecken, die du zur Berechnung benötigst. Berechne anschließend den Flächeninhalt und den Umfang.

a) geg.: $a = 4\,cm$
$c = 2\,cm$
$h = 3\,cm$

ges.: $A_{\triangle} = ?$

F.: $A_{\triangle} = \frac{(a + c) \cdot h}{2}$

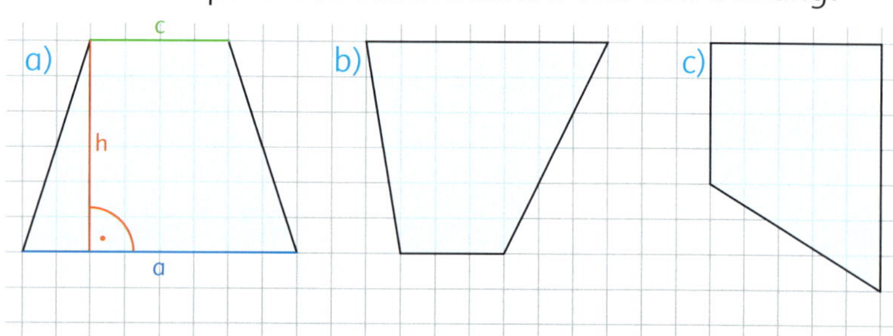

8 Berechne den Flächeninhalt der Trapeze.

a) $a = 4\,cm$, $c = 2\,cm$, $h = 5\,cm$
$a = 7\,m$, $c = 5\,m$, $h = 2\,m$

b) $a = 12\,cm$, $c = 11\,cm$, $h = 8\,cm$
$a = 25\,mm$, $c = 22\,mm$, $h = 17\,mm$

zu den Aufgaben 3 und 7: Angebot in den Kopiervorlagen nutzen

9 Auf dem Plan sind die neuen Parkflächen der Schule eingezeichnet.

a) Berechne den Flächeninhalt des Parkplatzes.

b) Berechne den Flächeninhalt des Fahrradstellplatzes.

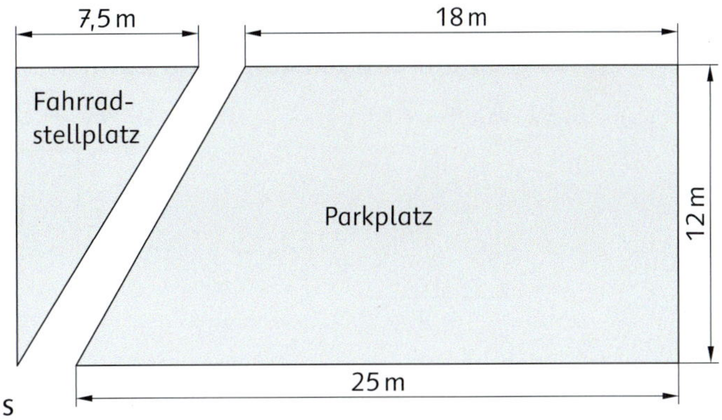

c) Ein Autostellplatz soll 5 m lang und 2,5 m breit sein. Wie viele Autos können höchstens auf dem Schulparkplatz parken? Beschreibe deine Lösung anhand einer Zeichnung. Bildet Arbeitsgruppen. Besprecht eure Ergebnisse und stellt eine Lösung den anderen Gruppen vor.

10 Trage in ein Koordinatensystem folgende Punkte ein: A (2|2), B (6|0), C (6|8), D (2|6). Verbinde die Punkte der Reihe nach. Du kannst hierfür auch eine dynamische Geometrie-Software (DGS) nutzen.

a) Welche Figur erhältst du? b) Berechne den Flächeninhalt der Figur.

c) Zeichne in jeweils ein Koordinatensystem ein Dreieck, ein Parallelogramm und ein Trapez. Schreibe die Koordinaten der Eckpunkte der Figuren auf.

Beispiel: Figur 1: A (3 | 1), B (7 | 3), C (...

Tausche mit einem Partner die Koordinaten aus. Übertrage die Koordinaten in ein Koordinatensystem. Verbinde die Punkte der Reihe nach und berechne den Flächeninhalt der Figur. Kontrolliert anschließend eure Ergebnisse gegenseitig.

11 a) Welche Flächen sind auf dem Plan zu sehen? Schreibe auf, welche geometrische Form sie haben. Notiere zu jeder Fläche ihre Maße.

Zufahrt (Trapez):
geg.: a = 6 m
c = 4 m
h = ...

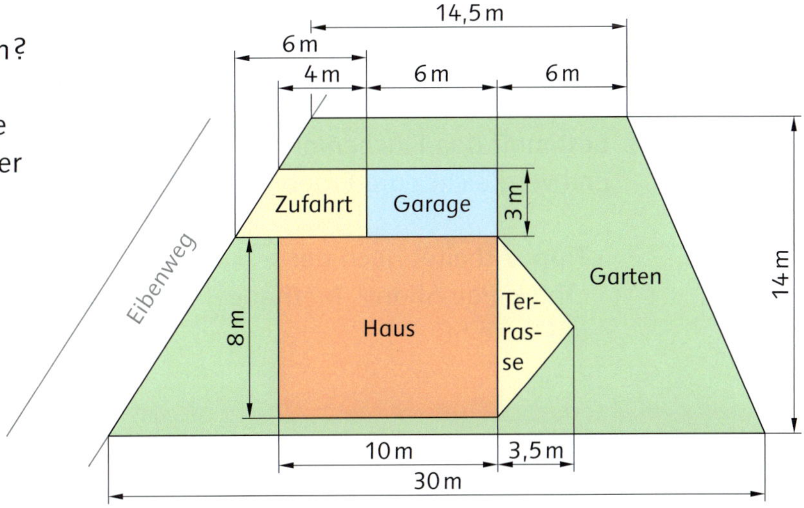

b) Berechne die Flächeninhalte der einzelnen Flächen.

c) Suche dir einen Partner. Kontrolliert eure Ergebnisse gegenseitig.

zum Umgang mit einer DGS siehe auch Band 8, S. 75

12 Berechne die fehlenden Maße. Beginne mit der Aufgabe, die du am einfachsten lösen kannst.

a) $A_\triangle = 27\,m^2$

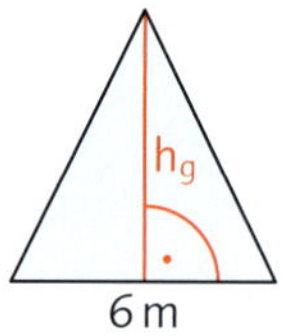

b) $A_\square = 35\,cm^2$

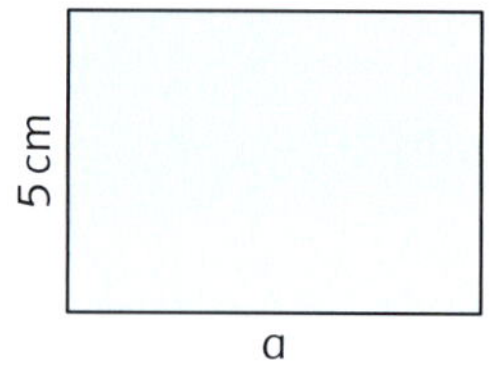

c) $A_\square = 49\,m^2$

d) $A_▱ = 32\,cm^2$

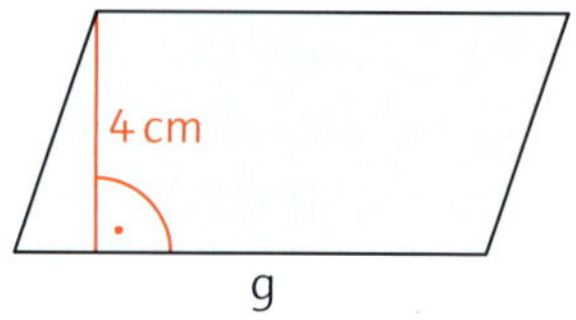

a) geg.: $A_\triangle = 27\,m^2$
$g = 6\,m$

ges.: $h_g = ?$

F.: $A_\triangle = \frac{g \cdot h_g}{2}$

R.: $27\,m^2 = \frac{\overset{3}{\cancel{6}}\,m \cdot h_g}{\cancel{2}_1}$

$27\,m^2 = 3\,m \cdot h_g$

$27\,m^2 = \ldots$

13 An einer Straßenecke wird eine kleine Grünfläche angelegt. Damit der Rasen anwachsen kann, wird die Fläche zum Schutz eingezäunt.

a) Berechne die Länge des benötigten Zauns.

b) Berechne den Flächeninhalt der Grünfläche.

c) Der Zaun kostet pro Meter 2,30 €. Wie hoch sind die Kosten für den Zaun?

d) Für die Aussaat werden pro Quadratmeter 20 g Saatgut benötigt. Reicht 1 kg Saatgut aus?

14 Welche Fläche bedeckt die Autobahn A 1 zwischen Bremen und Hamburg?

a) Warum ist diese Aufgabe eine Fermi-Aufgabe? Begründe.

b) Bestimmt den Flächeninhalt und vergleicht eure Ergebnisse.

Tipp: Arbeitet nach der „Think-Pair-Share"-Methode auf Seite 58.

15

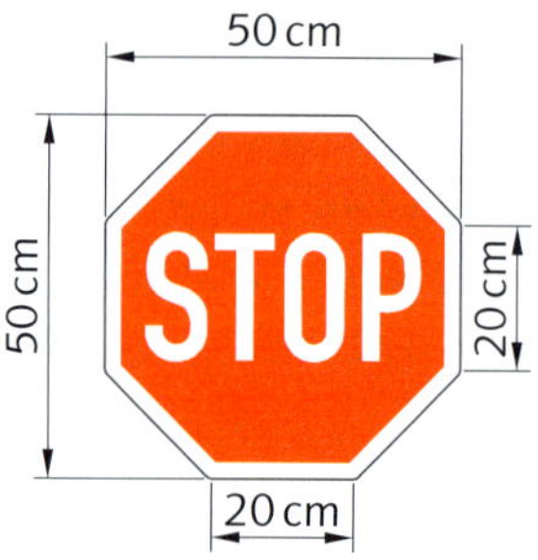

a) Berechne den Flächeninhalt des Stoppschildes.

b) Beschreibe, wie du den Flächeninhalt berechnet hast.

Prüfe dich

16 a) Wie heißt die größte natürliche Zahl, die auf Zehner gerundet 1 990 ergibt?

b) Wie heißt die kleinste natürliche Zahl, die auf Hunderter gerundet 1 900 ergibt?

weitere Informationen zu Fermi-Aufgaben S. 160

Das kannst du schon – Aufgaben für Profis

Nach der Ausbildung ziehen Jan und Meike in ihre erste gemeinsame Wohnung. Mit dem Vermieter ist abgesprochen, dass sie die Wohnung selbst renovieren und dafür weniger Miete zahlen. Werkzeuge und Hilfsmittel können sie sich bei Freunden ausleihen.

Sie notieren, was zu tun ist:

Nach dem Ausmessen der Zimmer erstellen sie eine Skizze der Wohnung:

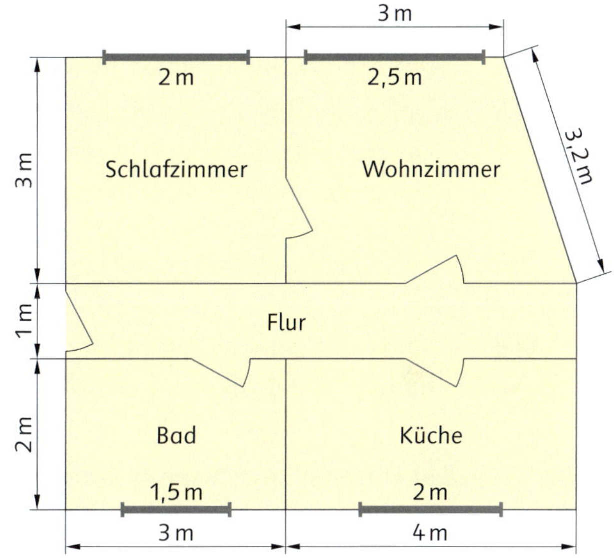

Raumhöhe: 2,5 m
Fensterhöhe: 1,5 m
Maße der Türen: 80 cm · 200 cm

Wie viel kostet das Renovieren der Wohnung? Bearbeitet hierzu die Aufgaben **1** bis **3**. Legt zuerst fest, welche Gruppe welche Aufgaben bearbeitet. Stellt euch anschließend eure Ergebnisse vor und berechnet gemeinsam die Gesamtkosten der Renovierung.

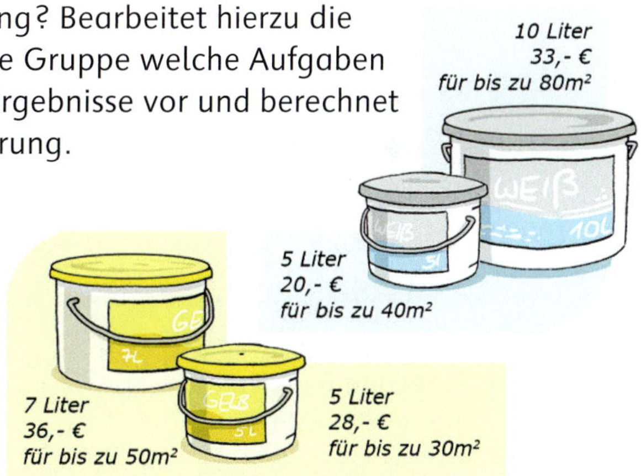

1 a) Berechnet die Kosten für das Streichen der Wände in Weiß im Schlafzimmer. Es muss zweimal gestrichen werden.

b) Wie viel kostet das Streichen der Wände in Gelb im Wohnzimmer? Hier wird nur einmal gestrichen.

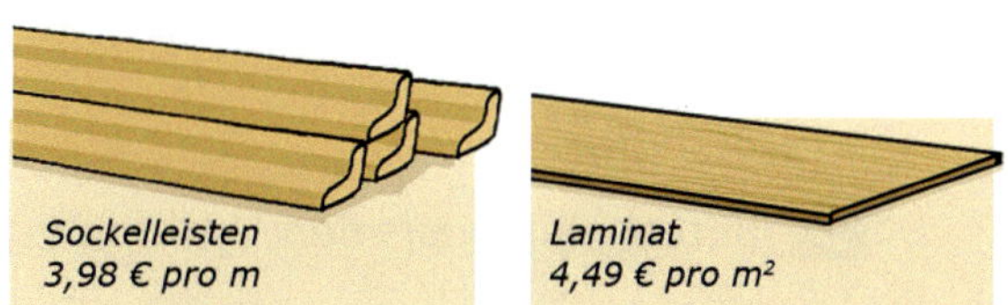

2 a) Wie teuer ist das Laminat für das Schlafzimmer?

b) Wie hoch ist der Preis für das Laminat im Wohnzimmer?

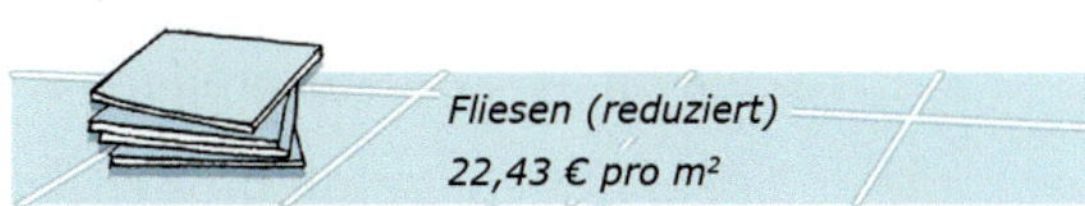

3 Berechnet die Kosten für die Fliesen in der Küche.

zu den Aufgaben 1 bis 3: siehe Reflexion der Gruppenarbeit S. 32

Wiederholung: Umfang des Kreises

1 Damit der Tacho am Fahrrad die richtigen Werte anzeigt, muss der Umfang des Vorderrades eingestellt werden.

a) Wie lässt sich der Umfang des Rades messen? Sammelt Vorschläge und besprecht sie.

b) Untersuche Kreise verschiedener Größe. Erkläre einem Partner, wie sich der Umfang des Kreises durch Messen bestimmen lässt.

c) Übertragt die Tabelle ins Heft. Tragt den Durchmesser und den Umfang eurer Kreise ein. Dividiert jeweils den gemessenen Umfang durch den zugehörigen Durchmesser. Was stellt ihr fest? Vergleicht untereinander eure Ergebnisse.

Umfang u	Durchmesser d	u : d
22 cm	7 cm	■
■	■	■

2 a) Finde mit deinem Taschenrechner heraus, wie groß die Kreiszahl π ist.

b) Gibt der Taschenrechner die Kreiszahl π genau an? Recherchiere und erkläre.

Der Umfang eines Kreises wird mit Hilfe der Kreiszahl π („Pi") berechnet. Die Kreiszahl ist bei allen Kreisen gleich.
Sie gibt das Verhältnis von Umfang zu Durchmesser an: $\pi = \frac{u}{d}$
Berechnung des Kreisumfangs: $u_○ = \pi \cdot d$ oder $u_○ = \pi \cdot 2r$

Tipp: $d = 2 \cdot r$

3 Berechne mit dem Taschenrechner den Kreisumfang. Runde auf zwei Stellen nach dem Komma.

a) d = 6 cm
d = 7 cm
d = 8 cm

b) d = 3,5 m
d = 2,7 mm
d = 1,9 km

c) r = 2 cm
r = 3,5 cm
r = 6,9 cm

a) geg.: d = 6 cm
ges.: $u_○$ = ?
F.: $u_○ = \pi \cdot d$
R.: $u_○$ = …

4 Berechne jeweils den Kreisumfang. Zwei Kästchen entsprechen 1 cm.

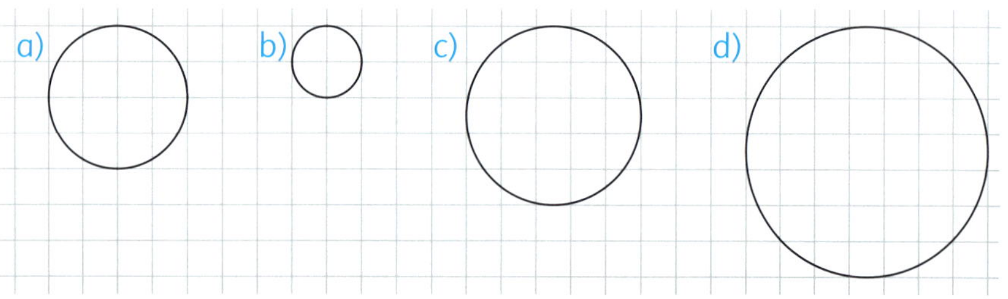

5 Berechne jeweils den Umfang von …

a) einem 28-Zoll-Reifen eines Fahrrads: r = 36 cm.

b) einem 17-Zoll-Autoreifen: d = 60,4 cm.

★ c) dem abgebildeten großen Traktorreifen.

Flächeninhalt des Kreises

1 a) Beschreibe die Zeichnung. Erkläre, wie Mira und Paul vorgegangen sind.

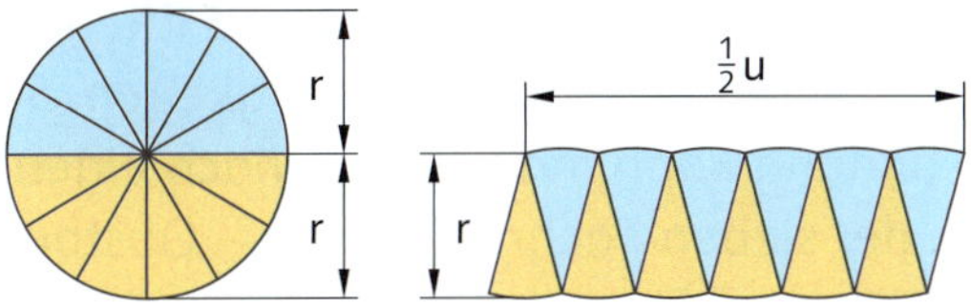

b) Prüfe, ob die Überlegungen von Mira und Ben stimmen. Nutze dazu einen Kreis mit dem Durchmesser 10 cm.

c) Der Kreisumfang $u_○$ wird mit der Formel $u_○ = \pi \cdot 2r$ berechnet. Setze den Term für $u_○$ in die Formel $A_○ = r \cdot \frac{u}{2}$ ein und kürze. Welche Formel erhältst du?

> Der Flächeninhalt des Kreises wird mit folgender Formel berechnet:
> $A_○ = \pi \cdot r \cdot r$ oder $A_○ = \pi \cdot r^2$

2 Berechne mit dem Taschenrechner den Flächeninhalt der Kreise. Runde auf zwei Stellen nach dem Komma.

a) r = 2 cm; r = 1 cm; r = 13 mm

b) r = 2,8 m; r = 1,2 km; r = 5,5 cm

c) d = 12 cm; d = 6 m; d = 7 m

a) geg.:	r	=	2	cm
ges.:	$A_○$	=	?	
F.:	$A_○$	=	π	$\cdot\ r^2$
R.:	$A_○$	=	…	

3 Berechne jeweils den Flächeninhalt. Zwei Kästchen entsprechen 1 cm.

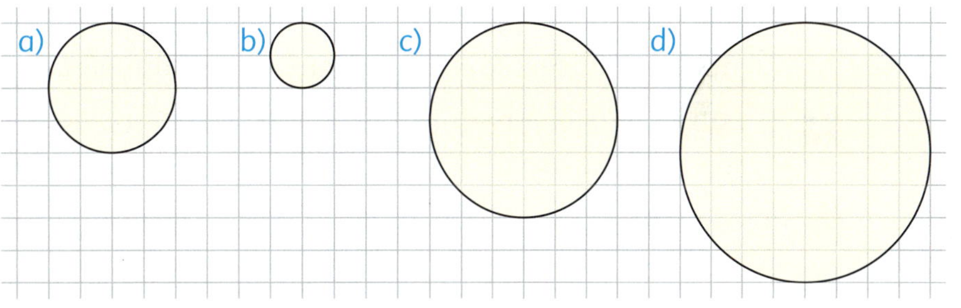

4 a) In der Pizzeria „Palermo" gibt es eine kleine Pizza mit dem Durchmesser d = 24 cm und eine mittlere Pizza mit dem Durchmesser d= 30 cm. Um wie viel Quadratzentimeter ist die mittlere Pizza größer?

b) Die große Pizza hat einen Durchmesser von d = 36 cm. Um wie viel Quadratzentimeter ist diese größer als die mittlere Pizza? Was fällt dir auf?

5 Familie Klein kauft einen neuen Esstisch. Zwei Tische stehen zur Auswahl. Welche Tischplatte hat den größeren Flächeninhalt?

d = 1,40 m

a = 1,2 m
b = 1,40 m

Beruf aktuell: Gärtnerin/Gärtner

Bei Gärtnerinnen und Gärtnern stehen die Pflanzen im Mittelpunkt der Arbeit. Die Gestaltung von Beeten, Gärten und Grünanlagen sowie die Aufzucht und Pflege von Pflanzen gehören zu ihren wesentlichen Tätigkeiten. Schon während der Ausbildung kann man sich, je nach eigenem Interesse, auf eine der sieben Fachrichtungen – Obstbau, Gemüsebau, Zierpflanzenbau, Staudengärtnerei, Garten- und Landschaftsbau, Friedhofsgärtnerei, Baumschule – spezialisieren. Obwohl kein Schulabschluss erforderlich ist, bevorzugen die meisten Betriebe Auszubildende, die einen Hauptschulabschluss haben. Die Ausbildung dauert drei Jahre.

1 a) Recherchiert, welche Aufgaben Gärtnerinnen und Gärtner in den verschiedenen Fachrichtungen übernehmen. Bildet Gruppen und legt fest, welche Gruppe sich über welche Fachrichtung informiert. Stellt eure Ergebnisse der Klasse in einer Präsentation vor.

b) Reflektiert eure Gruppenarbeit.

Tipp: Beachtet zur Reflexion die Hinweise auf Seite 32.

2 Eine Gartenbau-Firma wird beauftragt, eine Terrasse durch eine halbkreisförmige Fläche zu erweitern.

a) Welchen Flächeninhalt hatte die Terrasse zuvor?

b) Berechne den Flächeninhalt der zusätzlichen Terrassenfläche. Runde auf ganze Quadratmeter.

c) Suche dir einen Partner. Vergleicht eure Ergebnisse und Lösungswege.

d) Um wie viel Prozent wird die Terrasse erweitert?

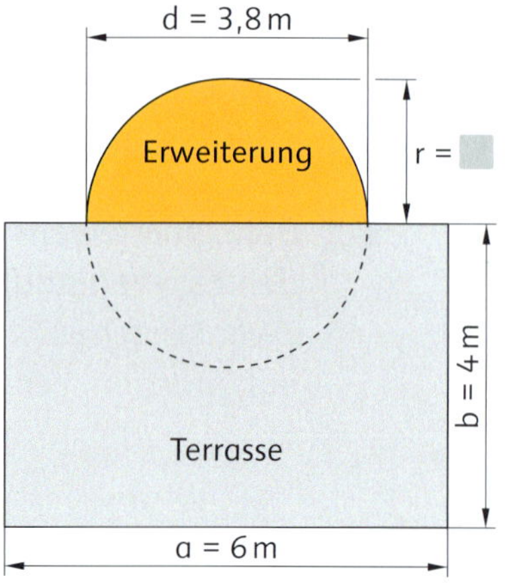

3

Hat der Auszubildende recht? Begründe mit einer Rechnung.

4 Ein Teich mit dem Radius r = 4,8 m soll eingezäunt werden. Wie lang muss der Zaun sein?

unbekannte Begriffe nachschlagen lassen

5 Im Park wird ein Beet angelegt, das sich aus vier Flächen zusammensetzt. Jede Fläche wird mit einer anderen Pflanzenart bepflanzt. Mit Hilfe der Tabelle lässt sich überschlagen, wie viele Pflanzen benötigt werden.

a) Berechne die jeweiligen Flächeninhalte.

b) Bestimme, wie viele Pflanzen von jeder Art benötigt werden. Runde sinnvoll.

Fläche	A	B	C	D
Pflanzenart	Phlox	Primeln	Narzissen	Tulpen
Anzahl pro m^2	5	7	12	14

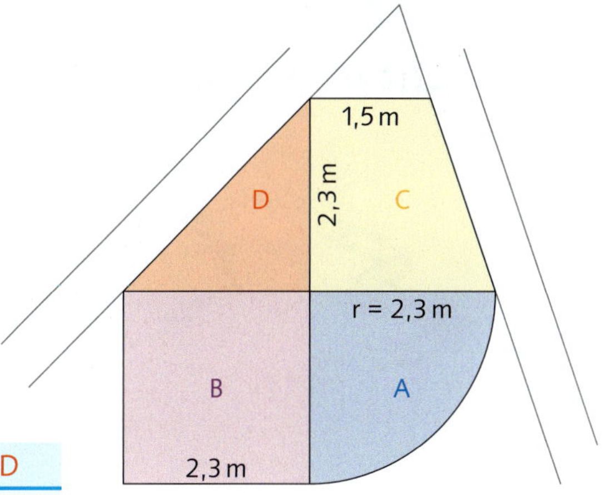

6 Zur Saisoneröffnung im Frühjahr werden Pflanzen mit 15 % Rabatt verkauft. Wie viel muss ein Kunde für einen Apfelbaum bezahlen, der ohne Rabatt 44 € kostet?

7 Die Firma Obstbau-Achim erhält den Auftrag, eine Streuobstwiese anzulegen. Das Grundstück ist 120 m · 50 m groß. Damit die jungen Bäume wachsen können, benötigen sie einen Pflanzabstand von 10 m zueinander. Wie viele Bäume können höchstens gepflanzt werden? Löse die Aufgabe mit Hilfe einer Skizze. Bearbeitet die Aufgabe mit der „Think-Pair-Share"-Methode.

Tipp: Die Methode ist auf der Seite 58 beschrieben.

8 Ein Beet wird neu angelegt und eingezäunt.

a) Berechne den Flächeninhalt des Beetes.

b) Berechne den Umfang des Beetes.

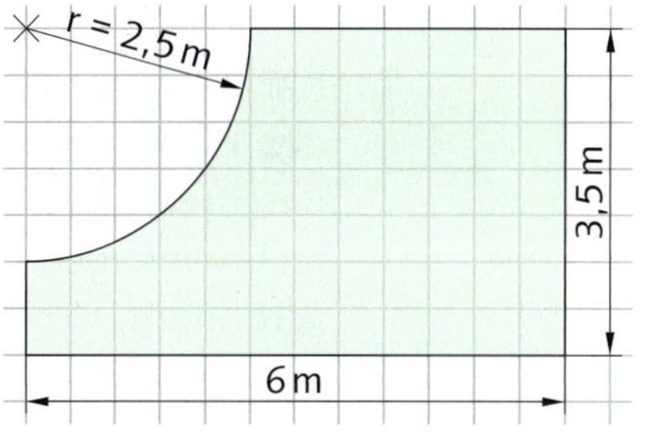

9 In seinem Ausbildungsbetrieb, der Friedhofsgärtnerei Janßen, soll der Lehrling Jakob berechnen, wie hoch die Einnahmen aus der Grabbetreuung im letzten Jahr waren. Die Firma hatte in dieser Zeit die Pflege für 17 Einzelgräber, 44 Doppelgräber und 8 Urnengräber übernommen. Wie hoch waren die Einnahmen aus der Grabpflege insgesamt?

Jahrespflege	Preis
Einzelgrab	149,00 €
Doppelgrab	176,00 €
Urnengrab	79,00 €

10 ★ In der Gemüsegärtnerei Immergrün wird Salat angepflanzt. Pro Quadratmeter werden acht Pflanzen eingesetzt. Im Gewächshaus steht ein Beet mit einer Länge von 25 m zur Verfügung. Wie breit muss das Beet sein, um 800 Salatpflanzen einsetzen zu können?

Rechtwinklige Dreiecke untersuchen

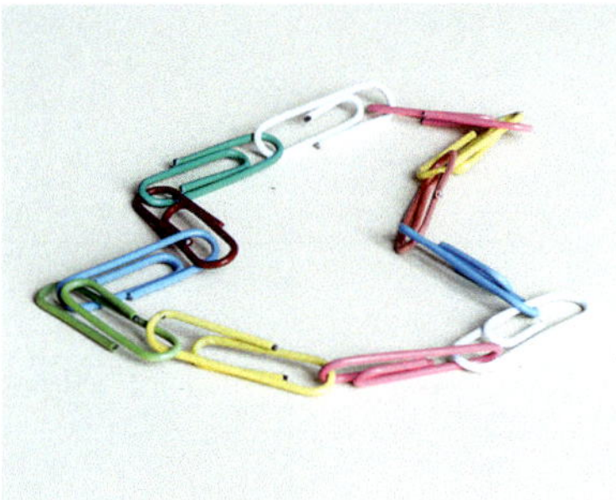

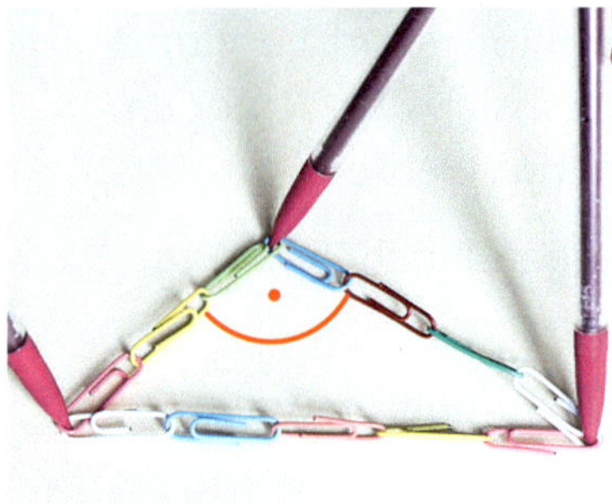

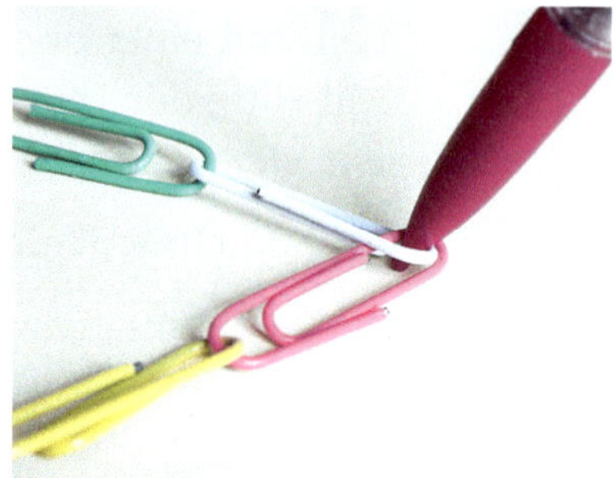

1 a) Bilde aus 12 (24, 30) Büroklammern ein rechtwinkliges Dreieck. Gehe so vor, wie es auf den Fotos dargestellt ist. Übertrage die Tabelle ins Heft. Notiere, wie viele Büroklammern jeweils eine Seite bilden. Finde jeweils mehrere Möglichkeiten.

Anzahl der Büroklammern pro Seite		
a	b	c

b) Kreise in der Tabelle die Seiten ein, die einen rechten Winkel bilden. Was fällt dir auf?

2 Untersucht am Computer unter dem Mediencode 130-2 rechtwinklige Dreiecke.

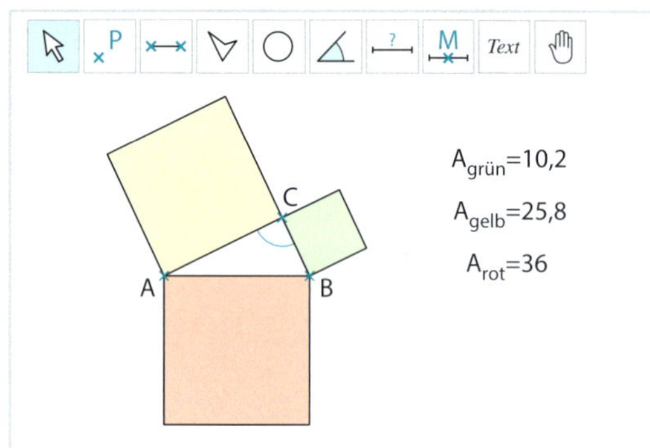

a) Beschreibt die Abbildung.

b) Klickt mit der linken Maustaste auf den Punkt C und bewegt die Maus. Beschreibt, welche Seiten des rechtwinkligen Dreiecks sich dabei verändern.

c) Zieht den Punkt C mit der Maus von links nach rechts. Beobachtet, wie sich die Größe des gelben und des grünen Quadrats verändert. Beschreibt.

d) Übertragt die Tabelle ins Heft. Tragt zu fünf verschiedenen Dreiecken jeweils die Flächeninhalte des gelben und grünen Quadrats ein. Addiert beide Flächeninhalte. Was fällt euch auf?

Flächeninhalt des Quadrats			
grün	gelb	rot	grün + gelb
10,2	25,8	36	
		36	
		36	

e) Vergleicht eure Beobachtungen aus Aufgabe **1** b) mit denen aus Aufgabe **2** d).

3 Ihr habt 12 Trinkhalme. Findet gemeinsam heraus, wie ihr mit diesen 12 Trinkhalmen feststellen könnt, ob die Ecken eures Klassenzimmers rechtwinklig sind. Erklärt, wie ihr vorgegangen seid.

Geometrie-Programm: 130–2; Hinweise in den Handreichungen beachten; Kopiervorlage zur Selbsteinschätzung beachten

Den Satz des Pythagoras aufstellen

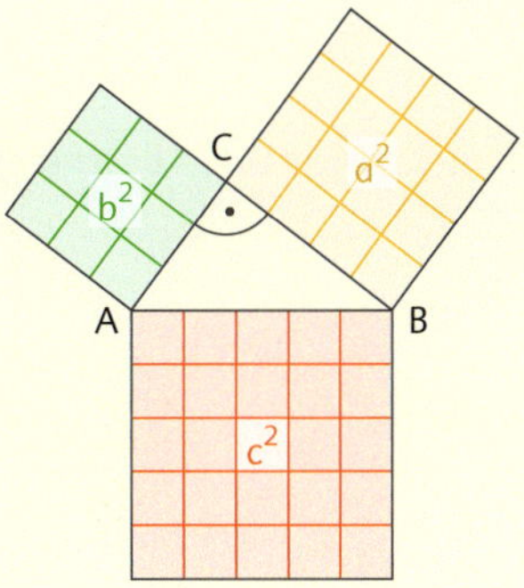

In einem rechtwinkligen Dreieck gilt immer:
Die Summe der Flächeninhalte der kleinen Quadrate ist gleich dem Flächeninhalt des großen Quadrats.

Formel: $a^2 + b^2 = c^2$

Das ist der Satz des Pythagoras*.

Die lange Seite gegenüber dem rechten Winkel heißt **Hypotenuse**.
Die beiden kurzen Seiten heißen jeweils **Kathete**.

1 Übertrage ins Heft. Bezeichne die Katheten und markiere die Hypotenuse c in Rot.

a) 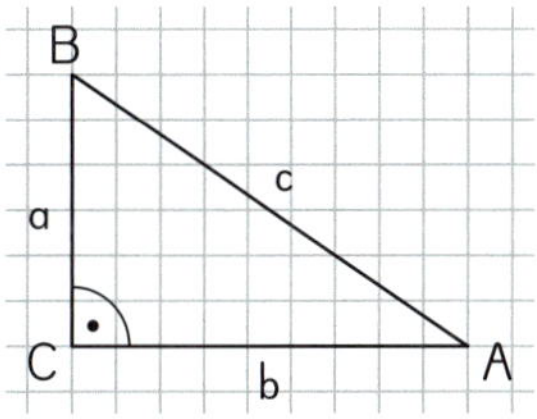

b) 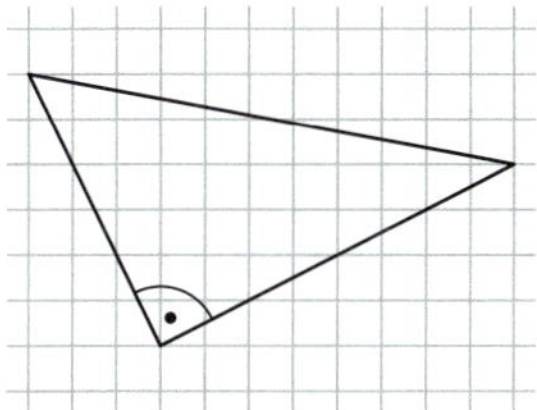

c) 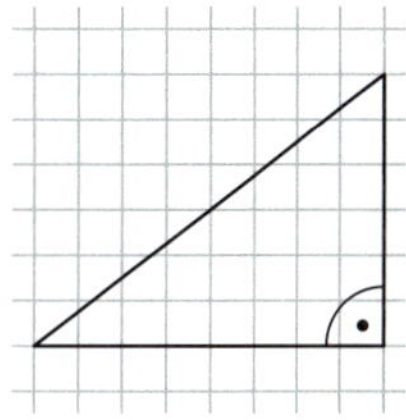

d) 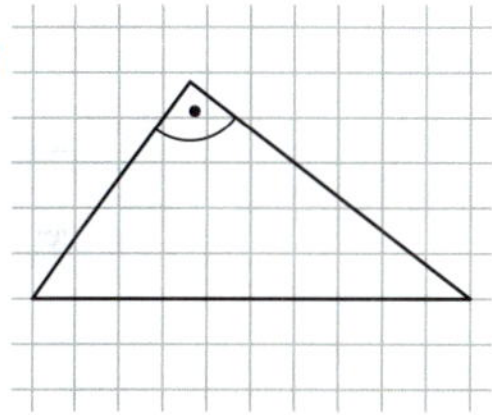

2 Übertrage die Figur ins Heft. Beginne mit den beiden angegebenen Seitenlängen. Beschrifte das Dreieck. Berechne anschließend den Flächeninhalt der Quadrate.

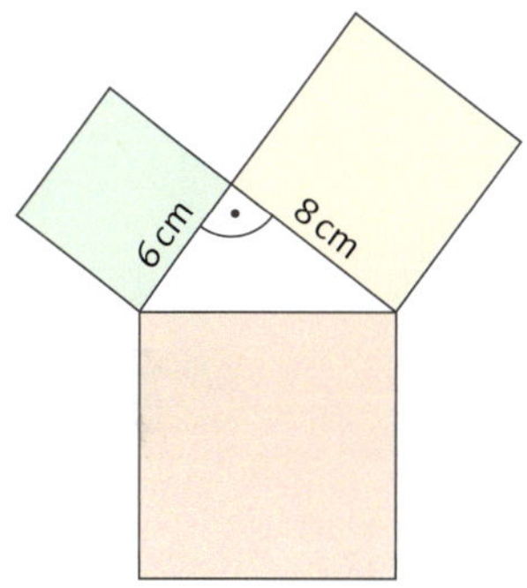

3 a) Übertrage die Figuren ins Heft und ergänze die fehlenden Quadrate.
Wie groß ist der Flächeninhalt dieser Quadrate? Berechne.

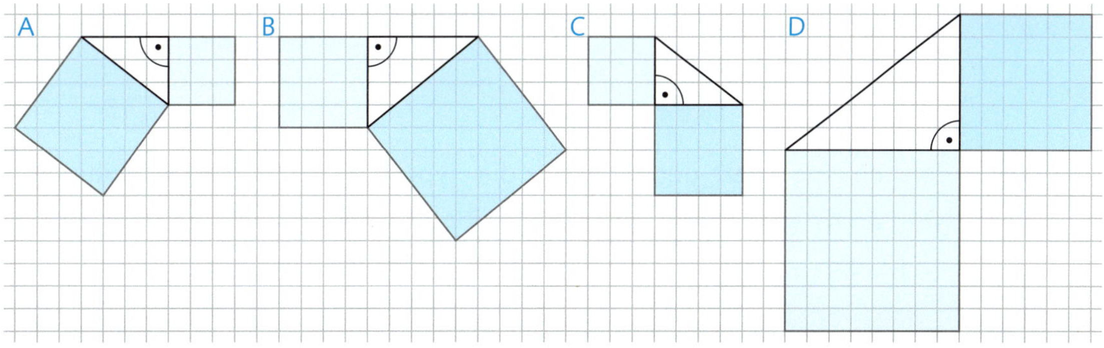

b) Überprüfe für jede Figur, ob der Satz des Pythagoras zutrifft.

c) Zeichne drei weitere rechtwinklige Dreiecke in dein Heft. Benenne die Seiten mit a, b und c. Miss die Seitenlängen und überprüfe, ob die Formel $a^2 + b^2 = c^2$ gilt.

* Angebot in den Kopiervorlagen nutzen

Seitenberechnungen mit dem Satz des Pythagoras

1 Erkläre, wie Dana die Hypotenuse eines rechtwinkligen Dreiecks berechnet.

Gegeben sind die Katheten mit a = 3 und b = 4 Kästchen.
Gesucht wird die Hypotenuse c.

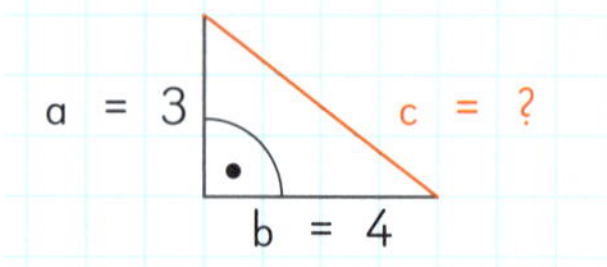

Ich muss rechnen: $c^2 = a^2 + b^2$

Dafür setze ich a und b in die Formel ein: $c^2 = 3^2 + 4^2$

Danach rechne ich aus: $c^2 = 9 + 16$

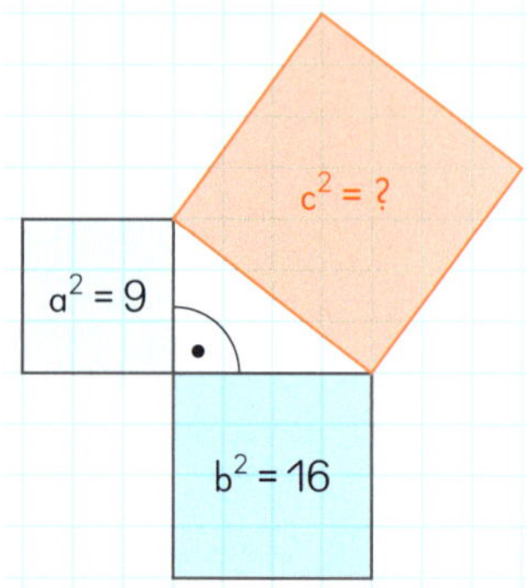

$c^2 = 9 + 16$

also $c^2 = 25$

Nun ziehe ich die Wurzel aus 25:

$c = \sqrt{25}$

also $c = 5$

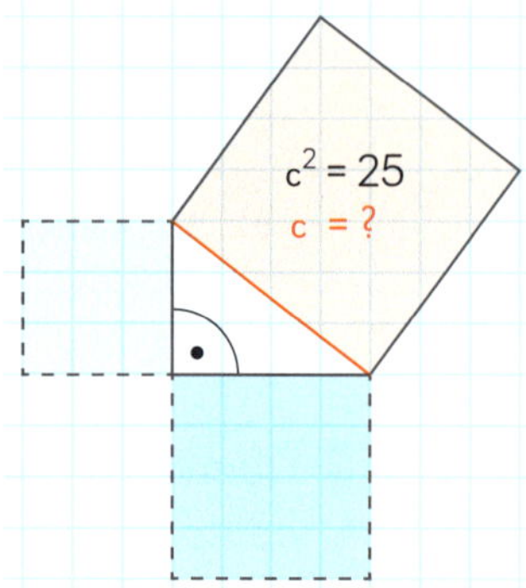

Die Hypotenuse c ist 5 Kästchen lang.

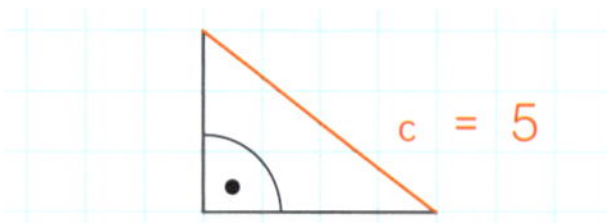

2 Berechne die Länge der Hypotenuse c.

a) 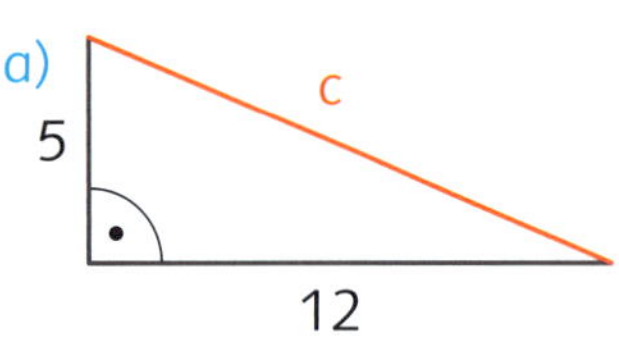

b) 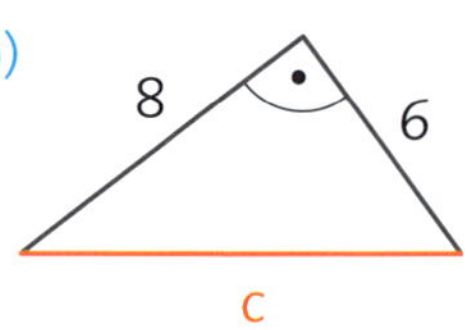

c) 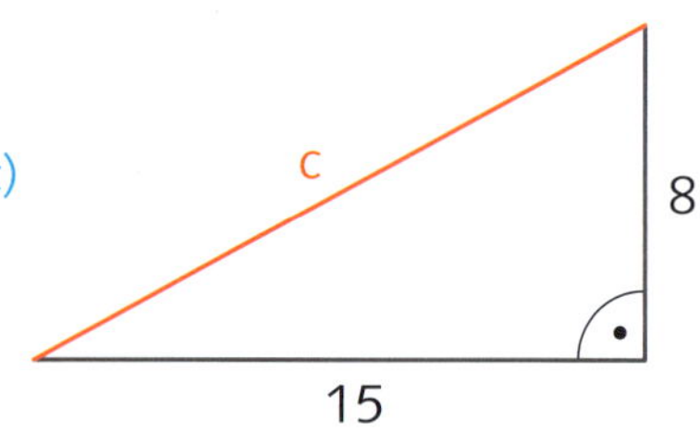

3 Zeichne eine Skizze und berechne die Hypotenuse c. Runde auf Millimeter.

a) a = 15 cm
b = 48 cm

b) a = 13 cm
b = 14 cm

c) a = 3,3 cm
b = 4,4 cm

d) a =2,5 cm
b = 6 cm

4 Berechne jeweils die Länge der Diagonalen. Runde sinnvoll.

a) 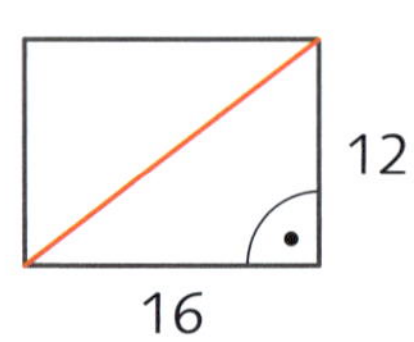

b) 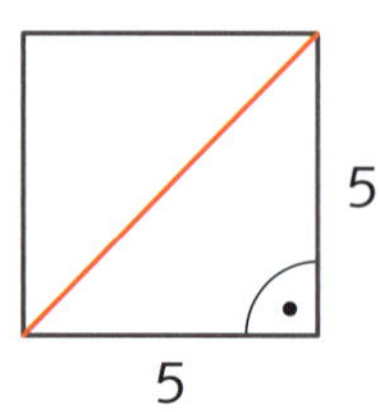

c) 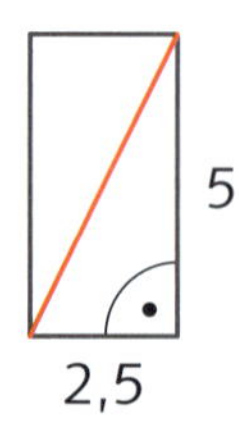

bei Bedarf den Taschenrechner nutzen

5 Erkläre, wie Juri die Kathete eines rechtwinkligen Dreiecks berechnet.

Gegeben sind die Kathete mit b = 4 und die Hypotenuse mit c = 5 Kästchen.
Gesucht wird die Kathete a.

Ich muss rechnen: $a^2 = c^2 - b^2$
Dafür setze ich c und b in die Formel ein: $a^2 = 5^2 - 4^2$
Danach rechne ich aus: $a^2 = 25 - 16$

$a^2 = 25 - 16$
also $a^2 = 9$
Nun ziehe ich die Wurzel aus 9:
$a = \sqrt{9}$
also $a = 3$

Die Kathete a ist 3 Kästchen lang.

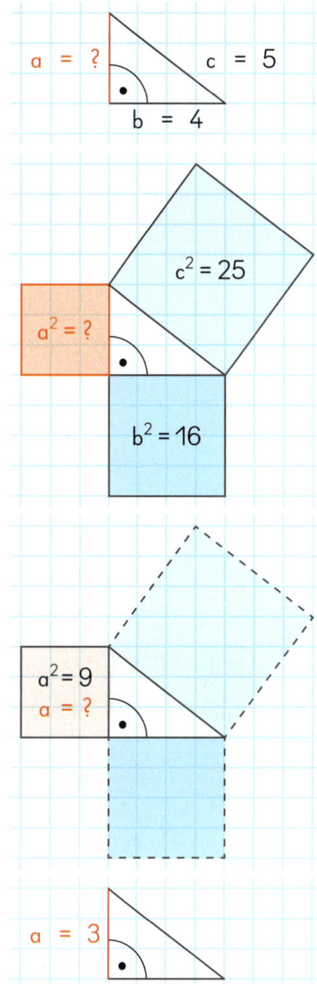

6 Berechne die Länge der Kathete a oder b.

a)

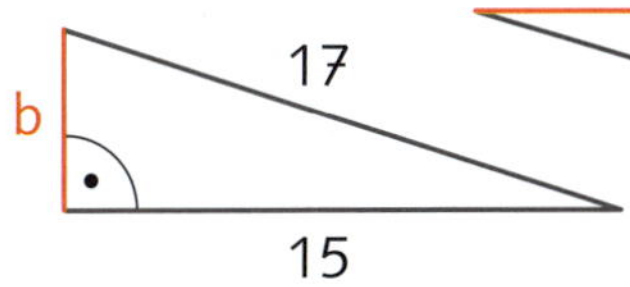

b)

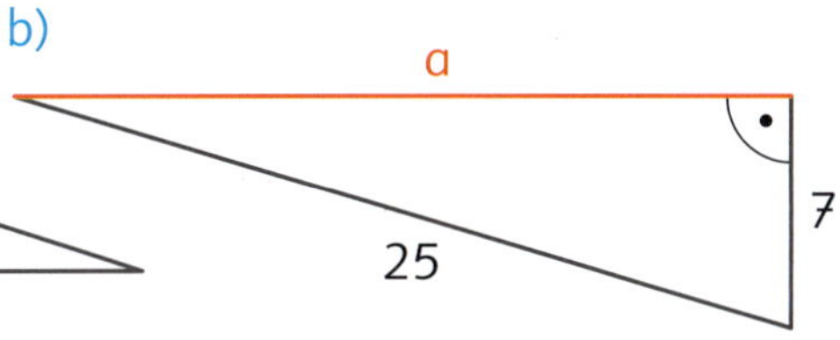

c)

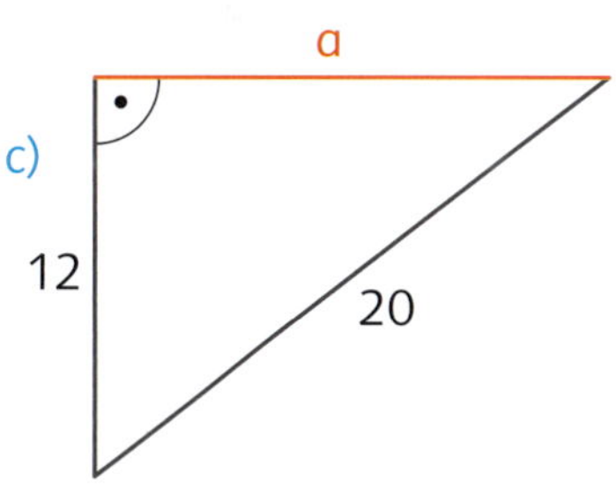

7 Zeichne eine Skizze und berechne die fehlende Kathete. Runde auf Millimeter.

a) Kathete a = 24 cm
Hypotenuse c = 37 cm

b) Kathete b = 10 cm
Hypotenuse c = 18,3 cm

c) ★ Kathete c = 2,44 cm
Hypotenuse b = 3,2 cm

8 Ein Rechteck hat die Breite 24 cm.
Die Diagonale ist 26 cm lang.
Wie lang ist das Rechteck?
Zeichne zuerst eine Skizze.

9 ★ Zeige mit dem Satz des Pythagoras, dass das Dreieck mit den Seitenlängen a = 6 cm, b = 7 cm und c = 8 cm nicht rechtwinklig ist.

bei Bedarf den Taschenrechner nutzen

Wiederholung: Zufall und Zufallsexperiment

1 Zufall oder kein Zufall? Überlege mit einem Partner.

a) Zwei Freunde haben am selben Tag Geburtstag.

b) Noah hat eine längere Telefonnummer als Ben.

c) Greta und Dana treffen sich wie verabredet um 15 Uhr in der Stadt.

d) Lena gewinnt beim Badminton gegen Noah.

e) Lisa zuckt bei einem lauten Knall zusammen.

f) Ben zerbricht aus Wut einen Bleistift.

Zufall bedeutet, dass etwas ohne erkennbare Ursache geschieht.

Merkmale von Zufallsexperimenten:
1. beliebig oft unter gleichen Bedingungen wiederholbar
2. mindestens zwei mögliche Ergebnisse
3. Ergebnis ist nicht sicher vorhersagbar

2 Entscheide, ob es sich um ein Zufallsexperiment handelt. Beurteile anhand der Merkmale. Gib an, welche Ergebnisse bei den Zufallsexperimenten möglich sind.

a) Tippen einer Telefonnummer

b) Ziehen eines Loses

c) Drehen eines Glücksrads

d) Öffnen eines Zahlenschlosses

e) Nenne drei weitere Beispiele für Zufallsexperimente.

3 Übertrage die Skala ins Heft. Überlege, wie wahrscheinlich es jeweils ist, dass ein bestimmtes Ergebnis eintritt. Ordne in der Skala die Buchstaben entsprechend an.

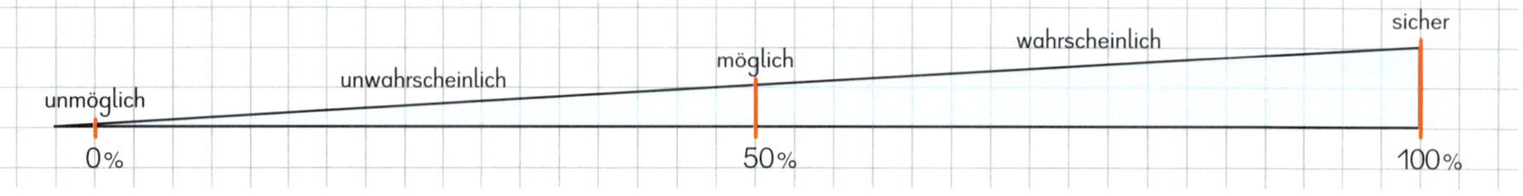

A Von zwei langen und einem kurzen Strohhalm wird der lange gezogen.

B Bei der Lottoziehung im Fernsehen wird die 5 zweimal gezogen.

C Beim Würfeln kommt eine 1 bis 6.

D Beim Münzwurf kommt „Kopf".

E Von 100 Losen sind 99 Nieten. Du ziehst eine Niete.

F Von 100 Losen sind 99 Nieten. Du ziehst einen Gewinn.

4 Wie lassen sich die Situationen jeweils zufällig und fair entscheiden?

a) Welcher der zwei Spieler hat beim Tischtennis den ersten Aufschlag?

b) Welches der drei Kinder muss abwaschen?

c) Welcher der fünf Spieler darf beim Kartenspiel beginnen?

d) Welcher der vier Spieler darf beim „Mensch ärgere dich nicht" anfangen?

Wahrscheinlichkeiten berechnen

1 Beide Glücksräder werden gedreht. Die Farbe, die kommt, gewinnt.

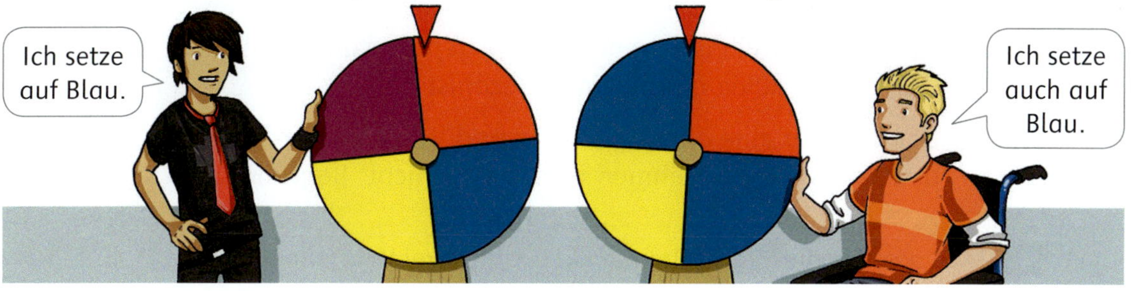

a) Wer hat die größere Chance zu gewinnen, Kenan oder Ben? Begründe.

b) Wie hoch ist für jedes Glücksrad die Wahrscheinlichkeit, dass Blau gewinnt?

2

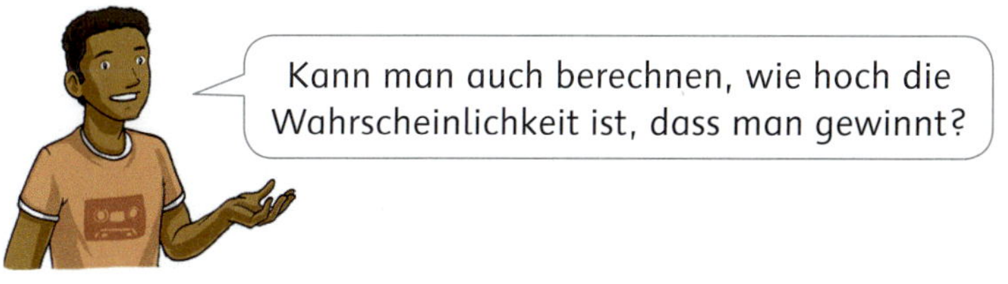

Wenn bei einem Zufallsexperiment **alle möglichen Ergebnisse dieselbe Chance*** haben, kann die Wahrscheinlichkeit für ein bestimmtes Ergebnis berechnet werden.

$$\text{Wahrscheinlichkeit eines Ergebnisses} = \frac{\text{Anzahl der gewünschten Ergebnisse}}{\text{Anzahl der möglichen Ergebnisse}}$$

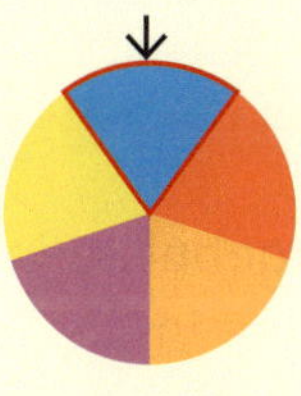

$\frac{1}{5}$ Eins von fünf möglichen Ergebnissen ist Blau.

Die Wahrscheinlichkeit für Blau ist $\frac{1}{5}$.

$\frac{1}{5} = 0{,}2 = 20\,\%$

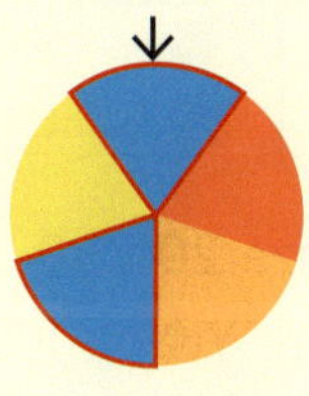

$\frac{2}{5}$ Zwei von fünf möglichen Ergebnissen sind Blau.

Die Wahrscheinlichkeit für Blau ist $\frac{2}{5}$.

$\frac{2}{5} = 0{,}4 = 40\,\%$

3 Berechne: Wie groß ist die Wahrscheinlichkeit, mit dem Glücksrad …

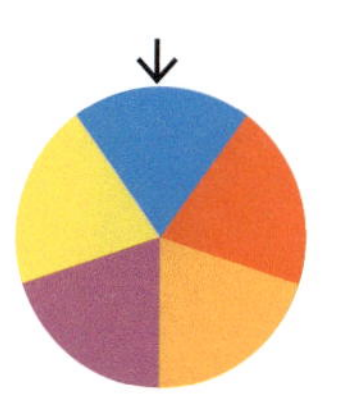

a) die Farbe Rot zu drehen?

b) die Farbe Gelb oder Rot zu drehen?

c) eine der Farben Blau, Gelb oder Rot zu drehen?

4 Berechne: Wie groß ist die Wahrscheinlichkeit, mit einem Würfel …

a) eine Sechs zu würfeln?

b) eine Drei zu würfeln?

c) eine ungerade Augenzahl zu würfeln?

d) eine Sieben zu würfeln?

interaktive Übung: 135–3;

* Zufallsexperimente, bei denen alle Ergebnisse gleich wahrscheinlich sind, werden Laplace-Experimente genannt.

5 Würdest du auf folgende Wetten eingehen? Begründe jeweils deine Entscheidung.

a) „Wenn du eine Zahl würfelst, die kleiner als drei ist, spendierst du mir ein Eis. Würfelst du eine andere Zahl, bezahle ich."

b) „Ich kaufe dir ein Eis, wenn ich eine gerade Zahl würfle. Würfelst du keine gerade Zahl, bezahlst du."

c) Überlege dir eine ähnliche Wette und frage einen Partner, ob er die Wette annehmen würde oder nicht. Begründe.

6 Wie groß ist die Wahrscheinlichkeit, mit zwei Würfeln ...

a) eine ungerade Augensumme zu würfeln?

b) einen Pasch zu würfeln?

c) die Augensumme 13 zu würfeln?

d) zwei durch drei teilbare Augenzahlen zu würfeln?

7 Lisa und Lena können sich nicht einigen, wer von beiden den Abwasch machen muss. Um eine Entscheidung zu treffen, werfen sie eine Münze.

a) Ist dieses Zufallsexperiment gerecht? Begründet.

b) Mit welcher Wahrscheinlichkeit wird „Kopf" geworfen, mit welcher „Zahl"?

c) Werft eine Münze 10-mal. Stellt die Ergebnisse in einer Strichliste dar. Übertragt die Tabelle ins Heft und notiert die absoluten Häufigkeiten.

Anzahl der Würfe	10		20		30		40		50	
	Kopf	Zahl	Kopf	Zahl	Kopf	Zahl	Kopf	Zahl	Kopf	Zahl
absolute Häufigkeit	■	■	■	■	■	■	■	■	■	■
relative Häufigkeit	■	■	■	■	■	■	■	■	■	■

d) Werft nun die Münze 20-, 30-, 40- und 50-mal. Stellt die Ergebnisse in einer Strichliste dar. Tragt wieder jeweils die absoluten Häufigkeiten in die Tabelle ein.

e) Berechnet anschließend für 10, 20, 30, 40 und 50 Würfe jeweils die relativen Häufigkeiten.

f) Was fällt euch auf? Welche Erklärung habt ihr für eure Beobachtung?

g) Welches Ergebnis ist zu erwarten, wenn die Münze 500-mal geworfen wird?

Tipp: Wie die relative Häufigkeit berechnet wird, kannst du im Buch auf Seite 99 nachschlagen.

Prüfe dich

8 Frau Löhme fährt mit dem Bus zur Arbeit. Die Busfahrt dauert doppelt so lange wie der Fußweg, den sie zusätzlich zurücklegen muss.
Stelle eine Gleichung zur Berechnung der Zeit auf, die sie für den Weg braucht.
Die Busfahrt dauert 12 Minuten. Wie lange dauert der Fußweg?

zu Aufgabe 6: Angebot in den Kopiervorlagen nutzen

Wahrscheinlichkeiten ermitteln

1 Lisa und Lena spielen Mensch ärgere dich nicht. Jede würfelt mit einem eigenen Würfel. Lisa verliert, weil sie selten eine sechs würfelt. Da sie 9-mal hintereinander keine sechs gewürfelt hat, vermutet sie, dass mit ihrem Würfel etwas nicht stimmt.

a) Wie kann Lisa ihren Verdacht überprüfen? Diskutiert mit einem Partner.

b) Untersucht Würfel. Prüft ob man mit ihnen gerecht spielen kann.

c) Vergleicht euer Vorgehen und eure Ergebnisse untereinander. Diskutiert, worauf zu achten ist.

Augenzahl	1	2	3	…
Strichliste				
absolute Häufigkeit				
relative Häufigkeit				

Ob bei einem Zufallsexperiment **alle möglichen Ergebnisse dieselbe Wahrscheinlichkeit** haben, kann über eine Versuchsreihe ermittelt werden. So kann überprüft werden, ob ein Zufallsgerät gerecht ist.
Wurden genügend Versuche durchgeführt, ist die ermittelte **relative Häufigkeit** ein geeigneter Schätzwert für die Wahrscheinlichkeit.
Dies bezeichnet man als das **Gesetz der Großen Zahl**.

Beispiel: Eine Kronkorken wurde 500-mal geworfen.

	Krone	Kopf
absolute Häufigkeit	300	200
relative Häufigkeit	$\frac{300}{500} = 0{,}6 = 60\,\%$	$\frac{200}{500} = 0{,}4 = 40\,\%$

Krone Kopf

Der Schätzwert für die Wahrscheinlichkeit für das Ergebnis „Krone" ist 60 %.
Der Schätzwert für die Wahrscheinlichkeit für das Ergebnis „Kopf" ist 40 %.
Der Kronkorken ist somit kein gerechtes Zufallsgerät.

2 Zum Ende des Fußballtrainings haben die Spieler noch Zeit, Elfmeterschießen zu üben.

a) Vermute, welcher Spieler am treffsichersten ist.

b) Übertrage die Tabelle ins Heft und berechne die Trefferquote von jedem Spieler.

Name	Anzahl Torschüsse	Anzahl Treffer	relative Häufigkeit (Trefferquote)
Ole	7	5	
Max	6	2	
Murat	8	5	
Jan	3	3	
Juri	9	5	
Alex	10	7	

c) Was sollte der Trainer tun, um den sichersten Elfmeterschützen zu bestimmen?

3 Ein Glücksrad wird 120-mal gedreht.

Farbe	Gelb	Rot	Lila	Blau
absolute Häufigkeit	24	12	36	48
relative Häufigkeit				

a) Übertrage die Tabelle ins Heft und berechne die relativen Häufigkeiten.

b) Finde das passende Glücksrad.

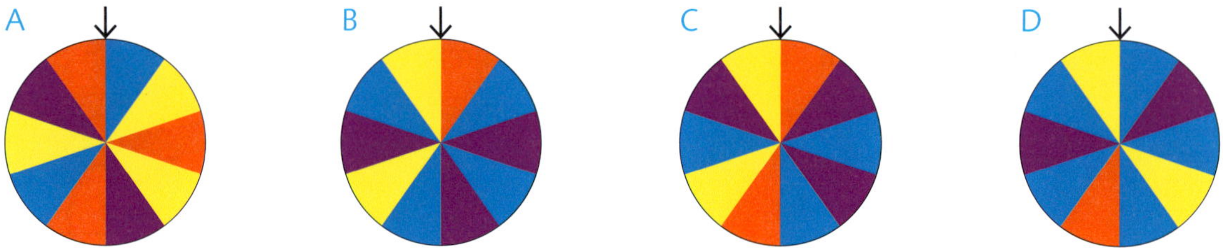

4 Ein sechsseitiger Spielwürfel wurde 360-mal geworfen.

Augenzahl	1	2	3	4	5	6
absolute Häufigkeit	0	69	57	54	63	117
relative Häufigkeit	0 %	19,2 %	15,8 %	15 %	17,5 %	32,5 %

a) Betrachte die Tabelle. Was fällt dir auf?

b) Wie könnten die Augenzahlen auf dem Würfel verteilt sein? Zeichne ein Würfelnetz wie in Aufgabe **5** und trage die Augenzahlen ein.

5 Erstelle aus Karton ein Würfelnetz.
Klebe eine Münze an die Innenseite einer Seitenfläche.
Falte den Würfel zusammen und verklebe ihn. Beschrifte den Würfel.

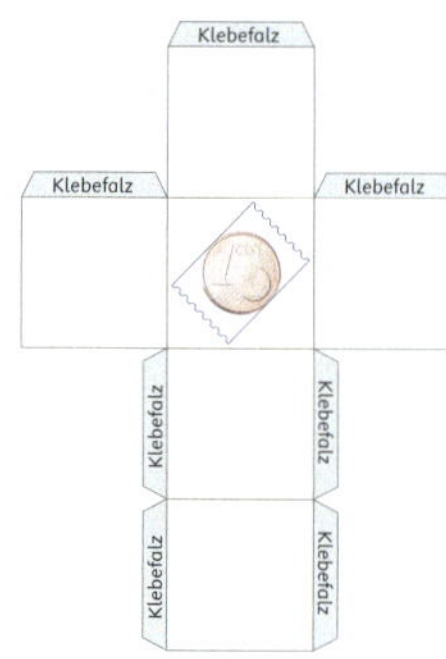

a) Wirf den Würfel 180-mal. Stell die Ergebnisse in einer Strichliste und einer Häufigkeitstabelle dar.

b) Bei einem nicht manipulierten Würfel wäre jede Augenzahl etwa 30-mal geworfen worden. Wie hat die eingeklebte Münze die Eigenschaften des Würfels verändert?

6 Stellt aus verschiedenen Schachteln Spielwürfel her.
Beachtet, dass die gegenüberliegenden Flächen immer die Augensumme sieben ergeben müssen.

a) Vermutet, welche Zahl am häufigsten gewürfelt wird.

b) Würfelt mit diesem Würfel abwechselnd 100-mal. Stellt die Ergebnisse in einer Strichliste und einer Häufigkeitsliste dar.

c) Überprüft eure Vermutung aus a), indem ihr die relativen Häufigkeiten für die einzelnen Ergebnisse berechnet.

d) Füllt die Schachtel mit einigen Münzen und wiederholt den Versuch. Berechnet die relativen Häufigkeiten für jede Seite. Vergleicht die Ergebnisse aus beiden Versuchen. Was stellt ihr fest?

interaktive Übung: 138–3

Projekt: Glücksspiele

1 a) Informiert euch und erstellt gemeinsam ein Lernplakat: Was sind Glücksspiele? Welche Spiele gehören in Deutschland dazu? Welche Altersbeschränkungen gibt es bei Glücksspielen?

b) Recherchiere: Verstößt du gegen das Gesetz, wenn du Lose auf dem Jahrmarkt kaufst, obwohl du noch keine 18 Jahre alt bist?

2 In vielen Kneipen und Vereinslokalen findet man Geldspielautomaten, die oft auch als „Einarmige Banditen“ bezeichnet werden. Von dem Geld, das die Spieler in die Automaten werfen, gehen bereits 40 % an die Betreiber dieser Automaten. Um die restlichen 60 % des in den Automaten eingeworfenen Geldes kann man dann spielen.

a) Ole behauptet, dass man an diesen Automaten bereits mit 16 Jahren spielen darf. Hat Ole recht? Begründe.

b) Wie viel Geld kann man höchstens gewinnen, wenn sich 15 € im Geldspielautomaten befinden?

c) Insbesondere süchtige Spieler meinen, dass Geldspielautomaten nach einer gewissen Spielzeit „lockerer“ werden und höhere Geldgewinne ausschütten. Was meinst du dazu?

d) Recherchiere, warum fast 80 % aller Spielsüchtigen ihrer Sucht am Geldspielautomaten nachgehen.

Ein Spielsüchtiger berichtet:

„Wenn ich spiele, dann immer so lange, bis ich kein Geld mehr habe. Gewinne ich, dann spiele ich weiter, weil ich eine Glückssträhne haben könnte. Wenn ich etwas verliere, muss ich weiterspielen, um das verlorene Geld wieder wettzumachen.“

3 Im Internet werden auch Kindern und Jugendlichen kostenlose Onlinespiele, wie beispielsweise Poker oder andere Glücksspiele, angeboten.

a) Ist Poker eigentlich eine Sportart oder ein Glücksspiel? Diskutiert.

b) Was könnten die Gründe dafür sein, dass Kindern und Jugendlichen diese Spiele angeboten werden?

Wiederholung: Körper unterscheiden

1

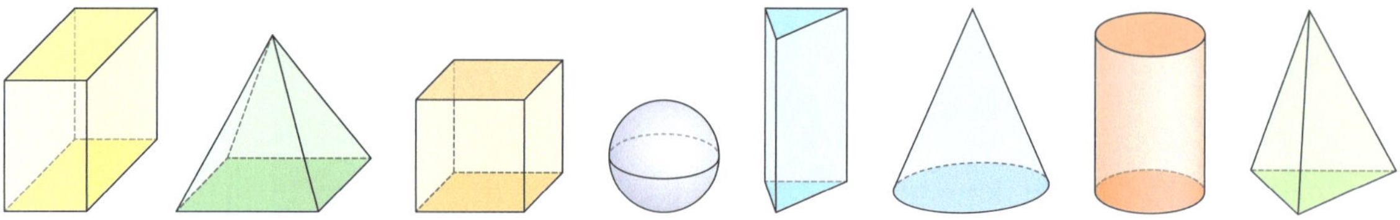

a) Benenne die geometrischen Körper.

b) Beschreibe einem Partner die Merkmale der abgebildeten geometrischen Körper.

c) Finde Unterschiede und Gemeinsamkeiten zwischen …
A Quader und Pyramide. B Zylinder und Kegel. C Quader und Dreiecksprisma.

2 Drei der abgebildeten Körper sind Spitzkörper und drei gehören zu den Prismen.

a) Welche Körper gehören zu den Spitzkörpern? Begründe.

b) Welche Körper gehören zu den Prismen? Benenne ihre gemeinsamen Merkmale.

c) Formuliere mit einem Partner Merksätze zu den Merkmalen von Spitzkörpern und Prismen.

3 Fertige mit einem Partner ein Lernplakat zu den verschiedenen Körpern an. Vervollständigt dazu gemeinsam die rechts abgebildete Tabelle. Stellt euer Lernplakat in der Klasse vor.

	Körper	Abbildung	Merkmale
Prisma	Quader		12 Kanten, je 4 gleich lang …
Spitzkörper			
	Zylinder		
	Kugel		

4 Nenne jeweils einen Körper, auf den folgende Merkmale zutreffen:

a) Der Körper hat acht Ecken und sechs Flächen.

b) Alle Kanten des Körpers sind gleich lang.

c) Die Grund- und Deckfläche des Körpers sind Dreiecke.

d) Der Körper hat keine Ecken und Kanten.

e) Der Körper hat fünf Flächen.

f) Zwei gegenüberliegende Flächen des Körpers sind Kreise.

g) Der Körper hat fünf Ecken.

Kopiervorlage zur Selbsteinschätzung beachten;
zu Aufgabe 3: Angebot in den Kopiervorlagen nutzen

Körper zeichnen

1 Zeichne das Schrägbild eines Quaders. Kantenlängen: a = 5 cm, b = 2 cm, c = 4 cm

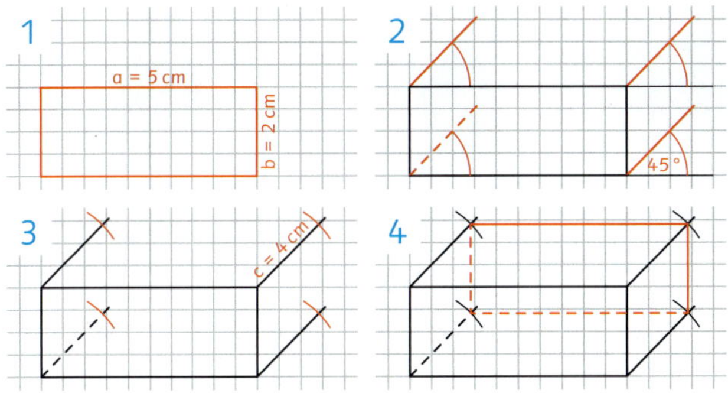

Tipp: Pass auf! Die Länge der nach hinten verlaufenden Kanten muss immer halbiert werden:
c = 4 cm   4 cm : 2 = 2 cm.

Tipp: Verdeckte Kanten werden gestrichelt gezeichnet.

2 Zeichne Schrägbilder von Quadern mit den angegebenen Kantenlängen.

a) a = 7 cm, b = 5 cm, c = 6 cm

b) a = 3 cm, b = 3 cm, c = 10 cm

c) a = 5 cm, b = 4,5 cm, c = 7 cm

d) a = 6 cm, b = 6 cm, c = 6 cm

e) Beschreibe deine Konstruktionsschritte.

3 Von wie vielen Ansichten einer Streichholzschachtel kannst du ein Schrägbild zeichnen? Begründe.

4 Zeichne das Schrägbild einer Pyramide mit der Kantenlänge a = 4 cm und der Höhe h = 3 cm. Arbeite mit Lineal und Zirkel.

1 Zeichne zuerst die Grundfläche. Verdeckte Kanten werden gestrichelt.

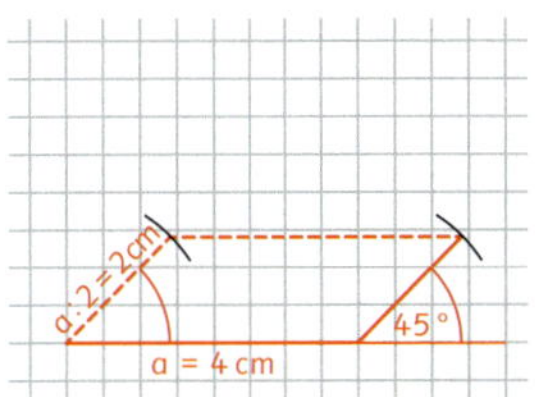

2 Zeichne danach die Diagonalen ein.

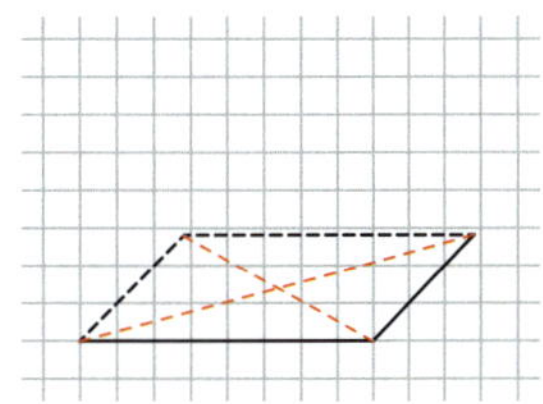

3 Trage anschließend die Höhe ab.

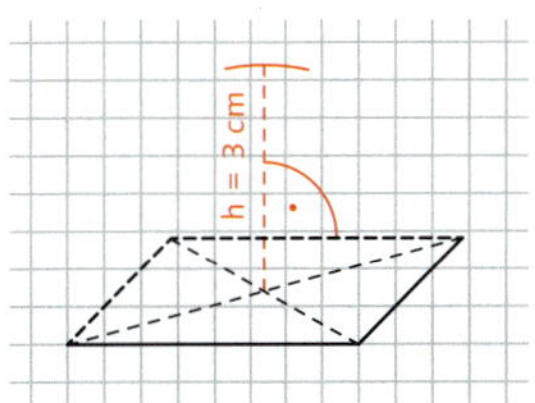

4 Verbinde nun die Eckpunkte.

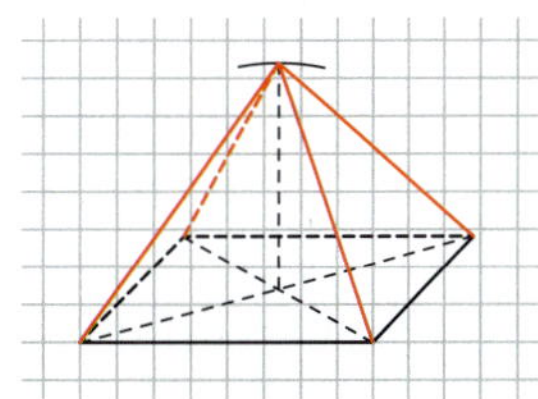

5 Zeichne Schrägbilder von Pyramiden mit den angegebenen Werten.

a) a = 6 cm, h = 4 cm.

b) a = 9 cm, h = 6 cm

c) a = 7 cm, h = 7 cm

Oberflächen von Prismen und Zylindern

1

a) Sammelt prismenförmige Verpackungen und zerschneidet sie zu Körpernetzen.

b) Überlege mit einem Partner, wie die Oberfläche der Körper berechnet werden kann.

c) Stellt eure Lösungen in der Klasse vor.

Die Oberfläche eines Körpers ist die Summe der Flächeninhalte seiner Teilfächen.

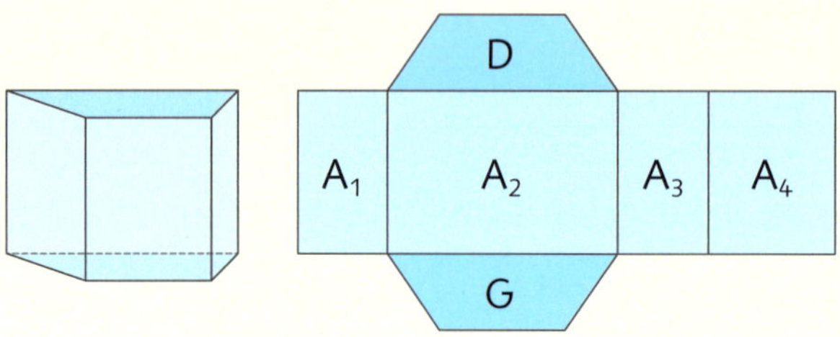

$A_{Körper} = G + D + A_1 + A_2 + A_3 + A_4$

2 a) Nimm eine Milchpackung. Miss alle Kantenlängen.

b) Zeichne ein passendes Körpernetz. Beschrifte es und trage die Kantenlängen ein.

c) Berechne zuerst die Flächeninhalte der Teilflächen.
Berechne danach die gesamte Oberfläche der Milchpackung.

d) Suche dir eine andere prismenförmige Verpackung aus und berechne ihre Oberfläche.

e) Suche dir einen Partner. Kontrolliert eure Ergebnisse gegenseitig.

3 Wie rechnet Ina?

Tipp: Kreisumfang:
$u_○ = \pi \cdot d$
$u_○ = 3{,}14 \cdot d$

Flächeninhalt:
$A_○ = \pi \cdot r^2$
$A_○ = 3{,}14 \cdot r^2$

a) Findet heraus, wie Ina die Oberfläche berechnen kann.

b) Stellt eure Lösung in der Klasse vor.

Wo wird erklärt, wie ich richtig mit Formeln arbeite?

Schlage im Buch auf Seite 120 nach.

4 Falte im Kopf zu einem Prisma. Berechne anschließend jeweils die Oberfläche. Rechne geschickt.

a)

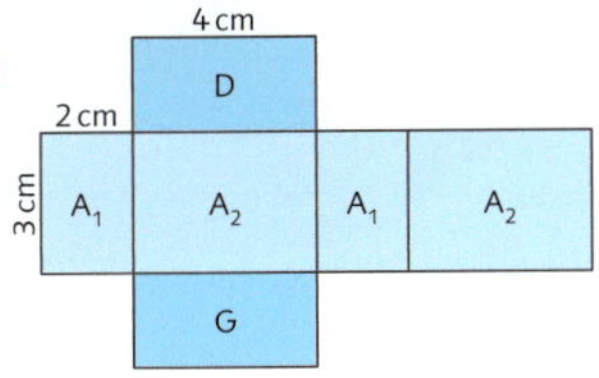

b)

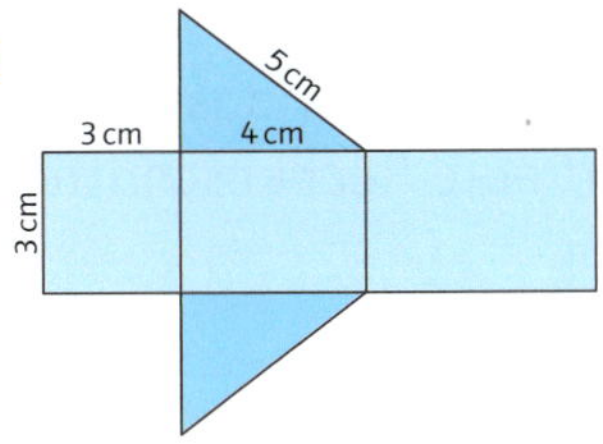

c)

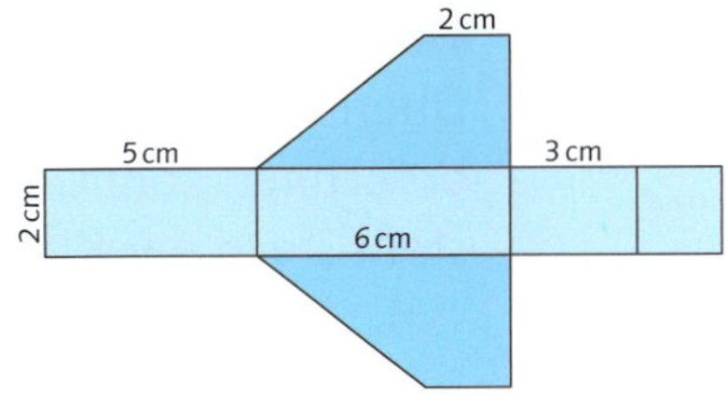

5 Berechne die Oberfläche der abgebildeten Körper.

a)

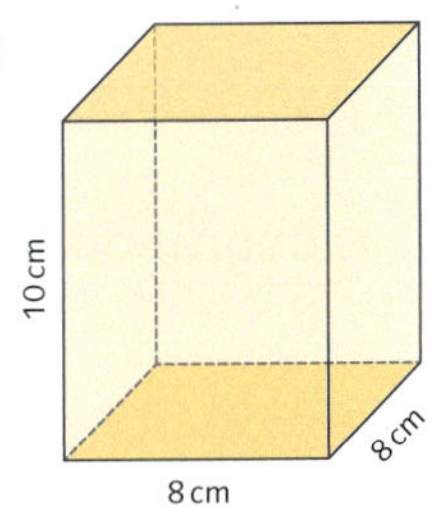

b)

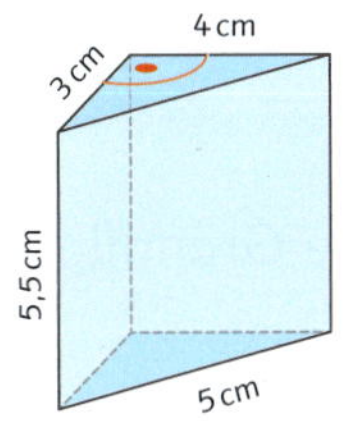

Wir haben eine Formel gefunden, mit der man die Oberfläche von Prismen und Zylindern berechnen kann.

★ c)

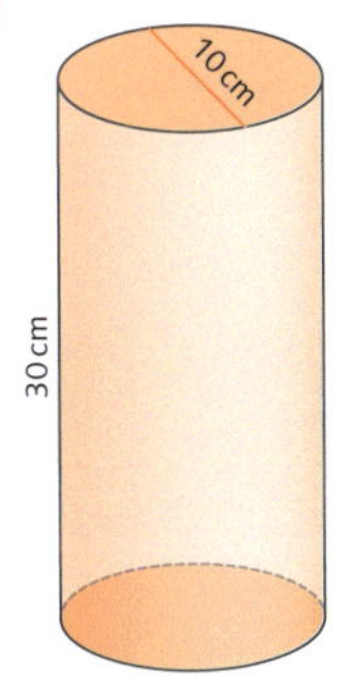

Die Oberfläche eines Prismas und die Oberfläche eines Zylinders werden mit folgender Formel berechnet:

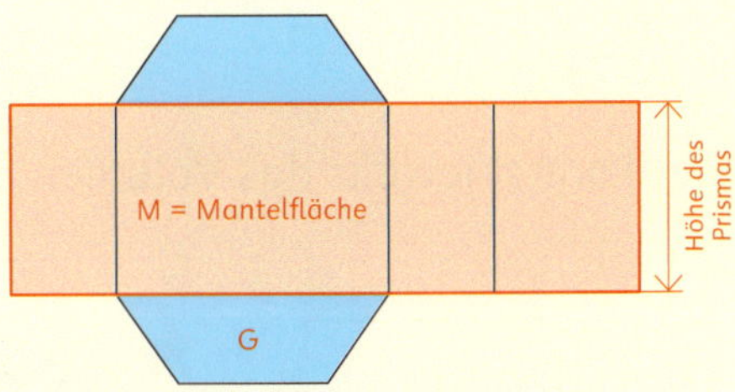

$$A = 2 \cdot G + M$$

6 ★ Berechne mit der Formel die Oberfläche von Prismen. Jedes Prisma hat eine Körperhöhe von 6 cm und die abgebildete Grundfläche.

a)

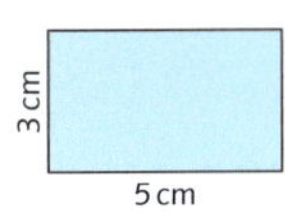

b)

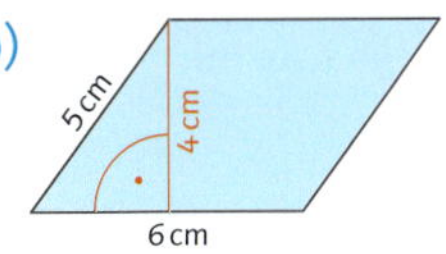

c)

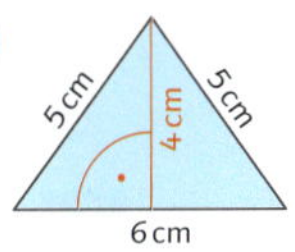

7 Das Zelt mit Boden hat die Form eines Prismas.

a) Fertige eine Skizze des Körpernetzes an. Beschrifte die Skizze mit den Zeltmaßen.

b) ★ Wie viel Quadratmeter Zeltstoff wird für die Herstellung des Zeltes benötigt? Rechne 10 % für die Nahtzugaben hinzu.

zu Aufgabe 4: Angebot in den Kopiervorlagen nutzen

Volumen von Prismen und Zylindern

1 Gretas Eltern wollen ein Haus bauen.
Für den Keller wurde eine Baugrube ausgehoben.
Die Baugrube ist 10 m breit, 8 m lang und 3 m tief.
Wie viel Kubikmeter Erde mussten abtransportiert werden?
Überlege mit einem Partner, wie ihr das Volumen berechnen könnt. Notiert eure Rechenschritte und stellt sie in der Klasse vor.

> Das Volumen eines Prismas wird berechnet, indem der Flächeninhalt der Grundfläche G mit der Körperhöhe h_K multipliziert wird.
>
> Volumen = Grundfläche · Körperhöhe
>
> $V = G \cdot h_K$

2 Bestimme jeweils die Höhe und die Grundfläche der Prismen. Begründe.

a)
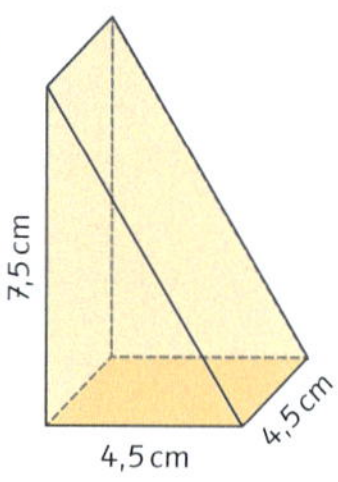

b)
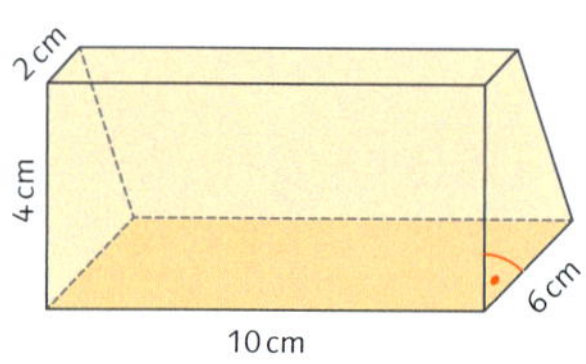

c)
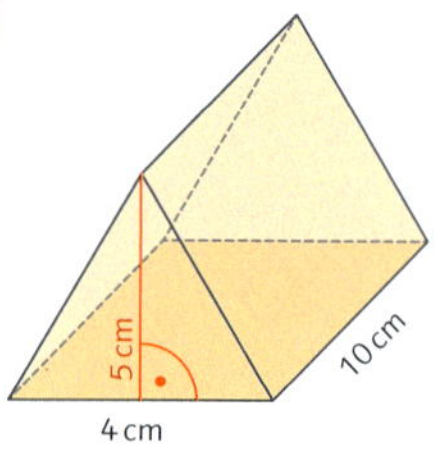

d)
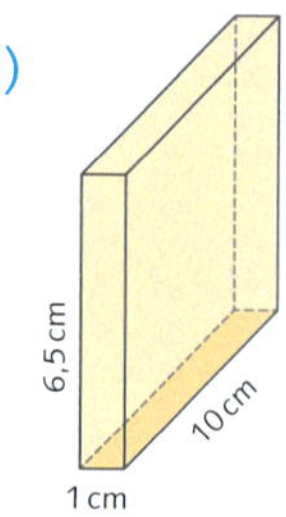

3 Berechne mit der Formel jeweils das Volumen der Prismen.

a)
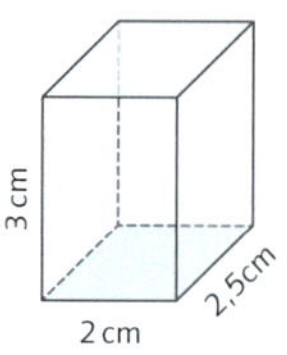

b)
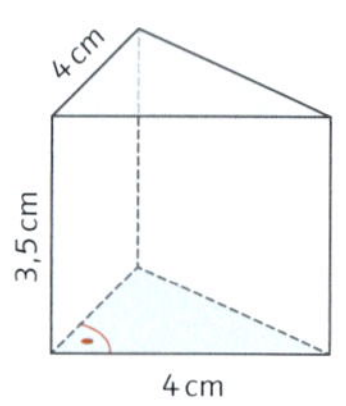

c) ★
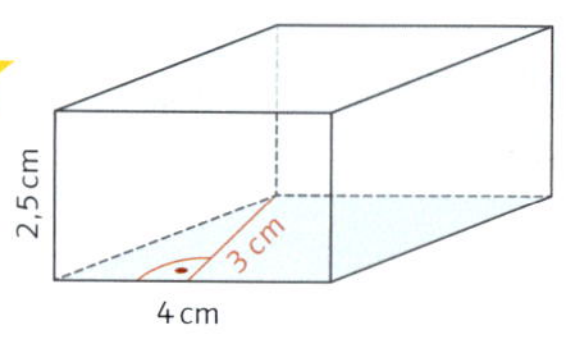

geg.: a = 2 cm
b = 2,5 cm
h_k = 3 cm
ges.: V = ?
F.: $V = G \cdot h_k$
$V = a \cdot b \cdot h_k$
R.: V = ...

4 Abgebildet sind die Grundflächen verschiedener Prismen.
Die Körperhöhe beträgt immer 13 cm. Berechne jeweils das Volumen der Prismen.

a)
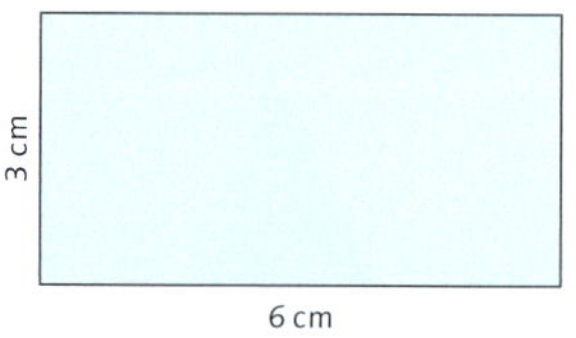

b)
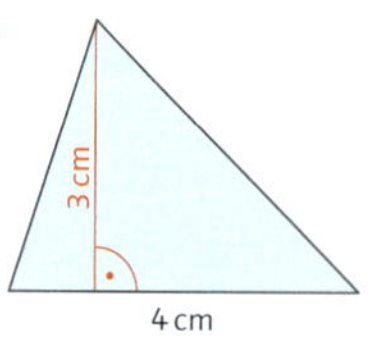

c)
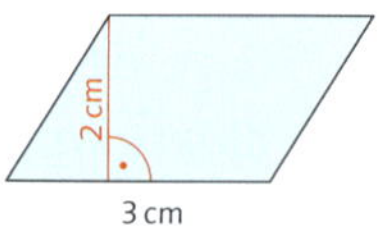

d)
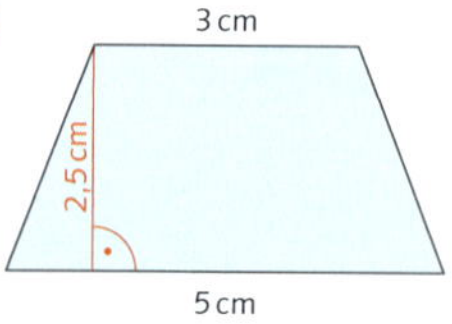

5 ★ Berechne das Volumen der Prismen von Aufgabe **2**.

6 Im Kindergarten von Gretas kleinem Bruder baut der Vater einen Sandkasten. Dieser ist 5 m lang und 4 m breit. Er soll 40 cm hoch mit Sand gefüllt werden.

Tipp: Achte auf die Maßeinheiten.

a) Wie viel Kubikmeter Sand passen in den Kasten?

b) Ein Kubikmeter Sand wiegt 1 t 400 kg.
Wie viel Tonnen Sand werden benötigt, um den Sandkasten zu füllen?

★ c) In einer Schubkarre kann man etwa 80 kg Sand transportieren.
Wie oft muss man mit der Schubkarre hin- und herfahren, wenn der Sand nicht direkt in den Sandkasten gefüllt werden kann?

7 Wie rechnet Paul?

Tipp: Flächeninhalt:
$A_O = \pi \cdot r^2$
$A_O = 3{,}14 \cdot r^2$

a) Findet heraus, wie Paul das Volumen berechnen kann.

b) Stellt eure Lösung in der Klasse vor.

8 Greta möchte eine große zylinderförmige Vase mit Wasser füllen.

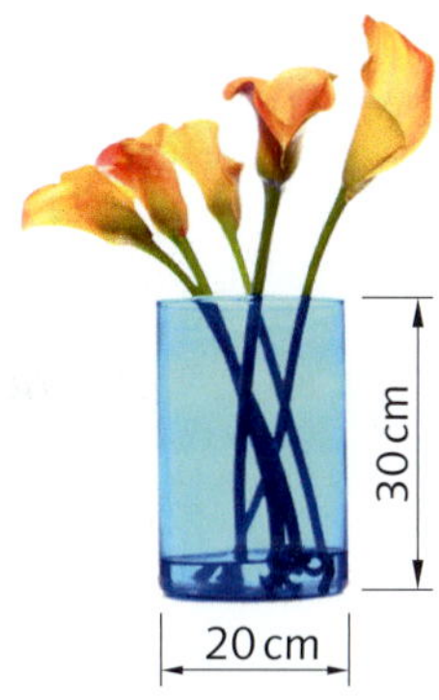

a) Wie viel Liter Wasser kann sie maximal in die Vase füllen?
Schätze zuerst und rechne dann.

b) Wie hoch steht das Wasser, wenn etwa 3 l Wasser eingefüllt worden sind?

9

Die Regentonne ist 120 cm hoch und hat einen Durchmesser von 70 cm.

a) Berechne das Volumen der Regentonne.
Gib es in cm^3 und in l an.

b) Die Tonne soll gestrichen werden.
Berechne die Größe der Mantelfläche.

10 ★ Die Regenrinne eines Gartenhauses ist verstopft und muss gereinigt werden. Sie hat die Form eines halben Zylinders und ist 3 m lang. Der Durchmesser der Regenrinne beträgt 8 cm.
Wie viel Liter Wasser fasst die Regenrinne?

interaktive Übung: 145–8

Volumen zusammengesetzter Körper

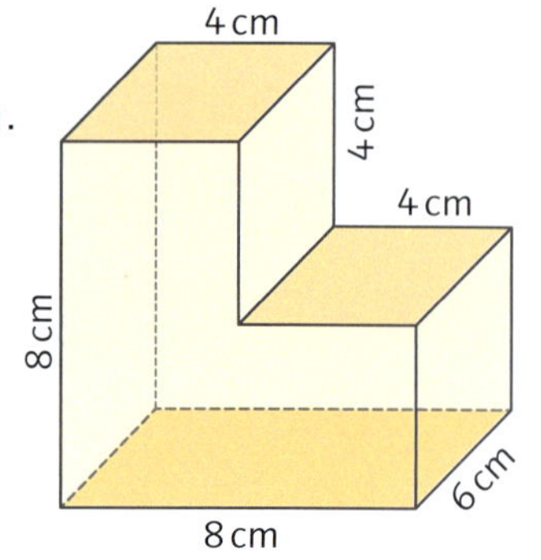

1 Ben möchte das Volumen des abgebildeten Körpers berechnen.

a) Überlege mit einem Partner, wie Ben vorgehen könnte.

b) Zerlegt zuerst den Körper sinnvoll.
Berechnet anschließend das Volumen.

c) Stellt eure Ergebnisse in der Klasse vor.

2

Herr Kurz baut in seinem Garten ein Gewächshaus.

a) Welches Volumen hat dieses Gewächshaus?

b) Wie groß ist die Glasfläche?
Denke daran: Der Boden ist nicht aus Glas.

3

A

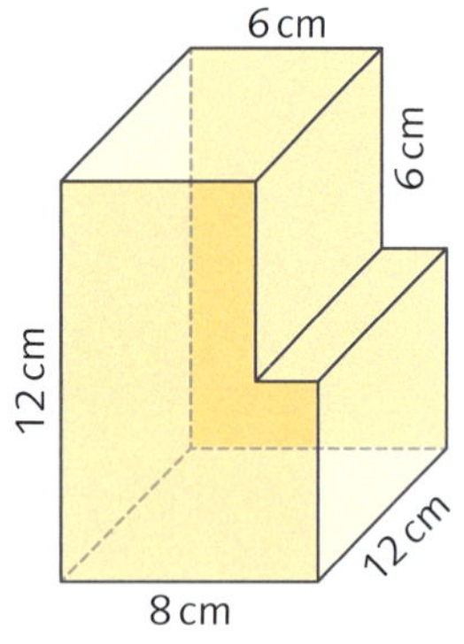

B

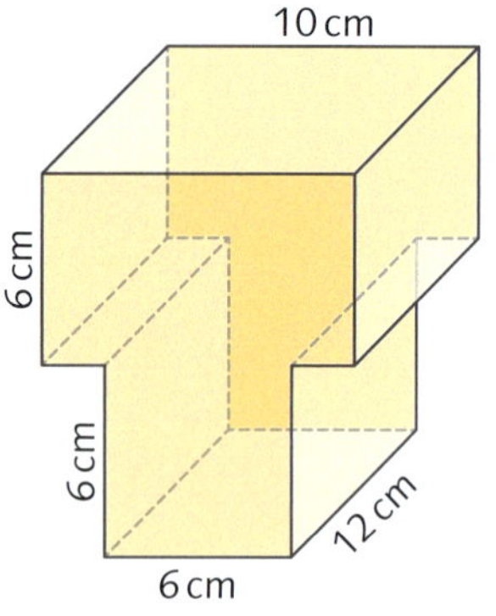

C ★

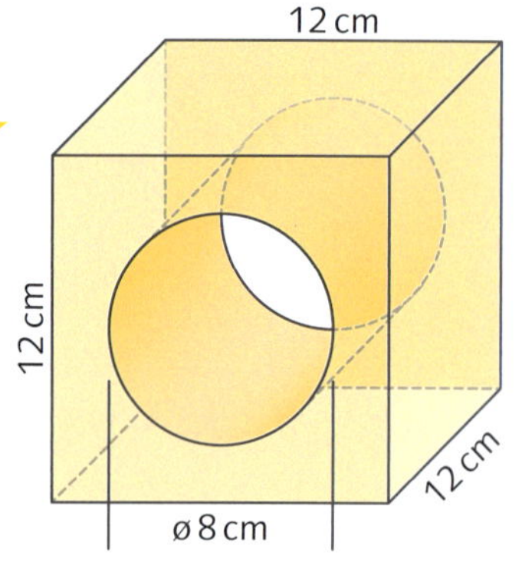

a) Zerlege die Körper sinnvoll. Tausche dich dabei mit einem Partner aus.

b) Berechne das Volumen. Kontrolliert eure Ergebnisse gegenseitig.

4 ★ Stahlträger dienen zur Stabilisierung von Decken und Wänden. Die beiden häufigsten Formen sind im Querschnitt abgebildet.

a) Jeder Stahlträger ist 8 m lang.
Berechne jeweils das Volumen der Träger.

b) Wie schwer sind die Stahlträger jeweils, wenn ein dm^3 Stahl etwa 7,9 kg wiegt?

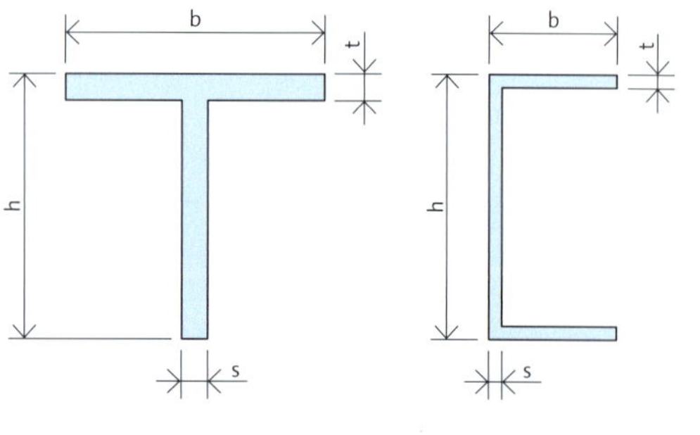

T-Täger:
h = 100 mm t = 10 mm
b = 100 mm s = 10 mm

U-Träger:
h = 100 mm s = 5 mm
b = 50 mm t = 5 mm

Das kannst du schon – Aufgaben für Profis

1 Das Schwimmbecken im städtischen Freibad wird zu Beginn der Freibadsaison wieder gefüllt.
Wie viel Wasser wird benötigt, um das Becken vollständig zu füllen?
Rechne in Kubikmeter und in Liter.

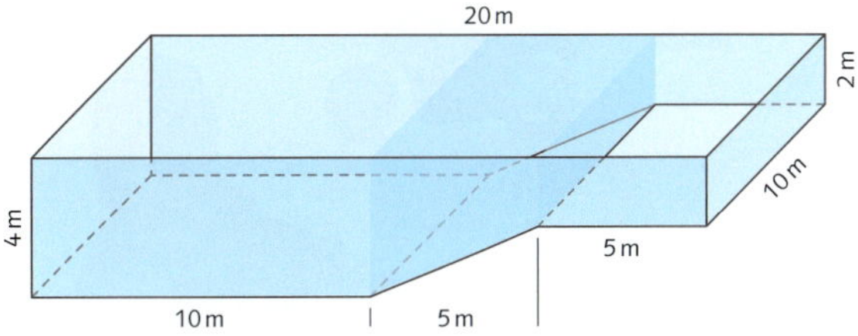

2 Das Schwimmbecken für Wettkämpfe ist 50 m lang, 12 m breit und 2,50 m tief.
Die Grundfläche und die Seitenflächen sollen neu gestrichen werden.

a) Wie viel Liter Wasser müssen abgelassen werden, wenn das Becken gefüllt ist?

b) Wie lange dauert das Ablassen des Wassers, wenn in einer Minute 300 l Wasser ablaufen?

c) Wie viel Kilogramm Farbe werden benötigt, wenn pro Quadratmeter jeweils 600 g Farbe verbraucht werden?

d) Wie viel kostet die gesamte Farbe, wenn 1 kg der Farbe 11 € kostet?

3 Das Nichtschwimmerbecken ist 12,5 m lang, 7 m breit und 0,85 m tief.
Es wird bis 25 cm unter den Rand gefüllt.

a) Wie viel Wasser ist im Nichtschwimmerbecken?

b) Was kostet eine Füllung, wenn ein Kubikmeter Wasser 2,50 € kostet?

c) Das Becken soll neu gefliest werden. Das Fliesen von einem Quadratmeter Fläche kostet insgesamt 90 €. Darin sind auch die Materialkosten enthalten.
Wie viel kostet das Fliesen des gesamten Beckens?

4 ★ Da das Freibad an einer Straße liegt, soll eine Schallschutzwand aus Beton gebaut werden. Die Wand wird 64 m lang. Das Fundament liegt 75 cm tief in der Erde und ist 50 cm breit. Oberhalb des Erdbodens ist die Wand 25 cm breit und 2,30 m hoch.

a) Fertige zuerst eine Skizze an.
Notiere die entsprechenden Maße.

b) Wie viel Kubikmeter Beton werden zum Gießen der Wand benötigt?

c) Wie viel kostet der Beton für die Schallschutzwand, wenn ein Kubikmeter Beton 120 € kostet?

d) Der sichtbare Teil der Mauer soll gestrichen werden.
Das Streichen von einem Quadratmeter Wandfläche kostet einschließlich Farbe 20 €.
Wie viel kostet das Streichen der Wand?

Was sind Zinsen?

1

a) Beschreibe die Situation. Was bedeuten die Begriffe Dispo und Kredit?

b) Wovon träumst du? Wie lassen sich eure Träume verwirklichen? Diskutiert.

c) Informiert euch darüber, welche Möglichkeiten es gibt, Geld zu sparen oder sich Geld zu leihen.

d) Wertet die Ergebnisse anschließend aus und stellt sie vor. Welche Vorteile und welche Nachteile bieten die verschiedenen Möglichkeiten? Diskutiert.

2 Diskutiert in der Klasse. Warum …

a) zahlt die Bank dir Zinsen, wenn du dein Geld auf einem Konto bei ihr anlegst?

b) musst du Zinsen zahlen, wenn du dir Geld bei der Bank leihst?

c) sind die Sollzinsen höher als die Habenzinsen?

Legt man bei einer Sparkasse oder Bank Geld an, wird dieses Guthaben genannt.
Dafür erhält man Zinsen (**Habenzinsen**).
Leiht man sich Geld, wird dieses Geld als Kredit oder Darlehen bezeichnet.
Als Leihgebühr zahlt man Zinsen (**Sollzinsen**).
Zinssätze beziehen sich in der Regel auf ein Jahr (360 Tage*).
Man nennt diesen Zinssatz **Jahreszins**.

3 Habenzins oder Sollzins? Begründe.

a) Familie Maier nimmt einen Kredit über 1 000 € bei der Bank auf, um sich eine Waschmaschine zu kaufen. Sie zahlt dafür einen Zinssatz von 7 % in einem Jahr.

b) Lisa hat 80 € in ihrer Spardose und zahlt dieses Geld am Anfang des Jahres auf ihr Sparbuch ein. Am Jahresende hat sie 81,60 € auf ihrem Sparbuch.

* bezieht sich auf die kaufmännische Zinsformel;
Kopiervorlage zur Selbsteinschätzung beachten

Grundbegriffe der Zinsrechnung

1

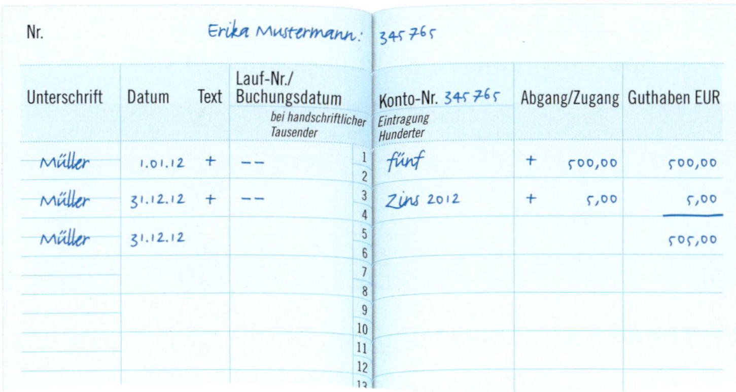

Unterschrift	Datum	Text	Lauf-Nr./ Buchungsdatum bei handschriftlicher Tausender		Konto-Nr. 345 765 Eintragung Hunderter	Abgang/Zugang	Guthaben EUR
Nr.			Erika Mustermann:		345 765		
Müller	1.01.12	+	--	1	fünf	+ 500,00	500,00
Müller	31.12.12	+	--	3	Zins 2012	+ 5,00	5,00
Müller	31.12.12			5			505,00

Zinssatz Sparbuch: jährlich 1 %

a) Beschreibe die beiden Situationen. Worin unterscheiden sie sich?

b) Ordne die Angaben den Begriffen der Zinsrechnung zu.
Nutze die Informationen im Merkkasten.

c) Was bedeutet der Zinssatz 1 % bei einem Sparbuch?
Was bedeutet der Zinssatz 7 % bei einem Darlehen?

Bei der Zinsrechnung wird die Prozentrechnung auf den Geldverkehr angewendet. Die Aufgaben können daher wie bei der Prozentrechnung gelöst werden. Es ändern sich nur die jeweiligen Bezeichnungen.

Prozentrechnung	Grundwert G	Prozentwert W	Prozentsatz p %
Zinsrechnung	Kapital K	Zinsen Z	Zinssatz p %

2 Notiere: Was ist gegeben, was wird gesucht?

a) Dana hat 300 € auf ihrem Konto.
Der Zinssatz beträgt 2 % pro Jahr.

b) Ling-Lings Eltern kaufen sich ein Auto. Dafür nehmen sie einen Kredit in Höhe von 3 000 € bei der Bank auf. Für diesen zahlen sie 240 € Zinsen in einem Jahr.

c) Herr Ume kauft sich ein neues Mountainbike. Er nimmt dafür einen Kredit auf. Der Zinssatz beträgt 7 % in einem Jahr. Das entspricht 70 €.

Schreibe so:

gegeben: Kapital K = ▢
Zinssatz p% = ▢
gesucht: Zinsen Z = ▢

Prüfe dich

3 In einen zylinderförmigen Topf passen 5 Liter Wasser.
Der Radius des Topfes beträgt 18 cm. Wie hoch ist der Topf?
Denke daran, Liter in Kubikzentimeter umzurechnen (1 l = 10 cm^3).

Die Zinsen berechnen

1 Die Schüler der Schülerfirma „Büdchen" wollen ihre Einnahmen aus dem Schuljahr auf ein Sparbuch einzahlen. Nun überlegen sie:

gegeben: Kapital K = 1500€
Zinssatz p % = 1,5%
gesucht: Zinsen Z = ?

	Zinssatz p%	Zinsen in €	
:100	100	1500	:100
·1,5	1	$\frac{1500}{100}$	·1,5
	1,5	□	

a) Beschreibe Tims Rechenweg zur Berechnung der Zinsen nach einem Jahr.

b) Erkläre an dem Beispiel, wie man die Formel für die Berechnung der Zinsen ermittelt.

2 Übertrage die Dreisatztabellen in dein Heft und berechne die Jahreszinsen.

a)

	Zinssatz p %	Zinsen in €	
: 100	100	200	: 100
· 3	1	$\frac{200}{100}$	· □
	3	□	

b)

	Zinssatz p %	Zinsen in €	
□	100	40	□
□	1	$\frac{40}{100}$	□
	5	□	

c)

Zinssatz p %	Zinsen in €
100	70
□	□
6	□

3 Erstelle jeweils eine Dreisatztabelle und berechne die Jahreszinsen.

a) 8 % auf 30 €:
100 % sind 30 €.
1 % sind $\frac{30}{100}$ €.
8 % sind □ €.

b) 2 % auf 500 €:
100 % sind 500 €.
1 % sind $\frac{500}{100}$ €.
2 % sind □ €.

c) 4 % auf 660 €:
100 % sind 660 €.
1 % sind $\frac{660}{100}$ €.
4 % sind □ €.

Die **Jahreszinsen** kannst du mit dem Dreisatz in einer Tabelle oder mit folgender Formel berechnen: $Z = \frac{K \cdot p}{100}$

4 Bestimme jeweils zuerst das Kapital und den Zinssatz.
Berechne danach die Jahreszinsen mit dem Dreisatz in der Tabelle und mit der Formel.

a) Lisa hat 400 € auf ihrem Konto. Sie bekommt darauf einen Zinssatz von 2 % pro Jahr.

b) Lisas Eltern zahlen in einem Jahr einen Kredit über 2 000 € ab.
Der Zinssatz beträgt 7 %.

5 Berechne die Jahreszinsen mit der Formel.
Was fällt dir auf?

a) 3 % auf 4 €
3 % auf 40 €
3 % auf 400 €

b) 5 % auf 2 €
5 % auf 20 €
5 % auf 200 €

geg.: K = 4
p % = 3 %
ges.: Z = ?

$Z = \frac{K \cdot p}{100}$

$Z = \frac{4 \cdot 3}{100}$

Z = □

bei Bedarf auf den Seiten 61 und 62 nachsehen

6 Du hast einen Betrag von 2500 €. Die Bank macht dir verschiedene Angebote.
Wie würdest du dein Geld anlegen? Begründe.

Jugendsparkonto	Festgeldkonto A	Festgeldkonto B
– sofort verfügbar	– verfügbar nach 2 Jahren	– verfügbar nach 4 Jahren
– Zinssatz: 2 % p. a.*	– Zinssatz: 2,5 % jährlich	– Zinssatz: 3,5 % jährlich
– jederzeit kündbar	– 3 Monate Kündigungsfrist	– 6 Monate Kündigungsfrist

7 Oles Eltern haben ihren neuen Computer im Wert von 800 € mit einem Kredit finanziert.
Der Zinssatz beträgt 7 %. Berechne die Jahreszinsen.

8 Gretas Schwester hat bei einem Musikwettbewerb 500 € Preisgeld gewonnen.
Für 300 € kauft sie sich eine Gitarre. Den Rest des Geldes zahlt sie auf ihr Konto ein.
Sie bekommt einen Zinssatz von 2 %. Berechne die Jahreszinsen nach einem Jahr.

9 Folgende Spareinlagen werden zu 2 % verzinst.
Welches Kapital erbringt welche Jahreszinsen? Ordne zu und schreibe in dein Heft.

Kapital

500 € | 800 € | 200 € | 3000 € | 50 €

Zinsen

1 € | 60 € | 10 € | 16 € | 4 €

Zinssatz

Neben dem Jahreszins (360 Tage**) gibt es auch den Monatszins (30 Tage) und den Tageszins (1 Tag).

10 Berechne jeweils die Zinsen, die nach einem Jahr, nach 6 Monaten und nach einem Monat angefallen sind.

	Kapital K	Zinssatz p %	Zinsen Z nach …		
			1 Jahr	6 Monaten	1 Monat
a)	3000 €	4 %			
	6000 €	4 %			
	1200 €	4 %			
b)	10000 €	3 %			
	15000 €	3 %			
	20000 €	3 %			

11 Greta hat 400 € auf ihrem Sparkonto. Der Zinssatz beträgt 2 % pro Jahr.

a) Wie viel Zinsen erhält Greta nach einem Jahr und nach zwei Jahren?

b) Warum sind die Zinsen im zweiten Jahr größer als im ersten Jahr?

* p. a. – lat. per annum = pro Jahr
** bezieht sich auf die kaufmännische Zinsformel

Das Kapital und den Zinssatz berechnen

1

Berechne die Höhe des Kredits mit dem Dreisatz.

2 Übertrage die Dreisatztabellen in dein Heft und berechne das Kapital.

	Zinssatz p %	Kapital in €	
: 3	3	390	: 3
· 100	1	$\frac{390}{3}$	· ▢
	100	▢	

3 Erstelle jeweils eine Dreisatztabelle und berechne das Kapital.

a) 9 % sind 450 €.
1 % sind $\frac{450}{9}$ €.
100 % sind ▢ €.

b) 7 % sind 280 €.
1 % sind $\frac{280}{7}$ €.
100 % sind ▢ €.

4 Bei einem Zinssatz von 2,5 % hat Ling-Ling 17,50 € Zinsen bekommen. Lena hat nach der gleichen Zeit 14,50 € Zinsen bei einem Zinssatz von 2 % bekommen. Lena behauptet, dass sie mehr Geld auf dem Konto hat als Ling-Ling? Hat sie recht?

5

Berechne die Höhe des Zinssatzes mit der Formel.

6 Übertrage die Dreisatztabellen in dein Heft und berechne den Zinssatz.

	Zinsen in €	Zinssatz p %	
: 25	25	100	: 25
· 5	1	$\frac{100}{25}$	· ▢
	5	▢	

7 Erstelle jeweils eine Dreisatztabelle und berechne den Zinssatz.

a) 18 € von 200 €:
200 € sind 100 %.
1 € sind $\frac{100}{200}$ %.
18 € sind ▢ %.

b) 80 € von 2 000 €:
2 000 € sind 100 %.
1 € sind $\frac{100}{2000}$ %.
80 € sind ▢ %.

8 Frau Körner hat auf ihrem Sparbuch 2 500 €. Nach einem Jahr bekommt sie 50 € Zinsen. Wie hoch ist der Zinssatz? Berechne mit der Formel.

Das **Kapital** und den **Zinssatz** für die Jahreszinsen kannst du mit dem Dreisatz oder mit folgenden Formeln berechnen:

$$K = \frac{Z \cdot 100}{p} \qquad p = \frac{Z \cdot 100}{K}$$

Das kannst du schon – Aufgaben für Profis

1 Welche Informationen kannst du den Zeitungsausschnitten entnehmen? Beschreibe.

Wichtige Überschuldungsauslöser nach Alter

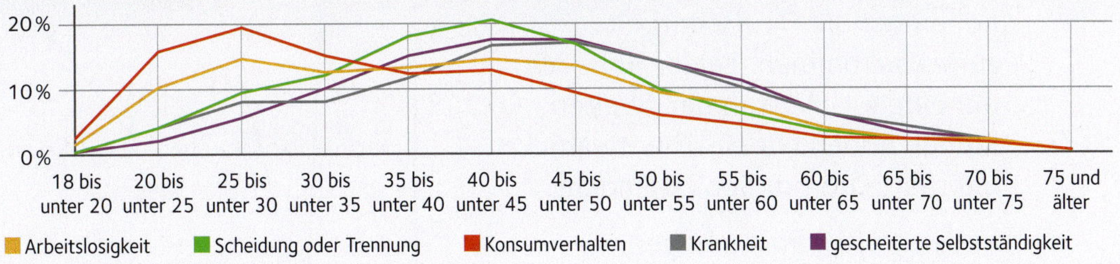

Quelle: iff – Überschuldungsreport 2011, S. 24

Mehr junge Menschen schlittern in die Pleite

(Spiegel 6.11.2012)

Ein teures Handy, Markenklamotten und vielleicht auch noch ein Auto: Manche junge Erwachsene leben weit über ihren Verhältnissen. Die Zahl derer, die das in die Insolvenz treibt, ist seit vergangenem Jahr deutlich gestiegen. Junge Erwachsene zwischen 18 und 25 Jahren melden viel häufiger Insolvenz an als noch vor einem Jahr. …

Schuldnerzahl in Deutschland nach Altersgruppen

Altersgruppe	2004	2011	Abweichung 2004/2011
unter 20	53 000	243 000	+ 190 000
20 bis 29	989 000	1 439 000	+ 450 000
30 bis 39	1 731 000	1 602 000	– 129 000
40 bis 49	1 989 000	1 605 000	– 384 000
50 bis 59	1 226 000	993 000	– 233 000
60 bis 69	472 000	411 000	– 61 000
über 70	78 000	111 000	+ 33 000

Quelle: Verband der Vereine Creditreform e.V. SchuldnerAtlas Deutschland 2011, S. 18

a) Welche Ursachen können zu einer Überschuldung führen?

b) Welches ist die häufigste Ursache für eine Überschuldung junger Erwachsener? Begründe.

c) In welcher Altersgruppe findest du die höchsten Schuldnerzahlen? Welches sind in dieser Altersgruppe die häufigsten Ursachen für eine Überschuldung? Begründe.

d) Was bedeutet der Begriff „Insolvenz" und welche Folgen hat eine Insolvenz für den Betroffenen? Informiere dich.

e) Wie kann man sich einen besseren Überblick über seine Finanzen verschaffen?

2 a) Recherchiere in Zeitungen und im Internet nach Artikeln, die über Ursachen und Gefahren einer Überschuldung bei Jugendlichen berichten.

b) Beschreibt euch gegenseitig, welche Informationen ihr den Artikeln entnehmen könnt.

3 Schreibe einen Zeitungsartikel zum Diagramm oder zur Tabelle aus Aufgabe **1**.

Veränderungen in Graphen ablesen und darstellen

1 Ole stellt in einem Graphen dar, wie sich seine Stimmung über einen Schultag hinweg verändert hat.

Ole beschreibt: „Gleich morgens haben wir die Deutscharbeit zurückbekommen. Leider habe ich nur eine 4+. Aber in der zweiten Stunde haben wir ein Theaterstück geprobt. Das hat Spaß gemacht.

In der großen Pause haben wir gegen die 7. Klasse nur unentschieden beim Fußball gespielt. Das war peinlich.

In Mathe …"

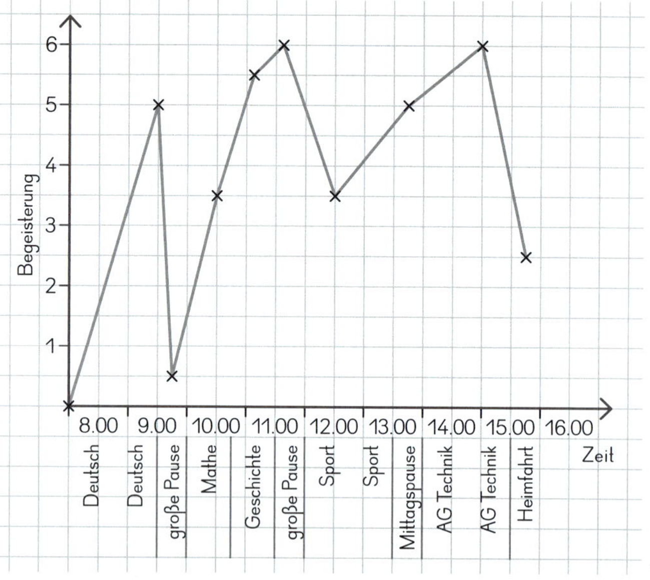

a) Welche Stunden haben Ole am besten gefallen, welche am wenigsten? Zu welcher Zeit steigt seine Stimmung, wann fällt sie ab?

b) Lies Oles Beschreibung und vergleiche seine Aussagen mit dem Verlauf des Graphen. Wie könnte Oles Schultag weiter verlaufen sein? Schreibe ins Heft.

c) Zeichne eine Stimmungskurve für deinen Schultag. Lass einen Partner die Stimmungskurve beschreiben.

2 Anna und Dana machen eine Radtour. Den Verlauf der Tour haben sie als Graphen dargestellt. Beschreibe.

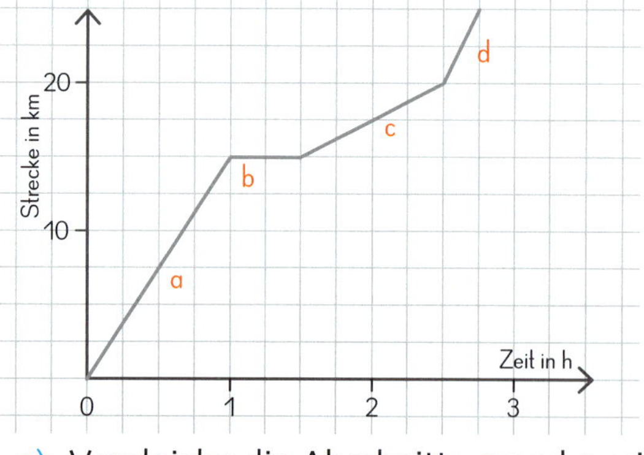

- Für die 5 km lange Steigung haben wir eine ganze Stunde gebraucht.
- Wir sind zügig vorangekommen und haben in einer Stunde 15 km geschafft.
- Als es bergab ging, haben wir für 5 km nur $\frac{1}{4}$ Stunde gebraucht.
- Wir haben uns dann erst einmal 30 Minuten Pause gegönnt.

a) Vergleiche die Abschnitte a und c miteinander. Was fällt dir auf? Begründe.

b) Was bedeutet ein waagerechter Abschnitt?

c) Ordne die Beschreibungen den Abschnitten im Graphen zu. Schreibe ins Heft.

d) Wie viele km sind beide insgesamt gefahren? Wie lange waren sie unterwegs?

Kopiervorlage zur Selbsteinschätzung beachten

3 Beschreibe Lisas Schulweg.

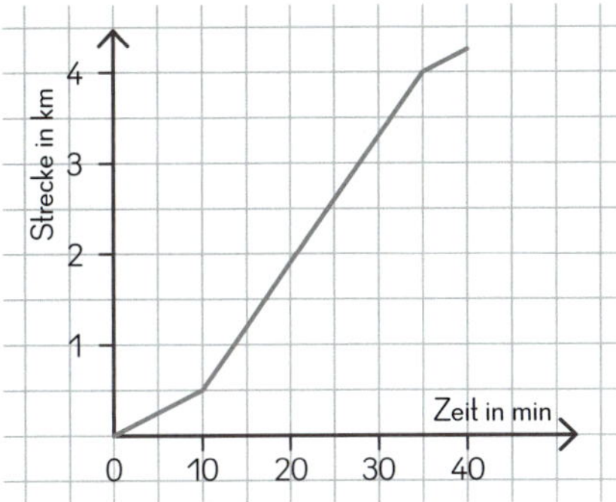

4 Stelle Juris Schulweg als Graphen dar.

Für die 250 m von der Wohnung bis zur Haltestelle brauche ich 10 Minuten. Dort steige ich, ohne warten zu müssen, in die Straßenbahn. Die 5 km bis zur Schul-Bushaltestelle fährt sie in 15 Minuten. Danach muss ich noch 500 m bis zur Schule laufen. Wenn ich mich beeile, brauche ich für diese Strecke 5 Minuten.

5 ★ Notiere die Etappen deines Schulweges. Stelle diesen anschließend in einem Graphen dar. Anhand des Graphen beschreibt dein Partner deinen Schulweg.

6 In einer Stunde fliegt eine Stechmücke etwa 1,5 km weit, eine Fliege etwa 6 km weit und eine Biene etwa 18 km weit. Ein Kolibri kann auch auf der Stelle fliegen, um beispielsweise Nektar zu trinken.
Welcher Graph passt zu welchem Tier? Begründe.

A
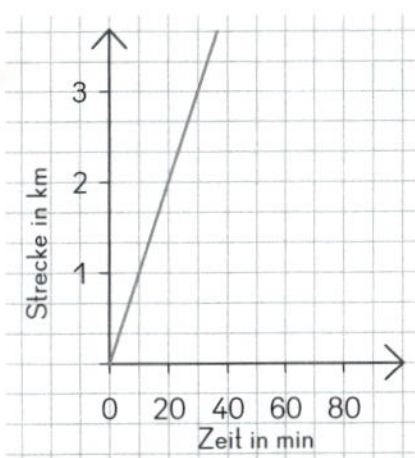

B
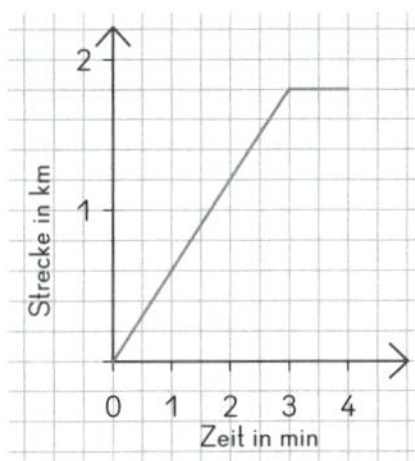

C
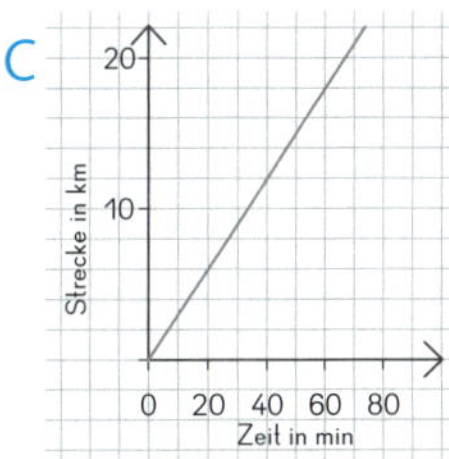

D
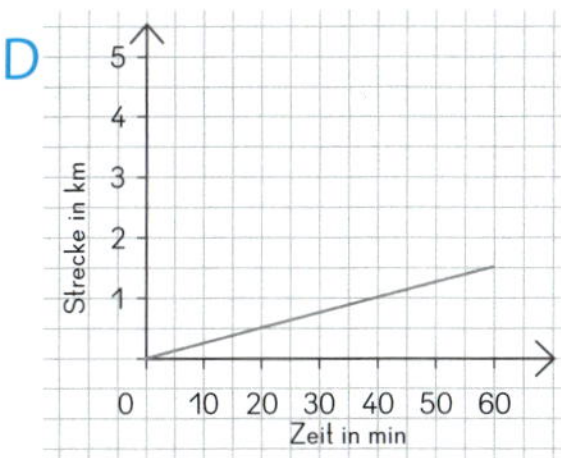

Graphen oder Abschnitte eines Graphen können verschieden stark ansteigen oder abfallen. In beiden Fällen spricht man von einer **Steigung**.

7 Ergänze die folgenden Sätze. Schreibe in dein Heft.

a) Je steiler der Abschnitt im Graphen, desto … die Steigung.

b) Je flacher der Abschnitt im Graphen, desto …

8 Mira nimmt einen Wassereimer. In 2 min lässt sie 5 l warmes Wasser einlaufen. Dann steckt sie ihre Füße hinein und badet sie 10 min. Weil das Wasser kalt wird, lässt sie 2 l nachlaufen. Nach kurzer Zeit zieht sie die Füße aus dem Wasser.

Welcher Graph passt zu dieser Situation? Begründe.

A
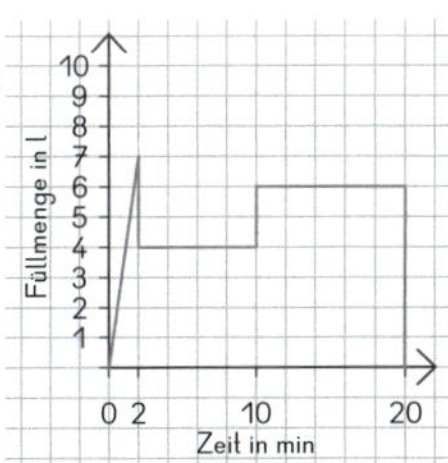

B
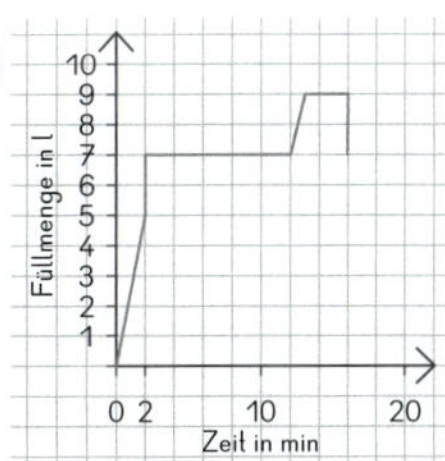

C
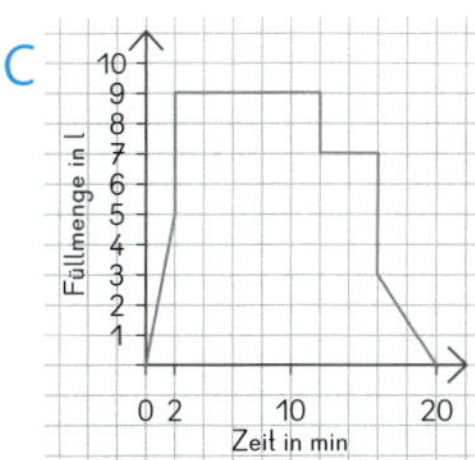

Funktionen als spezielle Zuordnungen

1 In der 9. Klasse wurden die Lieblingsfächer erfragt:

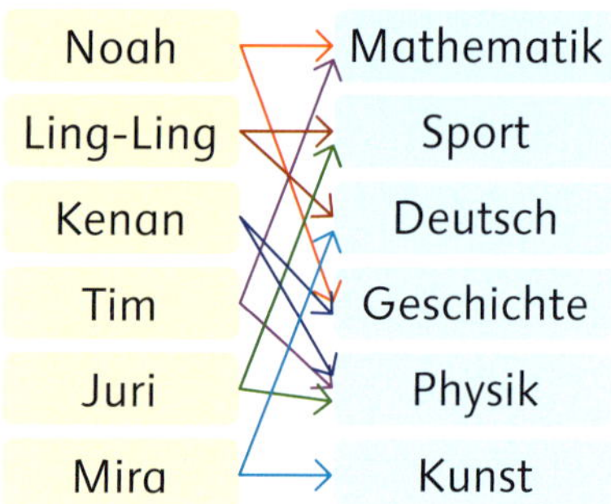

Lisa ist krank. Sie misst jeden Abend ihre Temperatur:

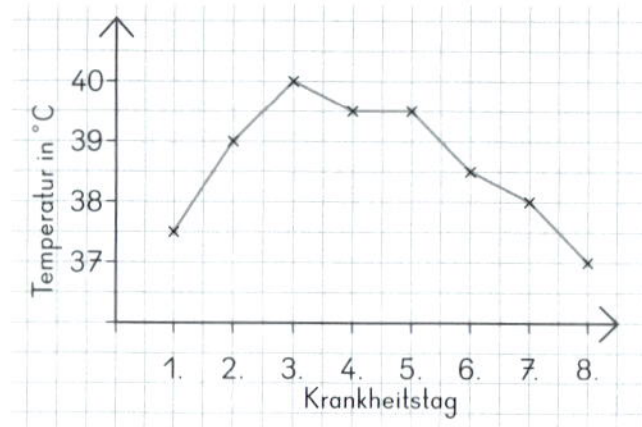

Benzinverbrauch eines Pkw:

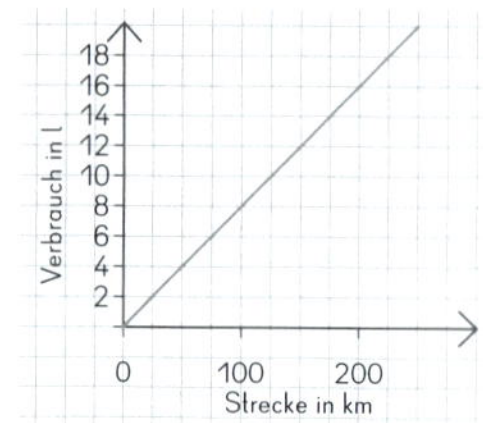

Wenn man bei Zuordnungen jedem x-Wert genau einen y-Wert zuordnen kann, spricht man von einer **Funktion**.

a) Beschreibe die Darstellungen.

b) Erstelle jeweils eine Wertetabelle.

c) Betrachte die x-Werte und die y-Werte. Vergleiche. Was fällt dir auf?

2 Bei welchen Darstellungen handelt es sich um eine Funktion? Begründe.

A
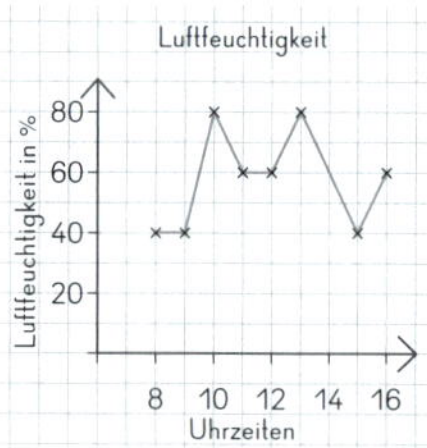

B
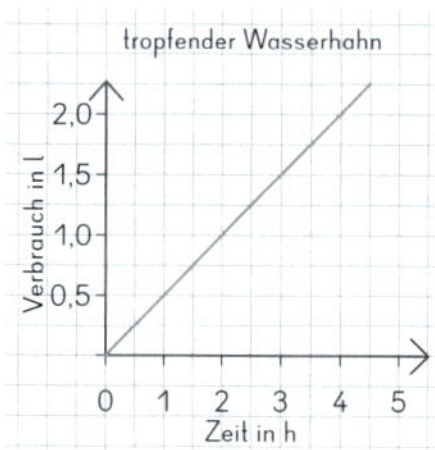

C
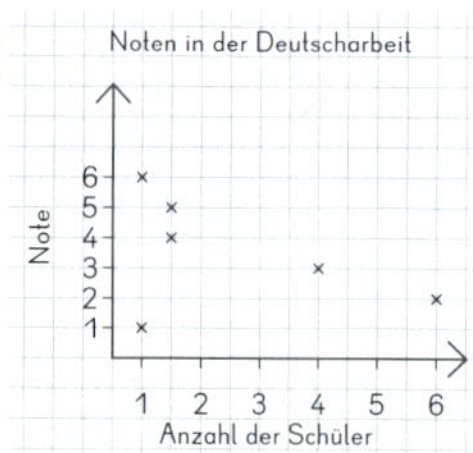

D
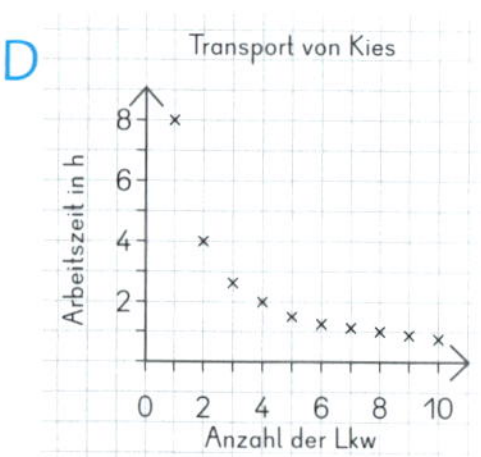

Ich erstelle mir zur Hilfe jeweils eine Wertetabelle.

3 Lisas Mutter meldet sich im Fitnessstudio an. Sie bezahlt eine Aufnahmegebühr und jeden Monat einen Mitgliedsbeitrag.

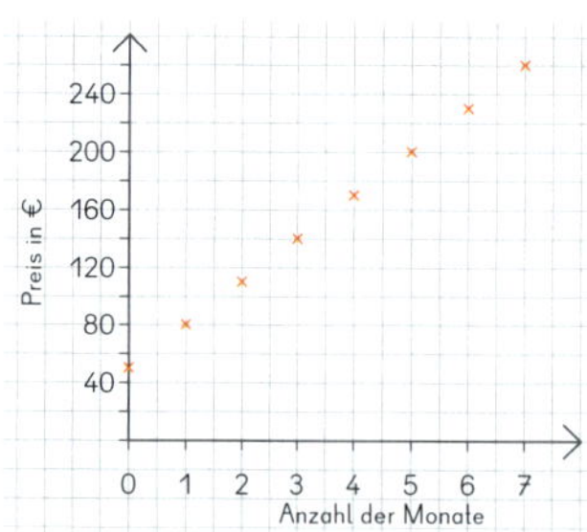

Aufnahmegebühr: 50 €
1. Monat + 30 €
80 €
2. Monat + 30 €

Anzahl der Monate	0	1	2	3	4	5	6	7	8	9	10
Gesamtpreis in €	50	80	110								

a) Übertrage die Wertetabelle in dein Heft und ergänze die fehlenden Werte.

b) An welcher Stelle im Graphen kannst du die Aufnahmegebühr ablesen?

4 Für das Austragen der Sonntagszeitung erhält Tim pro Monat 60 €.
Ergänze die Werte und übertrage die Tabelle in ein Koordinatensystem.

Anzahl der Monate	1	2	3	4	5	6	7	8		
Verdienst in €	60	120	180							

5 Ein Internet-Kaufhaus bietet jede DVD zu 11 € an. Die Versandkosten betragen 4 €.
Ergänze die Werte und übertrage die Tabelle in ein Koordinatensystem.

Anzahl der DVDs	0	1	2	3	4	5	6	7	8		
Kosten in €	4	15	26	37							

> Liegen alle Punkte eines Graphen auf einer Geraden,
> so nennt man die zugehörige Funktion eine **lineare Funktion**.
> Die Halbgerade muss nicht im Nullpunkt beginnen.

6 Bei welchen Darstellungen handelt es sich um eine lineare Funktion? Begründe.

A
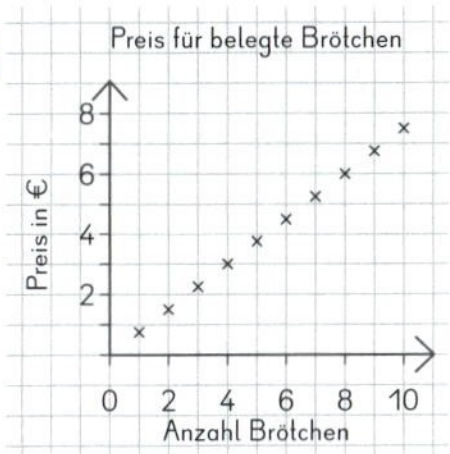

B
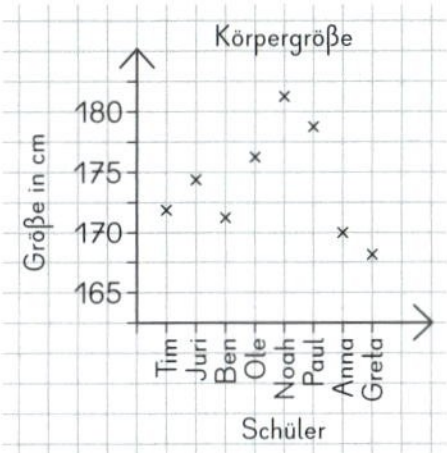

C
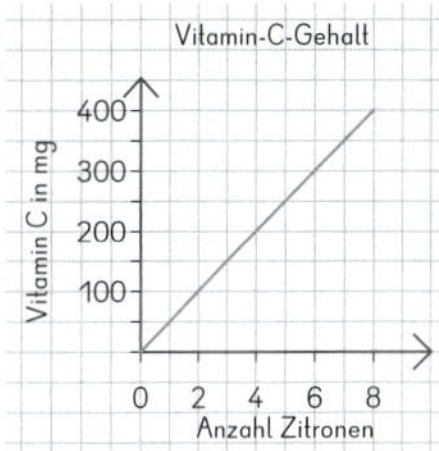

D
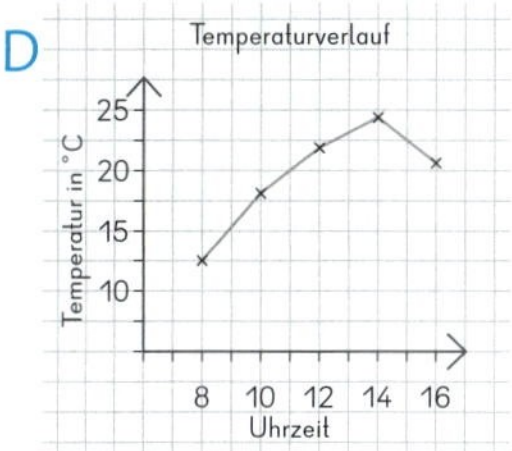

7

Anzahl Kuchen	Mehl in g
1	500
2	1 000
3	1 500

Anzahl Bewerbungsfotos	Preis in €
Grundgebühr	12,00
1	19,50
2	27,00

★

Briefgewicht in g	Porto in €
bis 20	0,58
bis 50	0,90
bis 500	1,45

a) Zeichne zu allen drei Wertetabellen einen Graphen.

b) Welche Zuordnungen sind lineare Funktionen? Begründe.

8 Welche der Kerzen war vermutlich dicker? Begründe deine Entscheidung.

Kerze 1:

Brenndauer in min	0	1	2	3	4	5	
Länge der Kerze in cm	10	8,5	7	5,5	4	2,5	

Kerze 2:

Brenndauer in min	0	1	2	3	4	5	
Länge der Kerze in cm	10	9,5	9	8,5	8	7,5	

a) Erstelle zu jeder der beiden Wertetabellen einen Graphen.
Stelle die Brenndauer auf der x-Achse dar.

b) Vergleiche beide Graphen miteinander. Worin unterscheiden sich beide Graphen gegenüber dem Graphen aus Aufgabe **6** c?

Bist du fit?

Kontrolliere deine Lösungen und schätze deine Leistung ein.

1 In der Schülerfirma werden Regale neu gestrichen.

a) Pro Regal sind $2\frac{1}{4}\,m^2$ Seitenwände zu streichen. Für den Boden und die Decke eines Regals sind jeweils $\frac{4}{5}\,m^2$ zu streichen. Wie viel m^2 sind das insgesamt?

b) Für einen Regalboden sind $\frac{3}{5}\,m^2$ zu streichen. Ein Regal hat drei Regalböden. Wie viel m^2 müssen gestrichen werden?

c) Wie viel m^2 müssen bei einem Regal insgesamt gestrichen werden?

d) Ein Topf Farbe reicht für $7\frac{1}{2}\,m^2$. Es sind fünf Farbtöpfe vorhanden. Wie viel m^2 können damit gestrichen werden?

e) Paul überschlägt, dass für ein Regal ungefähr eine Fläche von $5\,m^2$ zu streichen ist. Reicht die gesamte Farbe für sieben Regale?

2 Neun Schülerinnen und Schüler gaben an, wie viel Geld sie im letzten Monat für Mode ausgegeben haben.

4 €, 11 €, 12 €, 15 €, 17 €, 19 €, 22 €, 23 €, 166 €

a) Ermittle das Minimum und das Maximum und berechne die Spannweite.

b) Berechne den Durchschnitt und den Zentralwert.

c) Welcher der beiden Werte aus Aufgabe b) ist aussagekräftiger? Begründe.

3 a) Wann wurde der Kontoauszug erstellt? Welche Buchungen wurden vorgenommen? Ordne nach Abbuchungen und Gutschriften.

b) Berechne den neuen Kontostand.

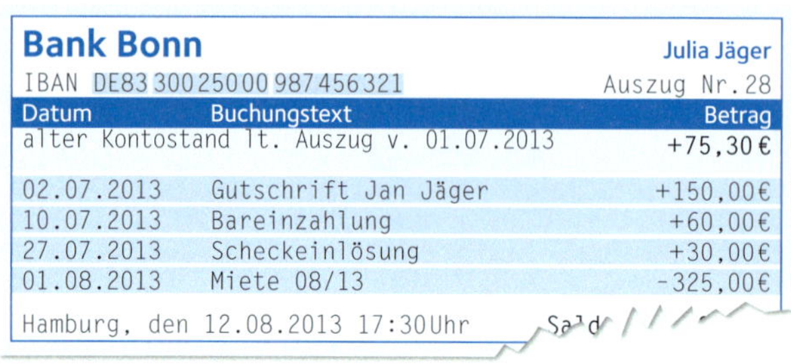
Bank Bonn — Julia Jäger
IBAN DE83 3002 5000 987 456 321 — Auszug Nr. 28

Datum	Buchungstext	Betrag
	alter Kontostand lt. Auszug v. 01.07.2013	+75,30 €
02.07.2013	Gutschrift Jan Jäger	+150,00 €
10.07.2013	Bareinzahlung	+60,00 €
27.07.2013	Scheckeinlösung	+30,00 €
01.08.2013	Miete 08/13	-325,00 €

Hamburg, den 12.08.2013 17:30 Uhr

4 Löse die Gleichungen und kontrolliere mit der Probe.

a) $b + 5 = 12$ b) $19 = k + 11$ c) $6 + x - 2 = 5$ d) $2z + 4 = z + 8$

5 Im Computerraum werden defekte Geräte ausgetauscht: 4 Kopfhörer, 3 Mäuse und 2 Tastaturen.

a) Stelle eine passende Gleichung zur Berechnung des Gesamtpreises auf.

b) Eine Firma berechnet einen Gesamtpreis von 118,90 €. Eine Maus kostet 9,50 € und ein Kopfhörer 14,60 €. Wie viel kostet eine Tastatur?

6 Eine Treppe wird an einer Seite mit Glas verkleidet.

a) Wie groß ist der Flächeninhalt der Verkleidung?

b) Das Glas wird mit einem Kantenschutz versehen. Welche Länge hat der Kantenschutz?

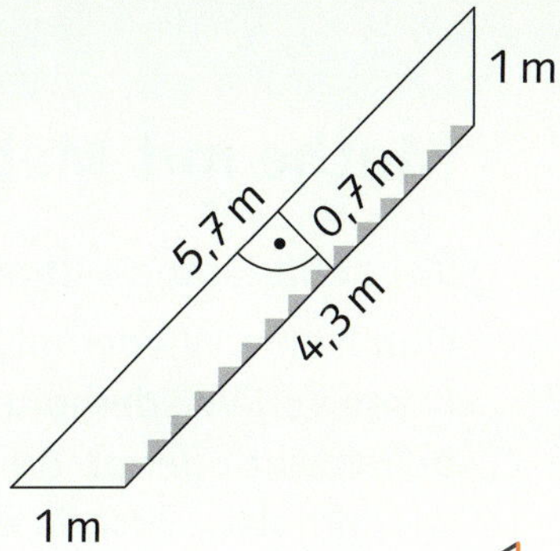

7 Berechne die fehlende Seitenlänge der rechtwinkligen Dreiecke. Bestimme vorher die Kathete und die Hypotenuse. Rechne mit dem Taschenrechner.

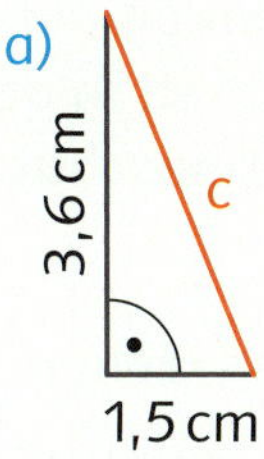

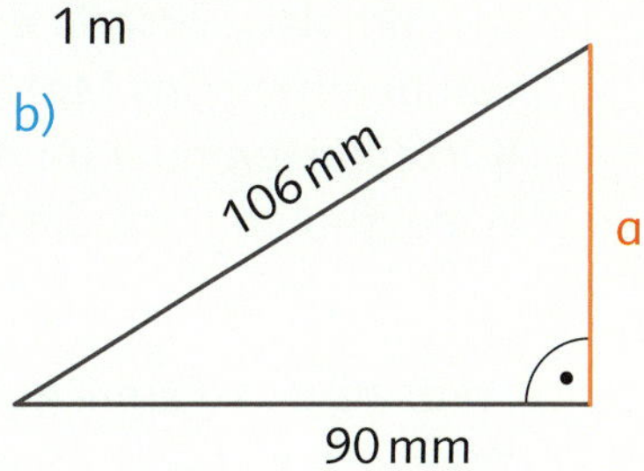

8 Auf einem Schulfest werden folgende Glücksspiele angeboten.

Tombola:	Würfelspiel:	Glücksrad:
Es gibt 50 Gewinnlose in einer Lostrommel mit 500 Losen.	Es gibt Gewinne, wenn man eine 5 oder 6 würfelt.	Bei 12 gleich großen Feldern gewinnt die 1 einen Preis.

a) Berechne für jedes Glücksspiel die Wahrscheinlichkeit zu gewinnen.

b) Bei welchem Glücksspiel ist die Chance zu gewinnen am größten? Begründe.

9 Eine Limonaden-Dose hat einen Durchmesser von 5,6 cm. Die Dosenhöhe beträgt 13,5 cm.

a) Wie viel Quadratzentimeter Blech werden für die Herstellung einer Dose benötigt?

b) Wie viel Milliliter Limonade passen in die Dose?

10 Für einen Kredit in Höhe von 4 000 € müssen Juris Eltern 7 % Zinsen im Jahr zahlen. Nach einem Jahr zahlen Juris Eltern den Kredit mit den Zinsen zurück. Wie viel Geld müssen sie insgesamt zurückzahlen?

11 Juri und Ole wollen sich im Freizeitpark treffen. Juri fährt um 8.00 Uhr mit dem Fahrrad los. Er schafft etwa 15 km pro Stunde. Ole fährt um 8.30 Uhr mit dem Mofa los. Er schafft etwa 20 km pro Stunde. Wann hat er Juri eingeholt? Übertrage das Koordinatensystem ins Heft und löse die Aufgabe zeichnerisch.

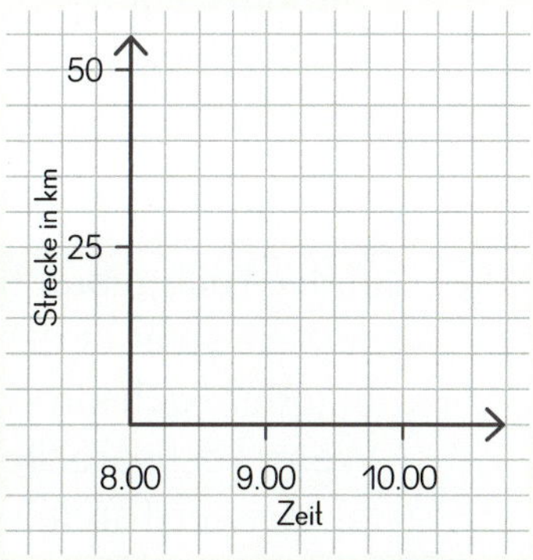

Mathe mit Methode: Zusammenfassung

Wiederholung als Chance (Seiten 20/21)

Durch eine Wiederholung wirst du an Dinge erinnert, die du schon gelernt hast. Beim Lösen von Wiederholungsaufgaben merkst du, ob du eine Aufgabenart noch sicher beherrscht oder ob du sie noch einmal üben solltest. Wenn du Gelerntes regelmäßig wiederholst, wirst du es immer sicherer anwenden können. Nutze zum Wiederholen von Begriffen das **Mathe-Lexikon** auf der letzten Seite im Buch. Schaue auf passenden **Karteikarten** oder im Arbeitsheft in der **Formelsammlung** nach und verwende zum Wiederholen auch die **Selbsteinschätzungsbögen**.

Was ist eine Fermi-Aufgabe? (Seiten 25, 38, 45, 124)

Enrico Fermi war ein Wissenschaftler, der seinen Schülern besondere Aufgaben zum Rechnen gab. Das Besondere an seinen Aufgaben war, dass sie kaum genau gelöst werden konnten. Daher konnte es zu verschiedenen richtigen Lösungen kommen, je nachdem, welche Zahlen für die Aufgaben ausgewählt wurden. Er wollte, dass sich die Schüler vorher genau überlegen, welche Zahlen zur Aufgabe passen und wie sie damit rechnen müssen.
Du musst bei Fermi-Aufgaben also zuerst überlegen, welche Zahlen zur Aufgabe passen und wie gerechnet werden soll.

Reflexion der Gruppenarbeit (Seite 32)

Wenn ihr zusammen in einer Gruppe arbeitet und ein gutes Ergebnis erzielen wollt, solltet ihr euch an Regeln halten. Formuliert gemeinsam Regeln, an die ihr euch halten wollt. Nach eurer Gruppenarbeit reflektiert ihr, wie gut ihr zusammengearbeitet und die Regeln beachtet habt. Die Reflexion hilft euch dabei, die nächste Gruppenarbeit noch besser zu gestalten.

Think – Pair – Share (Seiten 58/59)

Mit dieser Methode übst du, anderen deine Überlegungen zu der Lösung einer Aufgabe mitzuteilen. Du lernst dabei auch, über Schwierigkeiten bei der Bearbeitung der Aufgabe zu sprechen. Du bekommst Ideen, wie man die Aufgabe auch auf anderen Wegen lösen und darstellen kann. Du lernst, dich mit anderen in einer Kleingruppe auf einen guten Lösungsweg zu einigen. Im Deutschen wird diese Methode „Ich – Du – Wir" genannt.

Fachsprache verwenden (Seite 114)

Jedes Fachgebiet hat eine eigene Sprache. Es gibt somit verschiedene Fachsprachen, zum Beispiel in der Mathematik, in der Medizin, in der Musik oder in der Informatik.
In jeder Fachsprache gibt es eigene Fachbegriffe, Symbole, Zeichen und Regeln.
Wenn Fachsprache und Alltagssprache miteinander vermischt werden, kann es leicht zu Missverständnissen kommen.

Klick! Mathematik 9

Herausgegeben von
Meike Busch, Hannover

Erarbeitet von
Steffen Glaubitz, Salzgitter; Daniel Jacob, Oldenburg; Elisabeth Jenert, Otzberg; Martina Kolbe-Schwettmann, Göttingen; Petra Kühne, Schildow; Markus Ledebur, Bad Zwischenahn; Verena Waslikowski, Offenburg

Unter Beratung von
Bärbel Becher, Karlsbad (Baden); Dr. Thomas Breucker, Dortmund; Dr. Stefanie Breuers, Hilden; Hanne Frohberg, Freudenstadt; Kerstin Gärtig, Leipzig; Birgit Leuermann, Dortmund; Daniela Linde, Wandlitz; Cornelia Michalski, Leipzig; Dr. Axel Mittelberg, Osnabrück; Erik Röhrich-Zorn, Gau-Odernheim; Naveen Schwind, Lahnstein; Kati Steinecke, Saarbrücken

Redaktion: Nadja Diane, Jürgen Skrabal, Inga Knoff
Illustration: Timo Grubing, Münster
Umschlaggestaltung: Klein & Halm, Grafikdesign, Berlin
Layout und technische Umsetzung: lernsatz.de

Bildnachweis:
S. 6: 1 mauritius images/Paula Ludwig; 2 iStockphoto/Neustockimages; S. 13: iStockphoto/Dobri Dobrinov; S. 21: 1 Fotolia/Les Cunliffe; 2 Fotolia/Kurt MISAR; 3 Fotolia/Carola Vahldiek; S. 22: Cornelsen Schulverlage; S. 31: picture-alliance/ZB; S. 42: mauritius images/imagebroker; S. 46: mauritius images/imagebroker; S. 57: 1 Fotolia/Karin & Uwe Annas; 2 Fotolia/contrastwerkstatt; S. 60: 1 iStockphoto/Sven Hermann; 2 Fotolia/IckeT; 3 Fotolia/Katrin Lantzsch 4 iStockphoto/Alex Slobodkin; S. 65: 1 mauritius images/Fiona Fergusson; 2 Fotolia/auremar; 3 Fotolia/Klaus Eppele; 4 PantherMedia/Lakov Filimonov; S. 69: 1 PantherMedia/Peter Eckert; 2 mauritius images/imagebroker; 3 Peter Wirtz, Dormagen; S. 70: iStockphoto/Eliza Snow; S. 72: 1 PantherMedia/Monika Wendorf; 2 mauritius images/imagebroker; 3 Fotolia/famousonedesign; S. 77: PantherMedia/Harald Nitschke; S. 78: 1 Treppenmeister GmbH; 2 Mariam Diane, Berlin; S. 79: Werkstatt für behinderte Menschen der Stiftung Eben-Ezer, Lemgo; S. 82: 1 MEV Verlag GmbH; 2 Fotolia/Javier Cuadrado; 3 Fotolia/Bergfee; 4 Fotolia/Wolfgang Zwanzger; 5 Libbrecht, Kenneth G., Kalifornien, USA; S. 86: Cornelsen Schulverlage; S. 93: Mariam Diane, Berlin; S. 96: iStockphoto/The_Free_One; S. 97: Christian Böhning, Berlin; S. 104: picture-alliance/dpa; S. 110: Cornelsen Schulverlage; S. 126: iStockphoto/kali9; S. 127: 1 iStockphoto/Angelika Stern; 2 iStockphoto/Simon Krzic; S. 128: PantherMedia/Arne Trautmann; S. 130: 1–3 Mariam Diane, Berlin; S. 135: Cornelsen Schulverlage/Peter Hartmann; S. 136: Cornelsen Schulverlage/Peter Hartmann; S. 137: Mariam Diane, Berlin; S. 138: Mariam Diane, Berlin; S. 142: 1 Peter Wirtz, Dormagen; 2 Cornelsen Schulverlage; 3 Campbell's germany GmbH; S. 143: Cornelsen Schulverlage; S. 145: 1 Boris Mahler, Fotograf, Berlin; 2 iStockphoto/PhaticPhotography; 3 GARDENA; S. 146: Malgorzata A.Daniel; S. 149: iStockphoto/kali9; S. 159: Fotolia/lecostaloca

www.cornelsen.de

1. Auflage, 2. Druck 2017

Alle Drucke dieser Auflage sind inhaltlich unverändert
und können im Unterricht nebeneinander verwendet werden.

Druck und Bindung: Livonia Print, Riga

ISBN 978-3-06-080564-8 (Schülerbuch)
ISBN 978-3-06-081916-4 (E-Book)

PEFC
PEFC/12-31-006

PEFC zertifiziert
Dieses Produkt stammt aus nachhaltig bewirtschafteten Wäldern und kontrollierten Quellen.

www.pefc.de

Mathe-Lexikon

Rechenbegriff	Beispiel	Erklärung
addiere	75 + 63	Ich **rechne** zur Zahl 75 die Zahl 63 **hinzu.**
Summe	75 + 63 = 138	Das Ergebnis einer Addition heißt Summe.
subtrahiere	78 − 12	Ich **ziehe** von der Zahl 78 die Zahl 12 **ab.**
Differenz	78 − 12 = 66	Das Ergebnis einer Subtraktion heißt Differenz.
multipliziere	7 · 12	Ich rechne 7 **mal** 12.
Faktor	7 · 12	Bei der Multiplikation werden die Zahlen 7 und 12 Faktoren genannt.
Produkt	7 · 12 = 84	Das Ergebnis einer Multiplikation heißt Produkt.
dividiere	42 : 7	Ich rechne 42 **geteilt durch** 7.
Quotient	42 : 7 = 6	Das Ergebnis einer Division heißt Quotient.
Vielfache	Vielfache von 5: 5, 10, 15, 20 …	Vielfache einer Zahl ergeben sich aus der Multiplikation dieser Zahl mit einer anderen Zahl.
Teiler	Teiler von 12: 1, 2, 3, 4, 6, 12	Ist eine Zahl ohne Rest durch eine andere teilbar, dann ist sie ein Teiler dieser Zahl.
Term	7 · 9, 5x + 9, (2 + a) : 3	Ein sinnvoller mathematischer Rechenausdruck ist ein Term.
Rechenregeln		
„Punkt-vor-Strich-Regel"	6 + 9 · 3 = 33 6 + 27 = 33	Bei Aufgaben mit Punkt- und Strichrechnung, aber ohne Klammern, gilt: Punktrechnung kommt vor Strichrechnung.
Rechnen mit Klammern	(6 + 9) · 3 = 45 15 · 3 = 45	1. Zuerst die Klammer ausrechnen 2. Punktrechnung vor Strichrechnung
Kommutativgesetz	9 + 4 = 4 + 9 8 · 3 = 3 · 8	Vertauschungsgesetz: Beim Addieren und Multiplizieren darf man Zahlen beliebig vertauschen. Das Ergebnis bleibt gleich
Assoziativgesetz	8 + 3 + 4 = 8 + (3 + 4) 3 · 5 · 2 = 3 · (5 · 2)	Verbindungsgesetz: Beim Addieren und Multiplizieren darf man die Zahlen beliebig durch Klammern verbinden. Das Ergebnis bleibt gleich.
Distributivgesetz	5 · (20 + 7) = 5 · 20 + 5 · 7	Verteilungsgesetz: Eine Zahl wird mit einer Summe multipliziert, indem man jeden Summanden mit dieser Zahl multipliziert und die Produkte dann addiert.
Brüche		
Zähler	$\frac{\mathbf{3}}{4}$	Der Zähler zählt die Bruchteile: 3 Teile
Nenner	$\frac{3}{\mathbf{4}}$	Der Nenner nennt alle Teile des Ganzen: 4 Teile
echter Bruch	$\frac{1}{2}, \frac{3}{4}, \frac{6}{8}$ …	Der Zähler ist **kleiner als** der Nenner.
unechter Bruch	$\frac{4}{3}, \frac{9}{7}, \frac{8}{8}$ …	Der Zähler ist **gleich groß oder größer als** der Nenner.
gemischte Zahl	$\frac{9}{4} = 2\frac{1}{4}$	Ist ein Bruch größer als ein Ganzes, kann er als gemischte Zahl geschrieben werden.
gleichnamige Brüche	$\frac{1}{8}, \frac{3}{8}, \frac{6}{8}$ …	Brüche mit demselben Nenner
Erweitern	$\frac{1}{2} = \frac{1 \cdot 2}{2 \cdot 2} = \frac{2}{4}$	Das Umwandeln von großen Teilen in kleinere Teile, indem Zähler und Nenner mit derselben Zahl multipliziert werden. Der Wert des Bruchs ändert sich dadurch nicht.
Kürzen	$\frac{6}{8} = \frac{6 : 2}{8 : 2} = \frac{3}{4}$	Das Umwandeln von kleinen Teilen in größere Teile, indem Zähler und Nenner durch dieselbe Zahl dividiert werden. Der Wert des Bruchs ändert sich dadurch nicht.